BERICHTE 9/93

FORSCHUNGSBERICHT DES
BUNDESMINISTERS FÜR UMWELT,
NATURSCHUTZ UND REAKTORSICHERHEIT
– Luftreinhaltung –

Forschungsbericht 104 02 682
UBA-FB 93-121 – im Auftrag des Umweltbundesamtes

**EMISSIONEN DER TREIBHAUSGASE
DISTICKSTOFFOXID UND METHAN IN DEUTSCHLAND**

Emissionsbilanz, Identifikation von Forschungs- und Handlungsbedarf sowie Erarbeitung von Handlungsempfehlungen
Phase 1

von

**Dipl.-Ing. Michael Schön (Projektleitung),
Dr. Rainer Walz (Projektleitung),
Dr. Gerhard Angerer, Dr. Karin Bätcher,
Dr. Eberhard Böhm, Dipl.-Ing. Thomas Hillenbrand,
Dr. Harald Hiessl, Dipl.-Phys. Jürgen Reichert**

unter Mitarbeit von
Mario Paoli

Fraunhofer-Institut für Systemtechnik und Innovationsforschung, Karlsruhe

und

Dr. Heinz Bingemer, Institut für Meteorologie und Geophysik an der Universität Frankfurt
Dr. Otto Heinemeyer, Dr. Ernst-August Kaiser,
Institut für Bodenbiologie der Bundesforschungsanstalt für Landwirtschaft, Braunschweig
Dr. Jürgen Lobert, Max-Planck-Institut für Chemie, Mainz/ National Oceanic and Atmospheric Administration, Boulder Colorado
Dipl.-Ing. Dieter Scharffe, Max-Planck-Institut für Chemie, Mainz

ERICH SCHMIDT VERLAG BERLIN

Herausgeber: Umweltbundesamt
Postfach 33 00 22
14191 Berlin
Tel.: 030/89 03-0
Telex: 183 756
Telefax: 030/89 03 22 85

Redaktion: Fachgebiet II 1.2
Dr. Rolf Sartorius

Der Herausgeber übernimmt keine Gewähr
für die Richtigkeit, die Genauigkeit und
Vollständigkeit der Angaben sowie für
die Beachtung privater Rechte Dritter.
Die in der Studie geäußerten Ansichten
und Meinungen müssen nicht mit denen des
Herausgebers übereinstimmen.

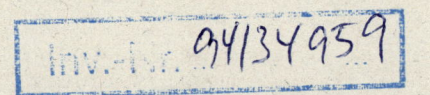

ISBN 3-503-03495-1

Alle Rechte vorbehalten
© Erich Schmidt Verlag GmbH & Co., Berlin 1993
Druck: Offsetdruckerei Gerhard Weinert GmbH, 12099 Berlin

Berichts - Kennblatt

1. Berichtsnummer UBA-FB 93-121	2.	3.
4. Titel des Berichts Emissionen der Treibhausgase Distockstoffoxid und Methan in Deutschland			

5. Autor(en), Name(n), Vorname(n) Schön, Michael; Walz, Rainer et al.	8. Abschlußdatum Juni 1993
	9. Veröffentlichungsdatum Dezember 1993
6. Durchführende Institution (Name, Anschrift) Fraunhofer-Institut für Systemtechnik und Innovationsforschung Breslauer Straße 48 76 139 Karlsruhe	10. UFOPLAN - Nr. 104 02 682
	11. Seitenzahl 189
	12. Literaturangaben diverse
7. Fördernde Institution (Name, Anschrift) Umweltbundesamt Postfach 33 00 22 14191 Berlin	13. Tabellen und Diagramme diverse
	14. Abbildungen diverse
15. Zusätzliche Angaben	

16. Kurzfassung

Mit Förderung durch das Umweltbundesamt untersuchte das FhG-ISI zusammen mit Kooperationspartnern die anthropogen verursachten Emissionen der Spurengase Methan und Distickstoffoxid in der Bundesrepublik. Ziel der abgeschlossenen ersten Phase des Vorhabens war eine Zusammenfassung des derzeitigen Wissens über die Emissionsquellen und eine erste Grobschätzung der Höhe der Emissionen, die Identifikation bestehenden Forschungsbedarfs und - soweit möglich - Diskussion bestehender Emissionsminderungsmöglichkeiten. Untersucht wurden folgende Bereiche: Abwasserreinigung, Oberflächengewässer und Grundwasser, Kohlebergbau, Gewinnung und Verteilung von Mineralöl und Gas, Verbrennung fossiler Energieträger in stationären Anlagen und KfZ-Motoren, industrielle Produktionsprozesse, Abfalldeponien, Biomasseverbrennung und -Kompostierung, landwirtschaftliche Bodennutzung und Viehhaltung. Neben ersten quantitativen Aussagen besteht ein wesentliches Ergebnis der Phase I in der Präzisierung des Arbeitsprogrammes für Phase II des Vorhabens.

17. Schlagwörter

Emission, Emissionsschätzung, Emissionsbilanz, Methan, CH_4, Sumpfgas, Grubengas, Distickstoffoxid, N_2O, Lachgas, Bundesrepublik

18. Preis	19.	20.

1. Report No. UBA-FB 93 - 121	2.	3.
4. Report Title Emissions of the Greenhouse Gases Nitrous Oxide and Methane in Germay		
5. Author(s), Family Name(s), First Name(s) Schön, Michael Walz, Rainer et al.		8. Report Date June 1993
:---	:---	:---
^		9. Publication Date December 1993
6. Performing Organisation (Name, Adress) Fraunhofer Institute for Systems and Innovation Research Breslauer Straße 48 76139 Karlsruhe - Germay		10. UFOPLAN - Ref.No. 104 02 682
^		11. No. of Pages 189
7. Sponsoring Agency (Name, Adress) Umweltbundesamt P.O. Box 33 00 22 14191 Berlin		12. No. of References
^		13. No. of Tables,Diag.
^		14. No. of Figures
15. Supplementary Notes		
16. Abstract With the support of the German Umweltbundesamt the FhG-ISI investigated - together with other partners - the anthropogenic emissions of the trace gases methane and nitrous oxide in the Federal Republic of Germany. It was the object of the first phase of the project to obtain a summary of the present knowledge about the emission sources and a first rough estimate about the emissions, the identification of the need for research and - as far as possible - the discussion of the possibilities to reduce emissions. The following fields were examined: waste water cleaning, surface an ground water, mining of coal and oil, distribution of gaseous fuels, combustion of fossil fuels in stationary plants and vehicles, industrial production processes, landfills, combustion of biomass and composting, agriculture and stock-farming. Another substantial result of the first phase was the definition of the work program for phase II of the project.		
17. Keywords emission, emission inventory, Methane, CH_4, Nitrous Oxide, N_2O, Federal Republic of Germany		
18. Price	19.	20.

Inhaltsverzeichnis

I.	Einleitung	1
II.	Ergebnisse der einzelnen Untersuchungsbereiche	4
II.1	N_2O- und CH_4-Emissionen bei der Abwasserreinigung	4
II.1.1	N_2O-Emissionen aus Kläranlagen	4
II.1.1.1	Emissionsquellen	4
II.1.1.2	Emissionsfaktoren	5
II.1.1.3	Emissionen	6
II.1.1.4	Emissionsminderung	9
II.1.1.5	Ausblick auf Phase II	9
II.1.2	CH_4-Emissionen bei der Abwasserreinigung	9
II.1.2.1	Emissionsquellen	9
II.1.2.2	Emissionsfaktoren bzw. Gaspotential	10
II.1.2.3	Emissionen	12
II.1.2.4	Emissionsminderung	16
II.1.2.5	Ausblick auf Phase II	16
	Literatur	16
II.2	N_2O- und CH_4-Emissionen aus Gewässern	19
II.2.1	Einleitung	19
II.2.2	N_2O-Emissionen	20
II.2.2.1	Entstehungsprozesse und Emissionsquellen	20
II.2.2.2	Emissionsraten	21
II.2.2.2.1	Oberflächengewässer	21
II.2.2.2.2	Grundwasser	22
II.2.2.3	Abschätzung der Emissionen	22
II.2.2.3.1	N_2O-Emission aus Oberflächengewässern	22
II.2.2.3.2	N_2O-Emission aus dem Grundwasser (Porengrundwasserleiter)	23
II.2.2.4	Ausblick auf Phase II	23
II.2.3	CH_4-Emissionen	24
II.2.3.1	Entstehungsprozesse und Emissionsquellen	24
II.2.3.2	Emissionsraten	26
II.2.3.2.1	Feuchtgebiete	26
II.2.3.2.2	Oberflächengewässer (Seen, Fließgewässer)	27
II.2.3.2.3	Grundwasser	28
II.2.3.3	Abschätzung der Emissionen	28
II.2.3.3.1	CH_4-Emission aus Feuchtgebieten (Moore, Sümpfe etc.)	28
II.2.3.3.2	CH_4-Emission aus Sedimenten stehender Oberflächengewässer (Seen, Talsperren)	29
II.2.3.3.3	CH_4-Emission aus Sedimenten fließender Oberflächengewässer (Flüsse, Bäche)	30
II.2.3.3.4	CH_4-Emission aus Porengrundwasserleitern	30
II.2.3.3.5	CH_4-Emission aus gefördertem Grundwasser	31
II.2.3.4	Ausblick auf Phase II	32
II.2.4	Zusammenfassung	34
	Literatur	34

II.3	CH_4-Emissionen aus dem Kohlenbergbau	36
II.3.1	Kohlenwirtschaft und Methanbildung	36
II.3.2	Emissionsquellen	37
II.3.3	Emissionsfaktoren	39
II.3.4	Emissionen	41
II.3.5	Emissionsminderung	43
II.3.6	Ausblick auf Phase II	44
	Literatur	44
II.4	CH_4-Emissionen aus der Gewinnung und Verteilung von Erdgas und Mineralöl	46
II.4.1	CH_4-Emissionen bei Erdgasgewinnung und -verteilung	46
II.4.1.1	Emissionen in den Alten Bundesländern	46
II.4.1.2	CH_4-Emissionen in den Neuen Bundesländern	48
II.4.2	Emissionen aus der Mineralölgewinnung und -verteilung	51
II.4.3	Gesamtemissionen	51
	Literatur	52
II.5	N_2O-Emissionen aus der Verbrennung fossiler Energieträger	53
II.5.1	Emissionsquellen, Entstehungsprozesse	53
II.5.2	Quantifizierung der Emissionen	57
II.5.2.1	Repräsentative Meßergebnisse	57
II.5.2.2	Grobschätzung der Emissionen	59
II.5.3	Emissionsminderungsmaßnahmen	61
	Literatur	62
II.6	CH_4- und N_2O-Emissionen des Kraftfahrzeugverkehrs	64
II.6.1	CH_4-Emission	64
II.6.1.1	Bildungsprozesse	64
II.6.1.2	Quantifizierung der Emission	65
II.6.2	N_2O-Emission	72
II.6.2.1	Bildungsprozesse	72
II.6.2.2	Quantifizierung der Emission	74
	Literatur	79
II.7	N_2O- und CH_4-Emissionen aus industriellen Produktionsprozessen	81
II.7.1	N_2O-Emissionen	81
II.7.1.1	Allgemeines (Bisheriger Kenntnisstand)	81
II.7.1.2	N_2O-Emissionsabschätzung für verschiedene industrielle Prozesse	82
II.7.1.2.1	N_2O-Produktion und Verbrauch	82
II.7.1.2.2	Salpertersäureproduktion	83
II.7.1.2.3	Adipinsäureherstellung	84
II.7.1.3	Zusammenfassung	86
II.7.1.4	Ausblick auf weiterführende Arbeiten	86
II.7.2	CH_4-Emissionen	87
II.7.2.1	Allgemeines	87
II.7.2.2	CH_4-Emissionsabschätzung für verschiedene Prozesse	88
II.7.2.2.1	Synthesegasprozesse	88
II.7.2.2.1.1	Ammoniaksynthese	90
II.7.2.2.1.2	Methanolsynthese	92
II.7.2.2.1.3	Oxosynthese	93
II.7.2.2.1.4	Essigsäuresynthese	94
II.7.2.2.2	Raffinerie-Prozesse	94

	II.7.2.3	Zusammenfassung (alte Bundesländer)	95
	II.7.2.4	Ausblick auf weiterführende Arbeiten	95
		Literatur	96
II.8		CH_4-Emissionen aus Abfalldeponien	98
	II.8.1	Deponierung und biochemische Mineralisierung von Siedlungsabfällen	98
	II.8.2	Gasbildung und Gaspotential	100
	II.8.3	Emissionen	103
	II.8.4	Emissionsminderung	106
	II.8.5	Ausblick auf Phase II	107
		Literatur	108
II.9		N_2O- und CH_4-Emissionen aus Biomasseverbrennung	110
	II.9.1	Einleitung	110
	II.9.2	Analysetechniken für N_2O und CH_4	110
	II.9.2.1	Probenahme und Analyse von N_2O aus Verbrennungsquellen	110
	II.9.2.1.1	Wissenschaftlicher Hintergrund	110
	II.9.2.1.2	Empfehlungen für die Bestimmung von N_2O aus Verbrennungsquellen	112
	II.9.2.1.2.1	EPA Richtlinien	112
	II.9.2.1.2.1	Zusätzliche Empfehlungen	113
	II.9.2.2	Probenahme und Bestimmung von CH_4 aus Verbrennungsquellen	116
	II.9.3	Abschätzung des Umfangs an Biomasseverbrennung in Deutschland	116
	II.9.3.1	Waldbrände	117
	II.9.3.2	Landwirtschaft	118
	II.9.3.2.1	Stroh	118
	II.9.3.2.2	Wein	119
	II.9.3.3	Brennholz und Holzkohle	120
	II.9.3.3.1	Holz	120
	II.9.3.3.2	Holzkohle	122
	II.9.4	Berechnung der N_2O und CH_4 Emissionen aus Biomasseverbrennung	123
	II.9.4.1	Waldbrände	123
	II.9.4.2	Landwirtschaft	124
	II.9.4.2.1	Stroh	124
	II.9.4.2.2	Wein	124
	II.9.4.3	Brennholz und Holzkohle	125
	II.9.4.3.1	Holz	125
	II.9.4.3.2	Holzkohle	125
	II.9.5	Schlußbetrachtung und Handlungsempfehlungen	126
	II.9.5.1	CH_4	126
	II.9.5.2	N_2O	127
	II.9.5.3	Handlungsbedarf	128
		Literatur	131

II.10	N_2O-Emissionen bei der Kompostierung organischer Abfälle	133
II.10.1	Bildung und Emission von N_2O	133
II.10.2	N_2O aus dem Abfallbereich	133
II.10.3	Kompostierung von Hausmüll und hausmüllähnlichen Gewerbeabfällen	134
II.10.4	N_2O-Emission bei der Kompostierung von Hausmüll und hausmüllähnlichen Gewerbeabfällen/Klärschlamm	134
II.10.5	Landwirtschaftliche Abfälle (Wirtschaftsdünger)	135
II.10.6	Gewinnung und Behandlung landwirtschaftlicher Abfälle	136
II.10.7	Stickstoffverluste der verschiedenen Wirtschaftsarten:	138
II.10.8	Zusammenfassung, Möglichkeiten zur Emissionsminderung	139
	Literatur	140
II.11	Landwirtschaftliche Bodennutzung und N_2O-Emissionen sowie CH_4-Umsetzungen im Boden	143
II.11.1	Einleitung	143
II.11.1.1	Quellen für N_2O-Emissionen	143
II.11.1.2	Senken für N_2O-Emissionen	145
II.11.1.3	Ökosystemare Wirkungen des Anstieges atmosphärischer N_2O-Konzentrationen	145
II.11.1.4	Stand des Wissens	145
II.11.2	Zusammenfassung des derzeitigen Kenntnisstandes über die N_2O-Emissionen in der Bundesrepublik Deutschland durch landwirtschaftliche Bodennutzung	146
II.11.2.1	Allgemeines zur landwirtschaftlichen Bodennutzung in der Bundesrepublik Deutschland	146
II.11.2.2	Beitrag der Landwirtschaft zu den N_2O-Emissionen	147
II.11.2.3	N-Frachten in der Landwirtschaft der Bundesrepublik Deutschland	148
II.11.2.3.1	Mineralischer Düngerstickstoff	148
II.11.2.3.2	Organisch gebundener Düngerstickstoff	149
II.11.2.3.3	Klärschlamm	149
II.11.2.3.4	N-Einträge aus der Atmosphäre	150
II.11.2.4	Ergebnisse wissenschaftlicher Untersuchungen der N_2O-Emissionsraten aus landwirtschaftlichen Flächen	150
II.11.2.4.1	Vorgehensweise zur systematischen Erfassung relevanter Publikationen	150
II.11.2.4.2	Aktueller Kenntnisstand zu N_2O-Emissionsraten aus landwirtschaftliche genutzten Flächen sowie Grünlandböden in Freilandversuchen im Zeitraum 1988 bis 1992/93	152
II.11.2.4.3	Beschreibung der Meßverfahren zur Bestimmung der N_2O-Emissionen aus Freilandflächen	153
II.11.2.4.3.1	N-Bilanzen	153
II.11.2.4.3.2	Bestimmungen des N_2O-Flusses durch Messungen im Boden	154
II.11.2.4.3.3	Bestimmungen des N_2O-Flusses an der Grenzschicht Boden/Atmosphäre	154
II.11.2.4.3.4	Bestimmungen des N_2O-Flusses durch Messungen in der Atmosphäre	155
II.11.2.5	Fazit und Forschungsbedarf	155
II.11.2.6	Ableitung von Handlungsempfehlungen	156
II.11.2.7	CH_4-Umsetzungen im Boden (Exkurs)	158
	Literatur	159

II.12	__	CH_4-Emissionen bei der Viehhaltung	163
	II.12.1	CH_4-Emissionen beim tierischen Stoffwechsel	163
	II.12.1.1	Bildungsprozesse	163
	II.12.1.2	Quantifizierung der Emission	165
	II.12.2	**CH_4-Emissionen aus tierischen Exkrementen**	170
	II.12.2.1	Bildungsprozesse	170
	II.12.2.2	Quantifizierung der Emission - Grobschätzung	170
	II.12.3	Zusammenfassung der Emissionsschätzungen	173
	II.12.4	Überlegungen zur Emissionsminderung	174
		Literatur	175
III.	Zusammenfassung der Ergebnisse und Ausblick		177
III.1	N_2O-Emissionen		177
III.2	CH_4-Emissionen		182
III.3	Ausblick auf weiterführende Arbeiten in Phase II des Forschungsvorhabens		187

I. Einleitung

Distickstoffoxid (N_2O "Lachgas") und Methan (CH_4) sind klimarelevante Spurengase, die zum anthropogenen Treibhauseffekt beitragen. Für beide Gase gilt, daß sie aus einer Vielzahl von Emissionsquellen stammen, die zum Teil noch identifiziert werden müssen. Gleichzeitig ist die Abschätzung der gegenwärtigen Emissionshöhe bei einigen der Emissionsquellen mit erheblichen Unsicherheiten verbunden. Die - auch im internationalen Raum geforderte - Einbeziehung anderer Spurengase außer CO_2 in eine Gesamtstrategie zur Eindämmung des Treibhauseffektes erfordert daher als einen ersten Schritt die Verbesserung der Datengrundlagen.

Mit finanzieller Förderung durch das Umweltbundesamt im Rahmen des Umweltforschungsplanes des Bundesministers für Umwelt, Naturschutz und Reaktorsicherheit hat das Fraunhofer-Institut für Systemtechnik und Innovationsforschung (FhG-ISI) daher begonnen, schwerpunktmäßig den Teilbereich der anthropogenen N_2O- und CH_4-Emissionen in der Bundesrepublik Deutschland eingehend zu analysieren. Die atmosphärischen Bildungs- und Abbauprozesse wurden dabei zunächst vollständig und die natürlichen Emissionen weitgehend ausgeklammert.

Ziel des Forschungsvorhabens ist

- die Darstellung des Wissensstandes über anthropogene Emissionen von N_2O und CH_4 sowie die Minderungsmöglichkeiten,

- die Erarbeitung einer verläßlichen Abschätzung der Emissionen und der bestehenden Minderungspotentiale,

- die Erarbeitung von Minderungsstrategien und

- die Identifikation von weiterführendem Forschungsbedarf.

Zur besseren Strukturierung wurde das Projekt in zwei Phasen aufgeteilt: Phase I, die von Juli 1992 bis Juni 1993 dauerte, und Phase II, die sich daran anschließen sollte. Der hier **vorliegende Bericht** dokumentiert die **Ergebnisse von Phase I**; ihre Untersuchungsziele waren folgende:

- Zusammenfassung des derzeit verfügbaren Wissens,

- Versuch einer Grobabschätzung der Emissionen,

- soweit möglich, Identifikation von Möglichkeiten zur Emissionsminderung,

- Präzisierung und Schwerpunktsetzung des Arbeitsprogramms von Phase II.

Aufgrund dieses gegenüber der Gesamtzielsetzung eingeschränkteren Zielkatalogs sowie wegen des begrenzten Zeit- und Budgetvolumens wird deutlich, daß im vorliegenden Bericht nur Zwischenergebnisse präsentiert werden können. Aufgabe von Phase II wird es sein, die Datengrundlagen zu aktualisieren und so zu erhärten, daß die Aufstellung einer verläßlichen Emissionsbilanz möglich wird. Zugleich müssen die Emissionsminderungsmöglichkeiten und die Minderungspotentiale in Phase II vertieft ermittelt werden, bevor für das Gesamtfeld der anthropogenen N_2O- und CH_4-Emissionen der Bundesrepublik Deutschland fundierte Handlungsempfehlungen abgeleitet werden können. Einzelheiten zu den geplanten Fortsetzungsarbeiten finden sich jeweils in den fachlichen Einzelkapiteln sowie in einer zusammenfassenden Darstellung in Teil III des vorliegenden Berichtes.

Tabelle I-1 gibt an, welche Bereiche in Phase 1 untersucht wurden. Da einige Bereiche sowohl für die N_2O- als auch die CH_4-Emissionen relevant sind, ergeben sich für die zwölf untersuchten Bereiche insgesamt 18 Untersuchungsfelder.

Tab. I-1: Untersuchte Bereiche

Bereich	CH_4-Emissionen	N_2O-Emissionen
Abwasser	✶	✶
Gewässer	✶	✶
Kohlebergbau	✶	-
Gewinnung und Verteilung von Mineralöl und Gas	✶	-
Feuerungsanlagen	-	✶
KfZ-Verkehr	✶	✶
Ind. Prozesse	✶	✶
Mülldeponien	✶	-
Verfeuerung von Biomasse	✶	✶
Kompostierung von Biomasse	-	✶
Bodennutzung (Landwirtschaft)	✶	✶
Viehaltung	✶	-

Methodische Ansatzpunkte der Analyse waren - nach einer vorgeschalteten Literaturrecherche - vor allem Literaturauswertung, Expertenbefragung und Nachfrage bei den betroffenen Wirtschaftsbereichen. Für folgende drei Bereiche wurden zusätzlich Unteraufträge vergeben:

- Verfeuerung von Biomasse: Dr. J. Lobert, Max Planck-Institut für Chemie, Mainz, derzeit bei der National Oceanic and Atmospheric Administration in Boulder, Colorado/Dipl.-Ing. D. Scharffe, Max Planck-Institut für Chemie, Mainz

- Kompostierung von Biomasse: Dr. H. Bingemer, Institut für Geophysik und Meteorologie der Universität Frankfurt

- Landwirtschaftliche Bodennutzung: Dr. O. Heinemeyer/Dr. E.-A. Kaiser, Institut für Bodenbiologie der Bundesforschungsanstalt für Landwirtschaft, Braunschweig

Die Ergebnisse der vorliegenden Studie wurden am 26.01.1993 mit dem Umweltbundesamt in Berlin diskutiert. Die Anregungen des UBA sind in den vorliegenden Abschlußbericht aufgenommen worden. Seine Struktur lehnt sich an die in Tabelle I-1 aufgeführten Bereiche an: Für jeden Bereich werden die Ergebnisse in einem separaten Kapitel des Teiles II behandelt, wobei - soweit für den Bereich relevant - die CH_4- und N_2O-Emissionen getrennt dargestellt werden. Jedes einzelne Kapitel orientiert sich - allerdings wegen des uneinheitlichen Kenntnisstandes unterschiedlich ausgeprägt - in seinem internen Aufbau an der logischen Kette Emissionsquellen, -faktoren, -menge, gefolgt von Minderungsansätzen und weiterführenden Arbeiten. Insgesamt ermöglicht die nach einzelnen Bereichen getrennte Darstellung den gezielten Zugang zu einem speziellen Gebiet. Eine übergreifende Darstellung enthält die Zusammenfassung (Teil III). Sie enthält eine Grobabschätzung der Gesamtemissionen für die Bundesrepublik, wobei - soweit möglich - Doppelzählungen zwischen den einzelnen Bereichen sowie zusätzliche Informationen über nicht im einzelnen untersuchte Bereiche bereits berücksichtigt wurden. Schließlich finden sich hier auch die Vorschläge für die Schwerpunktsetzung von Phase II und damit zugleich die Identifizierung derjenigen Wissenslücken, die für die Aufstellung verläßlicher Emissionsbilanzen und -prognosen sowie zur Ableitung fundierter Handlungsstrategien zur Emissionsminderung beseitigt werden müssen.

II. Ergebnisse der einzelnen Untersuchungsbereiche

II.1 N_2O- und CH_4-Emissionen bei der Abwasserreinigung

II.1.1 N_2O-Emissionen aus Kläranlagen

II.1.1.1 Emissionsquellen

Zur Verringerung der Stickstoff- und Phosporkonzentrationen in den Gewässern wurden die Anforderungen zur Nährstoffelimination bei der Abwasserreinigung verschärft. Durch die am 01.01.1990 in Kraft getretene Rahmenabwasserverwaltungsvorschrift wurde in dem für kommunale Kläranlagen gültigen Anhang 1 als Mindestanforderung für Anlagen größer 5000 Einwohnergleichwerte ein Ammoniumgrenzwert von 10 mg/l NH_4-N sowie eine gezielte Denitrifikation eingeführt (BMU, 1989). Seit dem 01.01.1992 gilt zusätzlich ein Grenzwert für Stickstoff gesamt (Summe von Ammonium-, Nitrat- und Nitrit-Stickstoff) von 18 mg/l (BMU, 1991a). Zur Einhaltung der geforderten Grenzwerte steht das Verfahren der biologischen Stickstoffelimination zur Verfügung, für das jedoch bei der überwiegenden Zahl der Kläranlagen erhebliche Umbau- und Erweiterungsmaßnahmen erforderlich sind.

Die biologische Stickstoffelimination erfolgt in zwei Schritten (Bock, 1980). Zuerst werden die als Ammonium hydrolisierten N-Verbindungen zu Nitrit und anschließend zu Nitrat bei Einhaltung verschiedener Randbedingungen (ausreichende Sauerstoffversorgung, hohes Schlammalter, etc.) aufoxidiert (Nitrifikation). Anschließend wird im zweiten Schritt unter anoxischen Bedingungen (kein freier Sauerstoff vorhanden) das gebildete Nitrat zu gasförmigem Stickstoff reduziert (Denitrifikation).

Die Bildung von N_2O wurde sowohl bei der Nitrifikation als auch bei der Denitrifikation nachgewiesen (Goreau et al., 1980; Blackmer et al., 1980; Nogita et al., 1981; Poth, Focht, 1985). Nach Körner et al. (1992) entsteht N_2O bei beiden Prozessen durch die Reduktion des jeweils als Zwischenprodukt entstehenden Nitrits. Nach den vorliegenden Untersuchungen, die allerdings überwiegend in Böden durchgeführt wurden, besitzen u. a. folgende Faktoren bei der mikrobiellen Bildung von N_2O besondere Bedeutung (Krauth, 1993a; Abou Seada, Ottow, 1985; Ottow et al., 1985; Benckiser, Syring, 1992):

- die Sauerstoffversorgung (Sauerstoffpartialdruck),
- hohe Konzentration an Nitrit, Nitrat und/oder leichtabbaubaren Kohlenstoffquellen,
- der pH-Wert,
- Hemmstoffe wie z. B. Sulfid und
- bei der Denitrifikation die vorherrschende Denitrifikantenpopulation.

Genaue Aussagen über die tatsächlichen Ursachen der N_2O-Emissionen von Kläranlagen können derzeit noch nicht getroffen werden. Die bislang durchgeführten Messungen zeigten jedoch eindeutig, daß in der Abluft von Kläranlagen, die Stickstoff eliminieren, teilweise deutlich erhöhte und sehr stark schwankende N_2O-Konzentrationen bis über 200 Vol.ppm auftreten (Stein et al., 1991; Körner et al., 1993; Wappler, 1987). Zu beachten ist dabei, daß die verschiedenen, zur biologischen Stickstoffelimination zur Verfügung stehenden Verfahrenstechniken (vorgeschaltete, simultane, nachgeschaltete Denitrifikation; ein-, zweistufige Verfahren; Verfahren mit/ohne biologischer Phosphatelimination; etc.) einen erheblichen Einfluß auf die Randbedingungen bei den biologischen Abbauprozessen besitzen. Um die Ursachen der N_2O-Bildung genauer zu untersuchen, läuft derzeit ein BMFT-Verbundforschungsvorhaben unter Leitung der Universität Stuttgart, innerhalb dessen u. a. Messungen in mehreren Kläranlagen mit unterschiedlichen Verfahrenstechniken durchgeführt werden sollen (vgl. Krauth, 1993a).

II.1.1.2 Emissionsfaktoren

Die Quantifizierung von N_2O-Emissionsfaktoren bei der biologischen Abwasserreinigung ist grundsätzlich sehr schwierig, da

- die Emissionen zeitlich sowohl im Tagesgang als auch im Vergleich längerer Zeitabschnitte stark schwanken, ohne daß bislang die Ursachen für diese Schwankungen bekannt sind,

- mit deutlichen, aber bislang noch nicht quantifizierbaren Einflüssen der unterschiedlichen Verfahrenstechniken zu rechnen ist und

- eine Stickstoffbilanzierung als Grundlage für die Bestimmung der spezifischen Emissionen auf einer großtechnischen Kläranlage mit erheblichen Problemen und Unsicherheiten verbunden ist.

Erste, noch sehr ungenaue Abschätzungen ergaben, daß bis zu 1 % des gesamten Stickstoffs im Zulauf zum Klärwerk als N_2O entweichen kann (Krauth, 1992). Die bislang vorliegenden Ergebnisse des o. g. BMFT-Verbundforschungsvorhabens zeigen jedoch, daß im Durchschnitt mit deutlich niedrigeren N_2O-Emissionen zu rechnen ist. Als Maximalwert wird ein Wert von 0,1 % der Stickstoffzulauffracht angegeben (Krauth, 1993b).

Zur Abschätzung eines spezifischen Emissionsfaktors wird der angegebene Prozentsatz auf die durchschnittliche, einwohnerbezogene N-Fracht (11 g/(E·d) bzw. 4 kg/(E·a); ATV, 1991) im Zulauf von Kläranlagen bezogen. Damit ergibt sich ein einwohnerspezifischer N_2O-Emissionsfaktor von 7 g/(E·a) für Kläranlagen, die mit einer Stufe zur biologischen Stickstoffelimination ausgerüstet sind. In diesem Faktor ist allerdings die durch gewerbliche/industrielle Indirekteinleiter zufließende N-Fracht (industrielles Abwasser, das in eine kommunale Kläranlage eingeleitet wird) nicht berücksichtigt.

Um die durch industrielles Abwasser verursachte N-Menge miteinzubeziehen, besteht die Möglichkeit, die N_2O-Emissionen auf die Abwassermenge zu beziehen. Dazu muß allerdings die durchschnittliche N-Konzentration in kommunalem Abwasser abgeschätzt werden. Wieting und Wolf (1990) zitieren eine Studie der Fachgruppe Wasserchemie in der GdCH (veröffentlicht von Hamm, 1991), nach der in den alten Bundesländern die Stickstoffzulauffracht der kommunalen Kläranlagen ca. 400 bis 500 kt/a beträgt. Bei einer Abwassermenge von 8880 Mio m^3 (Angabe für 1987; Statistisches Bundesamt, 1990a) ergibt sich für die alten Bundesländer eine durchschnittliche N-Konzentration von 45 - 56 mg/l. Dieser Wert hängt allerdings sehr stark von der Industriestruktur ab und kann deshalb nur eingeschränkt auf andere Gebiete übertragen werden. Der auf die Abwassermenge bezogene Emissionsfaktor liegt dann bei 0,07 - 0,09 g N_2O pro m^3 Abwasser, das in einer Kläranlage mit biologischer Stickstoffelimination gereinigt wird.

Für industrielle Kläranlagen liegen keine Untersuchungen zu den N_2O-Emissionen vor. Da die ablaufenden Prozesse zur biologischen Stickstoffelimination bei den kommunalen und den industriellen Kläranlagen gleich sind, kann auch von vergleichbaren Emissionen ausgegangen werden. Allerdings könnten ggf. Inhaltsstoffe im industriellen Abwasser als Hemmstoffe bei der Nitrifikation bzw. Denitrifikation wirken und dadurch höhere spezifische Emissionen verursachen.

II.1.1.3 Emissionen

Zur Berechnung der N_2O-Emissionen in der Bundesrepublik durch Kläranlagen ist der auf die Abwassermenge bezogene Emissionsfaktor mit der Abwassermenge zu multiplizieren, die in Kläranlagen mit biologischer Stickstoffelimination gereinigt wird. Zur Abschätzung dieser Abwassermenge kann der Leistungsvergleich der Abwassertechnischen Vereinigung (ATV) von 1990 herangezogen werden, der weit über 90 % der in den alten Bundesländern insgesamt vorhandenen Ausbaugröße repräsentiert. Beim Kennwert Ammoniumstickstoff wurden dabei für ca. 70 % der in den Leistungsvergleich einbezogenen Einwohnerwerte NH_4-N-Konzentrationen kleiner 20 mg/l (beginnender Stickstoffumbau) und für ca. 55% NH_4-N-Konzentrationen kleiner 10 mg/l (weitgehender Stickstoffumbau) gemeldet.

Bei einer spezifischen N_2O-Emission von 0,07 - 0,09 g N_2O/m^3 Abwasser, einer in kommunalen Kläranlagen behandelten Abwassermenge von 8880 Mio m^3/a und einem Abwasseranteil von ungefähr 70 %, der in Anlagen mit zumindest beginnendem Stickstoffumbau behandelt wird, ergibt sich für die **kommunalen Kläranlagen** im Bereich der alten Bundesländer eine **N_2O-Menge** von ungefähr **0,4 - 0,5 kt/a**. Diese werden überwiegend direkt **in die Atmosphäre emittiert**, der im Abwasser verbleibende Rest dürfte vernachlässigbar sein.

In **industriellen Kläranlagen** wurden 1987 706 Mio m³ Abwasser biologisch behandelt, davon 430 Mio m³ in Anlagen mit weitergehender Behandlung (Statistisches Bundesamt, 1990b). Um die durch den Bereich der industriellen Abwasserreinigung entstehende N$_2$O-Menge zumindest grob abschätzen zu können, kann von vergleichbaren Verhältnissen bzgl. des Stickstoffgehalts und der spezifischen N$_2$O-Emisionen wie im kommunalen Bereich ausgegangen werden. Daraus ergibt sich eine zusätzliche N$_2$O-Menge von **0,03 - 0,04 kt/a**. Im Vergleich zu den Emissionen bei der kommunalen Abwasserreinigung sind diese Werte deutlich niedriger.

In den neuen Bundesländern lag der Anschlußgrad an öffentliche Kläranlagen 1989 bei nur 54 % (Umweltbundesamt, 1992). Nur ungefähr die Hälfte der Kläranlagen besaß eine biologische Reinigungsstufe, eine biologische Stickstoffelimination wurde nicht in nennenswertem Umfang durchgeführt.

Aufgrund der gesetzlichen Anforderungen ist damit zu rechnen, daß der Abwasseranteil, der in Anlagen mit biologischer Stickstoffelimination behandelt wird, deutlich zunehmen wird. Werden nicht gleichzeitig Maßnahmen zur Verringerung der N$_2$O-Emissionen durchgeführt, ist gleichzeitig mit einem Ansteigen der frei werdenden N$_2$O-Mengen zu rechnen. Nach den im ATV-Leistungsvergleich aufgeführten Daten liegt der Abwasseranteil, der in Kläranlagen größer 5000 Einwohnerwerten behandelt wird und deshalb einer biologischen Stickstoffelimination zu unterziehen ist, bei über 95 %. Außerdem ist miteinzubeziehen, daß bis zum Jahr 2000 das Niveau des Gewässerschutzes in den neuen Bundesländern an das der alten angeglichen werden soll. Geht man von einer vergleichbaren spezifischen Stickstoffzulauffracht wie in den alten Bundesländern aus, würde sich eine Fracht von ca. 110 - 130 kt/a Stickstoff im Zulauf der Kläranlagen ergeben. In den Kläranlagen der Bundesrepublik würden damit 0,6 - 0,7 kt/a (alte Bundesländer) bzw. 0,2 kt/a N$_2$O (neue Bundesländer) entstehen. Die **N$_2$O-Emissionen** in die Atmosphäre aus den Kläranlagen der gesamten Bundesrepublik würden damit im Jahr 2000 0,8 - 0,9 kt/a betragen.

Die verschiedenen Daten zu den N$_2$O-Emissionen im Bereich der Abwasserreinigung sind in Tabelle II.1-1 zusammengefaßt.

Abschätzung der derzeitigen N$_2$O-Emissionen alte Bundesländer		
kommunale Kläranlagen:		
Abwassermenge	8880 Mio m^3/a	Angabe für 1987
Stickstoffzulauffracht	400 - 500 kt/a	grobe Schätzung
emittierter N$_2$O-Anteil (bez. auf N-Zulauffracht)	0,1 %	Maximalwert (Krauth, 1993b)
N$_2$O-Emissionsfaktor	0,07 - 0,08 g/m^3	bez. auf Abwasser, das in einer Anlage mit N-Elimination behandelt wird
relevanter Anteil der Abwassermenge	ca. 70 %	in Anlagen mit N-Elimination behandelter Anteil
entstehende N$_2$O-Menge	0,4 - 0,5 kt/a	
industrielle Kläranlagen:		
relevante Abw.menge	430 Mio m^3	in Anlagen mit weitergehender biologischer Behandlung gereinigt
N$_2$O-Emissionsfaktor	0,07 - 0,08 g/m^3	übernommen aus kommunalem Bereich, spez. Untersuchungen liegen nicht vor
entstehende N$_2$O-Menge	0,03 kt/a	
neue Bundesländer		
keine Anlagen mit Stickstoffelimination vorhanden		
Abschätzung der künftigen N$_2$O-Emissionen (alte und neue Bundesländer)		
Stickstoffzulauffracht	510 - 630 kt/a	abgeschätzt nach Einwohnerzahl
relevanter Anteil der N-Fracht	ca. 95 %	Abwasseranteil mit Anforderungen zur N-Elimination
emittierter N$_2$O-Anteil (bez. auf N-Zulauffracht)	0,1 %	s.o.
entstehende N$_2$O-Menge	0,8 - 1,0 kt/a	

Tabelle II.1-1: N$_2$O-Emissionen im Bereich Abwasserreinigung

II.1.1.4 Emissionsminderung

Die bislang gemessenen, stark schwankenden N_2O-Emissionen lassen vermuten, daß durch geeignete technische Maßnahmen eine deutliche Reduzierung der Emissionen erreicht werden kann. Bei dem schon oben erwähnten Verbundforschungsvorhaben sollen auch in dieser Richtung Untersuchungen durchgeführt werden. Zum jetzigen Zeitpunkt liegen dazu jedoch noch keine Erkenntnisse vor.

II.1.1.5 Ausblick auf Phase II

Schwerpunkt der Arbeiten der Phase II wird sein, die Ergebnisse des Forschungsprojektes unter der Leitung der Universität Stuttgart, das bis Anfang 1994 beendet sein soll, einzuarbeiten und insbesondere im Hinblick auf Emissionsminderungsmöglichkeiten auszuwerten. Es ist zu erwarten, daß dieses Projekt zu

- den eigentlichen Ursachen für die N_2O-Emissionen,

- den spezifischen Emissionsmengen sowie

- den Möglichkeiten der Emissionsminderung

neue Erkenntnisse erbringen wird.

II.1.2 CH_4-Emissionen bei der Abwasserreinigung

II.1.2.1 Emissionsquellen

Die wichtigsten Verfahrensschritte bei der Reinigung kommunaler Abwässer sind die mechanische Vorreinigungsstufe, die aerobe biologische Behandlung und ggf. eine zusätzliche physikalisch-chemische Reinigungsstufe. Der in diesen Stufen anfallende Schlamm wird i. a. durch eine biologische Behandlung (anaerob, aerob bzw. aerob-/anaerob) stabilisiert, damit der Schlamm anschließend weitgehend geruchsfrei gelagert werden kann. In den alten Bundesländern wird bei mittleren und größeren Kläranlagen der Schlamm überwiegend in beheizten Faultürmen bei Temperaturen von ca. 35 °C (mesophil) anaerob behandelt. Das entstehende Klär- oder Faulgas enthält zu 60 - 70 Vol.% Methan (zweiter Hauptbestandteil ist CO_2, in geringen Mengen sind N_2, O_2, H_2S und Spuren anderer Stoffe enthalten; ATV/VKS-Fachausschuß 3.8, 1989). Das Klärgas wird i. a. auf der Kläranlage energetisch verwertet (Beheizung der Betriebsgebäude und der Faulbehälter; Nutzung in Gasmotoren; Verstromung in BHKW-Anlagen). Überschüssige Klärgasmengen werden abgefackelt. Aus Sicherheitsgründen ist zur Vermeidung von Gasexplosionen eine Abfackelautomatik vorgeschrieben.

Der ausgefaulte Klärschlamm besitzt einen sehr hohen Wasseranteil (ca. 95 %) und wird deshalb zuerst entwässert, bevor er entsorgt werden kann. In dem Schlammwasser ist Methan entsprechend seiner Wasserlöslichkeit (bei 20 °C 33,8 ml/l) gelöst. Das Schlammwasser wird in den Klärprozeß zurückgegeben, so daß das Methan dort wieder ausgasen bzw. durch die Belüftung ausgestrippt werden kann und in die Atmosphäre gelangt.

Der entwässerte und z. T. nachbehandelte Schlamm (Wassergehalt je nach Verfahren ca. 50 - 80 %) wird anschließend landwirtschaftlich verwertet bzw. entsorgt. Der überwiegende Teil des Klärschlamms wird deponiert (in den alten Bundesländern derzeit etwa 60 %; 25 % werden landwirtschaftlich verwertet, 10 % verbrannt und 3-4 % kompostiert; BMU, 1992). Der größte Teil des deponierten Klärschlamms wird gemeinsam mit anderen Abfällen abgelagert, nur in geringem Umfang (nach groben Schätzungen weniger als 10 % der deponierten Schlammenge) wird eine Mono-Deponierung von Klärschlämmen durchgeführt. Bei der Deponierung des Klärschlamms entsteht über einen längeren Zeitraum hinweg Methan - wie auch bei der Deponierung von Siedlungsabfällen (vgl. Kapitel II.8 "Abfalldeponien"). Allerdings ist die Gasbildungsrate bei abgelagerten Klärschlämmen niedriger, da durch die Stabilisierung auf den Kläranlagen ein ca. 50 %iger Vorabbau der organischen Substanz erzielt wird, so daß anfänglich im Vergleich zu Müll mit einer um den Faktor 10 geringeren Gasungs-Intensität zu rechnen ist (ATV/VKS-Fachausschuß 3.6, 1991). Der Methangehalt des Gases kann entsprechend dem Methangehalt des Klärgases auf 60 - 70 Vol.% abgeschätzt werden.

Eine Übersicht über die bisherige Klärschlammbehandlung und -entsorgung in den neuen Bundesländern geben Beer und Gebhard (1991). Danach lag der Schwerpunkt bei der Schlammbehandlung auf einer psychrophilen Schlammstabilisierung in offenen, nicht beheizten Behältern mit nachfolgender natürlicher Entwässerung auf Schlammentwässerungsplätzen. Geschlossene Faulbehälter mit gezielter Klärgaserzeugung sowie Anlagen zur maschinellen Entwässerung standen nur in sehr geringem Umfang zur Verfügung. In der Vergangenheit wurde der größte Teil der Klärschlämme landwirtschaftlich verwertet (ca. 90 % bis 1985, danach Rückgang auf 71 % im Jahr 1989). Da ab dem 01.01.1991 die Klärschlammverordnung im Gebiet der neuen Bundesländer Gültigkeit erlangte, wurde aufgrund des hohen Schadstoffgehalts der Klärschlämme für 1991 ein Rückgang der landwirtschaftlichen Verwertung auf unter 50 % prognostiziert. Anlagen zur Schlammverbrennung bestehen in den neuen Bundesländern nicht, d. h. die nicht landwirtschaftlich zu verwertenden Klärschlammengen werden deponiert.

II.1.2.2 Emissionsfaktoren bzw. Gaspotential

Aus den oben gemachten Ausführungen ergeben sich im Bereich der Abwasserreinigung folgende mögliche Emissionsquellen für Methan:

a) direkte Emissionen bei der anaeroben Schlammbehandlung sowie bei der energetischen Verwertung bzw. beim Abfackeln von Methan;

b) indirekte Emissionen bei der anaeroben Schlammbehandlung mit anschließender maschineller Entwässerung durch das im Schlammwasser gelöste Methan;

c) Emissionen bei der Klärschlammdeponierung.

zu a):

Das bei der anaeroben Schlammbehandlung in geschlossenen Faultürmen anfallende Klärgas wird vollständig aufgefangen und anschließend verbrannt. Die Methan-Emissionen bei der energetischen Verwertung bzw. beim Abfackeln durch unvollständige Verbrennung sind sehr gering. Selzer, Zittel (1990) schätzen ohne nähere Begründung die Verluste an Klärgas, die in die Atmosphäre entweichen, auf 0,1 % der insgesamt verbrannten Klärgasmenge. Bei einem durchschnittlichen Methangehalt des Klärgases von 65 % ergibt sich damit ein Emissionsfaktor von 0,00065 m^3 Methan pro m^3 verbranntem Klärgas.

Bei der psychrophilen Schlammbehandlung in offenen Behältern, wie sie vorwiegend in den neuen Bundesländern durchgeführt wurde und derzeit auch noch vorwiegend durchgeführt wird, wird das entstehende Klärgas nicht aufgefangen, sondern es entweicht in die Atmosphäre. Angaben zur spezifischen Methan-Bildungsrate bei der psychrophilen Schlammstabilisierung stehen nicht zur Verfügung. Als eine grobe obere Abschätzung kann die Gasbildungsrate bei der mesophilen Schlammfaulung benutzt werden. Köhlhoff (1991) gibt für die spezifische Gasproduktion im Faulbehälter einen Wert von 0,45 Nm^3/kg oTR an.

zu b):

Ausgefaulter Klärschlamm hat einen durchschnittlichen Trockensubstanzgehalt von ca. 5 %. Durch die maschinelle Schlammentwässerung wird der Trockensubstanzgehalt auf durchschnittlich 35 - 40 % erhöht, d. h. pro m^3 ausgefaultem Klärschlamm fallen ca. 0,86 m^3 Schlammwasser an. Bei einer Wasserlöslichkeit des Methans von 33,8 ml/l (20 °C) und einer durchschnittlichen Methankonzentration des Klärgases von 65 % ergibt sich eine im Schlammwasser gelöste Methanmenge von ca. 19 l pro m^3 ausgefaultem Klärschlamm.

Da das Schlammwasser wieder in den Klärprozeß zurückgegeben wird, kann dort das Methan ausgasen bzw. durch die Belüftung gestrippt werden. Genauere Messungen zu den tatsächlich in die Atmosphäre emittierten Methanmengen liegen nicht vor. Die oben angegebene Methanmenge gibt die Obergrenze wieder.

zu c):

Grassl et al. (1991) gehen von der Annahme aus, daß die Gasbildungsrate bei deponiertem Klärschlamm der bei Hausmüll entspricht (150 - 200 m^3/t). Nach den schon oben zitierten Angaben des ATV/VKS-Fachausschusses 3.6 (1991) erscheint diese Annahme aufgrund des bereits in der Kläranlage erfolgten Vorabbaus der organischen Substanz zu hoch. Köhlhoff (1991) schätzt die Gasbildungsrate wie folgt ab:

- praktische Stabilisierungsgrenze: 70 % des maximalen, stöchiometrisch möglichen Gasanfalls von 0,898 Nm^3/kg oTR;

- Gasproduktion im Faulbehälter: 0,45 Nm^3/kg oTR;

- verbleibendes Gaspotential: 0,18 Nm^3/kg oTR (bezogen auf den oTR-Gehalt des Rohschlamms); aufgrund des ca. 50 %igen Abbaus der organischen Trockenmasse bei der Klärschlammstabilisierung (ATV/VKS-Fachausschuss 3.6, 1991) liegt das Gaspotential für stabilisierten Klärschlamm bei ungefähr 0,36 Nm^3/kg oTR.

Der Methangehalt kann entsprechend dem Methangehalt des Klärgases auf ungefähr 65 % abgeschätzt werden.

Angaben über die spezifische Gasbildungsrate aus deponiertem, psychrophil stabilisiertem Klärschlamm liegen nicht vor. Als Abschätzung kann das oben angegebene, für mesophil stabilisierten Klärschlamm geltende Gaspotential von 0,36 Nm^3/kg oTR verwendet werden.

II.1.2.3 Emissionen

Die Berechnung der Emissionen muß für die drei oben genannten Bereiche getrennt durchgeführt werden.

zu a):

In der Bundesrepublik Deutschland wurden 1990 782 Mio m^3 Klärgas gewonnen, davon wurden 643 Mio m^3 im Energiewandlungsbereich verbraucht. Die restlichen 139 Mio m^3 werden als Fackel- und Leitungsverluste bzw. als Bewertungsdifferenzen ausgewiesen (AGE, 1991). In den neuen Bundesländern wurden bislang nur sehr geringe Mengen an Biogas erzeugt. Schätzungen sprechen von ca. 11 Mio m^3/a Klärgas (Beer, Gebhard, 1991).

Bei einem Emissionsfaktor von 0,00065 m^3 Methan pro m^3 verbranntem Klärgas und einer Methandichte von $0,716 \cdot 10^{-3}$ t/Nm^3 ergeben sich für den Bereich der anaeroben Schlammbehandlung in den alten Bundesländern direkte Methan-Emissionen von 0,4 kt pro Jahr.

Durch die psychrophile Schlammstabilisierung in den neuen Bundesländern werden in etwa 0,45 Nm^3/kg oTR Gas emittiert. Nach Angaben des Umweltbundesamtes (UBA, 1992) betrug 1989 die in den neuen Bundesländern angefallene, entwässerte Klärschlammenge ca. 1,1 Mio t bzw. 232.000 t TS. Bei solchem, teilstabilisiertem Klärschlamm liegt der Glühverlust bei ca. 50 - 60 % des Trockensubstanzgehaltes (Loll, Möller, 1984). Durch die Stabilisierung wird knapp 50 % der organischen Trockenmasse abgebaut (ATV/VKS-Fachausschuss 3.6, 1991), d. h. die ursprünglich vorhandene Klärschlammenge vor der Schlammstabilisierung (Rohschlamm) betrug 232.000 - 278.000 t oTR. Bei einem Methangehalt von 65 % ergibt sich damit eine jährliche Methanemission von 49 - 58 kt/a.

zu b):

In der Bundesrepublik Deutschland fielen 1987 bei der öffentlichen Abwasserbeseitigung 51,7 Mio. m^3 (Statistisches Bundesamt, 1990a) und im Bereich "Bergbau und verarbeitendes Gewerbe" 33,2 Mio m^3 (Statistisches Bundesamt, 1990b) Klärschlamm an. Der Anteil des anaerob behandelten Klärschlamms kann nach Angaben des Umweltbundesamtes grob auf 50-60 % geschätzt werden. Bei einer spezifischen Methanemission von max. 19 l pro m^3 ausgefaultem Schlamm ergibt sich eine durch Schlammwasser verursachte maximale Methanemission von 0,6 - 0,7 kt/a.

In den neuen Bundesländern wurden bislang vorwiegend natürliche Methoden (Schlammentwässerungsplätze, -becken, Lagunen) zur Schlammentwässerung eingesetzt. Der Anteil der maschinellen Schlammentwässerung lag bei <1 % (Beer, Gebhard, 1991). Die dabei durch das Schlammwasser entstehenden Methan-Emissionen sind unbedeutend.

zu c):

In den alten Bundesländern wurden 1987 ca. 2,6 Mio t Klärschlamm aus kommunalen Kläranlagen sowie 0,3 Mio t Klärschlamm aus der industriellen Abwasserreinigung auf öffentlichen Anlagen deponiert (Statistisches Jahrbuch, 1991). Aus der industriellen Abwasserreinigung wurden zusätzlich ungefähr 0,1 Mio t Klärschlamm auf betriebseigenen Deponien abgelagert (UBA, 1991). Der Mindesttrockensubstanzgehalt zur Ablagerung von Klärschlamm auf Deponien liegt zur Zeit bei 35 %. Im Durchschnitt kann von einem TS-Gehalt von 35 - 40 % ausgegangen werden. Der Glühverlust bezogen auf den TS-Gehalt des entwässerten Schlammes schwankt sehr stark je nach Stabilisierungs-, Entwässerungs- und Nachbehandlungsverfahren zwischen 25 - 80 % (ATV/VKS-Fachausschuss 3.6, 1991). Zur Berechnung wird der durchschnittliche Glühverlust auf 40 - 60 % des TS abgeschätzt. Entsprechend dem Methangehalt von Klärgas kann von einem Methananteil des entstehenden Gases von ca. 65 % ausgegangen werden. Von der entstehenden Gasmenge wird auf den Deponien durchschnittlich ca. 23 % erfaßt (vgl. Kap. II.8), auf Deponien mit Gasfassung - Erfassungsgrad ca. 35 % - werden ungefähr 66 % der deponierten Menge abgelagert), die restliche Menge wird emittiert.

Aus diesen Angaben ergibt sich bei einem Gaspotential von 0,36 Nm^3/kg oTR (bezogen auf den deponierten Schlamm) eine Methanemission von 54 - 93 kt/a für den deponierten Klärschlamm in den alten Bundesländern.

Die in den neuen Bundesländern deponierte Klärschlammenge betrug 1989 nach Angaben des Umweltbundesamtes (1991) ca. 0,55 Mio t bzw. 116.000 t TS. Bei teilstabilisiertem Klärschlamm liegt der Glühverlust bei 50 - 60 % des TS (Loll, Möller, 1984). Geht man von einem vergleichbaren Gaspotential wie beim Klärschlamm in den alten Bundesländern aus und berücksichtigt, daß in den neuen Bundesländern das entstehende Deponiegas vollständig emittiert wird, ergibt sich eine Methan-Emission von 10 - 12 kt/a.

Die Emissionsmengen zeigen, daß im Bereich der Abwasserreinigung in den alten Bundesländern nur die Emissionen bei der Klärschlammdeponierung von Bedeutung sind. In den neuen Bundesländern sind außerdem die Emissionen durch die anaerobe psychrophile Schlammstabilisierung in offenen Behältern relevant, da die dabei entstehenden Gasmengen nicht aufgefangen werden (s. zusammenfassende Darstellung in Tabelle II.1-2). Insgesamt werden in der gesamten Bundesrepublik aus dem Bereich der **Kläranlagen 50 - 59 kt** Methan pro Jahr **direkt** in die Atmosphäre emittiert. Hinzu kommen die indirekten, bei der Klärschlammdeponierung anfallenden Emissionen in Höhe von 64 - 105 kt/a, die in der Gesamtbilanz beim Sektor Abfalldeponien (Kapitel II.8) ausgewiesen werden.

Die künftige Entwicklung der Methan-Emissionsmengen im Bereich der Abwasserreinigung wird von den stark ansteigenden Klärschlammmengen und der neuen TA-Siedlungsabfall bestimmt werden. Gründe für die stark ansteigenden Klärschlammmengen sind:

- verschärfte Reinigungsanforderungen, insbesondere die geforderte Phosphatelimination (grobe Schätzungen erwarten einen Mehranfall an Klärschlamm von ca. 20 %; Loll, 1992);

- Ausbau der Regenwasserbehandlungsanlagen;

- Sanierung und Neubau von Kläranlagen insbesondere in Ostdeutschland;

- Erhöhung des Anschlußgrades an die öffentliche Kanalisation, ebenfalls mit Schwerpunkt in Ostdeutschland.

Nach der neuen TA-Siedlungsabfall sollen Stoffe nur noch deponiert werden, wenn u. a. deren Glühverlust unter 5 Gewichtsprozent liegt (BMU, 1991b). Für den Bereich der Klärschlammdeponierung würde dies bedeuten, daß entwässerter Schlamm nicht mehr direkt deponiert werden könnte, sondern zuerst einer weitergehenden Behandlung zugeführt werden müßte (i. d. R. Klärschlammverbrennung). In bezug auf die emittierte Methanmenge würden solche Anforderungen eine deutliche Reduktion erwarten lassen. Allerdings stoßen diese Verbrennungsanlagen in der Öffentlichkeit auf wenig Akzeptanz. Die TA Siedlungsabfall wird derzeit sehr kontrovers diskutiert, so daß die künftigen Entsorgungswege für Klärschlamm noch nicht prognostiziert werden können.

	alte Bundesländer		neue Bundesländer	
	Emissionen durch deponierten Klärschlamm	Schlammbehandlung und Entwässerung	Emissionen durch deponierten Klärschlamm	Emissionen d. psychrophile Schlammstabilisierung
Klärschlammenge	3,0 Mio t/a		0,55 Mio t/a (Rohschlamm)	232 - 278 kt/a oTR
Feststoffgehalt (TS) Glühverlust	ca. 35 - 40 % ca. 40 -60 % des TS		ca. 21% ca. 50 - 60 %	
Gaspotential	0,36 Nm^3/kg oTR [1]		0,36 Nm^3/kg oTR [1]	0,45 Nm^3/kg oTR [2]
Methananteil	65 %		65%	65 %
emittierter Anteil	77 %		100%	100 %
Methanemission	54 - 93 kt/a [3]	1 - 1,1 kt/a	10 - 12 kt/a [3]	49 - 58 kt/a
Gesamtemissionsmenge		114 - 164 kt/a		
Gesamtemissionsmenge direkt in die Atmosphäre		50 - 59 kt/a		

[1] bezogen auf entwässerten Schlamm
[2] bezogen auf Rohschlamm
[3] in den in Kap. II.8 berechneten Emissionen der Abfalldeponien enthalten
[4] ohne durch Klärschlammdeponierung verursachte, dem Abfallbereich zugeordnete Emissionen

Tab. II.1-2: Relevante Methan-Emissionen im Bereich der Abwasserreinigung

II.1.2.4 Emissionsminderung

Die Methan-Emissionen bei der in den alten Bundesländern vorwiegend durchgeführten mesophil-anaeroben Klärschlammbehandlung sind vernachlässigbar. Durch die Anwendung dieser Technik könnten die Methan-Emissionen, die bei der in den neuen Bundesländern fast ausschließlich eingesetzten psychrophilen Schlammbehandlung entstehen, fast vollständig vermieden werden. Entsprechende Änderungen sind nicht nur aufgrund der Methan-Emissionen sinnvoll, sondern auch aufgrund sonstiger betrieblicher Aspekte (Geruchsbelästigung, Gasgewinnung zur Energieerzeugung, etc.).

Zur Verringerung der Methanemissionen bei der Deponierung des Klärschlamms stehen verschiedene Möglichkeiten zur Verfügung. Eine Möglichkeit ist eine verstärkte landwirtschaftliche Verwertung des Klärschlamms zur Verringerung der deponierten Klärschlammenge. Aufgrund des Schadstoffgehalts von Klärschlamm müssen hier jedoch strenge Vorgaben beachtet werden, die in der Neufassung der Klärschlammverordnung von 1992 nochmals verschärft und erweitert wurden. In Zukunft ist deshalb eher mit einem Rückgang der landwirtschaftlich verwerteten Klärschlammenge zu rechnen. Eine andere Möglichkeit ist die Verringerung der spezifischen Gasbildungsrate durch eine Reduktion des organischen Anteils des deponierten Klärschlamms. Dazu kann in gewissem Umfang eine Optimierung der anaeroben Schlammstabilisierung dienen (z. B. Trösch, 1992; Kunst, 1989; Schürbüscher, 1989). Die Anforderungen der neuen TA Siedlungsabfall sind allerdings voraussichtlich nur durch eine Klärschlammverbrennung (s. o.) zu erfüllen. Eine dritte Möglichkeit zur Begrenzung der Methanemissionen ist die in Kapitel II.8 ausführlicher behandelte Reduzierung der aus den Deponien emittierten Gasmengen.

II.1.2.5 Ausblick auf Phase II

Aufgabe der Phase II ist es, die Annahmen über das Gaspotential von Klärschlamm bei der Stabilisierung bzw. bei der Deponierung abzusichern. Zur Abschätzung der künftigen Emissionen bzw. zu den Möglichkeiten von Emissionsminderungsmaßnahmen hat die vorliegende TA Siedlungsabfall entscheidende Bedeutung. Die sich aus ihr ergebenden Konsequenzen sollen in der Phase II mit einberechnet werden können.

Literatur

Abou Seada, M.N.I., J.C.G. Ottow: Effect of increasing oxygen concentration on total denitrification and nitrous oxide release from soil by different bacteria. Biol. Fert. Soils 1/1985, S. 31-38.

AGE (Arbeitsgemeinschaft Energiebilanzen): Energiebilanzen der Bundesrepublik Deutschland, Band III. Verlags- und Wirtschaftsgesellschaft der Elektrizitätswerke mbH Frankfurt, 1991.

ATV (Abwassertechnische Vereinigung): Bemessung von einstufigen Belebungsanlagen ab 5000 Einwohnerwerten. Arbeitsblatt A 131. GFA, St. Augustin, 1991.

ATV/VKS-Fachausschuß 3.6: Monodeponie von Klärschlamm. Arbeitsbericht, Korrespondenz Abwasser, 2/1991, S. 285-291.

ATV/VKS-Fachausschuß 3.8: Gewinnung, Aufbereitung und Nutzung von Biogas. Arbeitsbericht, Korrespondenz Abwasser, 1/1989, S. 84-95.

Beer, R., K. Gebhard: Analyse der Klärschlammbehandlung in den neuen Bundesländern. Korrespondenz Abwasser, 3/1991, S. 388-393.

Benckiser, G., K.-M. Syring: Denitrifikation in Agrarstandorten. BioEngineering 3/1992, S. 46-52.

Blackmer, M., J.M. Bremner, E.L. Schmidt: Production of Nitrous Oxide by Ammonia-Oxidizing Chemoauthotrophic Microorganisms in Soil. Appl. Environ. Microbiol. 40, Dec. 1980, S. 1060-1066.

BMU (Bundesminister für Umwelt, Naturschutz und Reaktorsicherheit): Bericht gemäß Artikel 17 der EG-Richtlinie 86/278/EWG über die Klärschlammverwertung in der Bundesrepublik Deutschland. Umwelt, 9/1992.

BMU (Bundesminister für Umwelt, Naturschutz und Reaktorsicherheit): Allgemeine Verwaltungsvorschrift zur Änderung der Allgemeinen Rahmenverwaltungsvorschrift über Mindestanforderungen an das Einleiten von Abwasser in Gewäser. 27. August 1991a.

BMU (Bundesminister für Umwelt, Naturschutz und Reaktorsicherheit): Arbeitsentwurf - Sechste Allgemeine Verwaltungsvorschrift zum Abfallgesetz. 1991b.

BMU (Bundesminister für Umwelt, Naturschutz und Reaktorsicherheit): Allgemeine Rahmen-Abwasserverwaltungsvorschrift über Mindestanforderungen an das Einleiten von Abwasser in Gewässer - Rahmen-AbwasserVwV. 08. September 1989.

Bock, E.: Nitrifikation - die bakteriologische Oxidation von Ammoniak zu Nitrat. Forum Mikrobiologie, 1/1980.

Goreau, T.J., W.A. Kaplan, S.C. Wolfeg, M.B. McElroy, F.W. Valois, S.W. Watson: Production of NO_2^- and N_2O by nitrifying Bacteria of reduced concentration of oxygen. Appl. Environ. Microbiol. 40, Sept. 1980, S. 526-532.

Grassl, H. et al.: Methanquellen in der industrialisierten Gesellschaft. Max-Planck-Institut für Meteorologie, Hamburg / Meteorologisches Institut der Universität Hamburg, 1991.

Hamm, A.: Studie über die Wirkungen und Qualitätsziele von Nährstoffen im Fließgewässern. Academia Verlag, St. Augustin, 1991.

Klaas, N., S. Schestag, D. Wappler: Untersuchungen des Belebungsprozesses an Kläranlagen durch kontinuierliche Messung von Gasen, die an der biochemischen Reaktion beteiligt sind. Zwischenbericht zum BMFT-Forschungsvorhabens 02-WA 8816. Universität Stuttgart, 1990.

Köhlhoff, D.: Orientierende Bilanzierung klärschlammbürtiger Emissionen verschiedener Entsorgungswege. Studie im Auftrag der Stadt Hamburg, 1991.

Körner, R., G. Benckiser, J.C.G. Ottow: Quantifizierung der Lachgas (N_2O) - Freisetzung aus Kläranlagen unterschiedlicher Verfahrensführung. Korrespondenz Abwasser, 4/1993, S. 514-525.

Krauth, Kh.: Neue Konzeptionen für Abwasserableitung und Abwasserreinigung. WAP 3/1992, S. 129-132.

Krauth, Kh.: N_2O in Kläranlagen. Korrespondenz Abwasser, 11/1993a, S. 1777-1791.

Krauth, Kh.: Persönliche Mitteilung, November 1993b.

Krauth, Kh., D. Wappler: Zwischenbericht zum BMFT-Verbundforschungsvorhaben 02-WA 91029, Teilprojekt 1. Universität Stuttgart, 1992.

Kunst, S.: Einsatz von Enzymen und Bakterienpräparate bei der aeroben und anaeroben Abwasserreinigung. gwf-Wasser/Abwasser, 7/1989.

Loll, U.: Neue Anforderungen an die Entsorgung und Behandlung von Klärschlamm. WAP, 1/1992, S. 35-38.

Loll, U.: Neue Trends bei Klärschlammengen und -entsorgungswegen. Entsorgungspraxis Spezial, 8/1989, S. 3-4.

Loll, U., U. Möller: Prozeßziele der Klärschlammstabilisierung und deren Zusammenhang mit Dimensionierungs-, Betriebs- und Kontrollparametern. Korrespondenz Abwasser 31, 1984, S. 940-945.

Nogita, S., Y. Saito, T. Kuge: A new indicator of the activated sludge sludge process - nitrous oxide. Wat. Sci. Tech. Vol. 13, 1981, S. 199-204.

Ottow, J.C.G., I. Burth-Gebauer, M.E. El Demerdash: Influence of pH and partial oxygen pressure on the N_2O-N to N_2 ratio of denitrification. In: Denitrification in the nitrogen cycle, H.L. Golterman (ed.), Plenum Press, New York, 1985, S. 101-120.

Poth, M., D.D. Focht: ^{15}N Kinetic Analysis of N_2O Production by Nitrosomonaseuropea: an Examination of Nitrifier Denitrification. Appl. Environ. Microbiol. 49, May 1985, S. 1134-1141.

Schürbücher, D.: Rechnergestütze Optimierung und Prozeßführung kontinuierlicher biotechnischer Prozesse untersucht am Beispiel der anaeroben Abwasserreinigung. Berichte der KFA Jülich, Nr. 2325, 1989.

Selzer, H., W. Zittel: Klimarelevante Emissionen von Methangas. Ludwig-Bölkow-Systemtechnik GmbH, Ottobrunn, 1990.

Statistisches Bundesamt: Statistisches Jahrbuch 1991. Wiesbaden, 1991.

Statistisches Bundesamt: Umweltschutz, Fachserie 19, Reihe 2.1. Wiesbaden, 1990a.

Statistisches Bundesamt: Umweltschutz, Fachserie 19, Reihe 2.2. Wiesbaden, 1990b.

Stein, M., S. Schestag, D. Wappler: Untersuchungen des Belebungsprozesses an Kläranlagen durch kontinuierliche Messung von Gasen, die an der biochemischen Reaktion beteiligt sind. Abschlußbericht des BMFT-Forschungsvorhabens 02 - WA 8816, Teil II; Universität Stuttgart, 1991.

Trösch, W.: Untersuchungen zur zweistufigen Klärschlammfaulung. Korrespondenz Abwasser, 9/1992, S. 1348 - 1355.

Umweltbundesamt: Daten zur Umwelt 1990/1991. Erich Schmidt Verlag, Berlin 1992.

Wappler, D.: Abluftkomponenten als Parameter zur Erfassung der Tagesschwankungen des Belebungsprozesses. Korrespondenz Abwasser, 11/1987, S. 1176 - 1184.

Wieting, J., P. Wolf: Stickstoffbilanz für die Oberflächengewässer der Bundesrepublik Deutschland. Wasser+Boden, 10/1990, S. 646-648.

II.2 N$_2$O- und CH$_4$-Emissionen aus Gewässern

II.2.1 Einleitung

Im vorliegenden Arbeitspapier wird eine erste Abschätzung der anthropogen bedingten Emission von N$_2$O sowie von CH$_4$ aus Gewässern in Deutschland versucht.

Der Begriff "Gewässer" umfaßt dabei gemäß der im Wasserhaushaltsgesetz (WhG) verwendeten Definition sowohl das Grundwasser wie auch Oberflächengewässer. Letztere umfassen sowohl fließende Gewässer (Bäche, Flüsse, Kanäle etc.) wie auch stehende Gewässer (Tümpel, Seen, Talsperren etc.). Diese Definition beinhaltet die Ästuarbereiche der Flüsse. Die Beiträge der deutschen Bereiche der Nord- und Ostsee zu den N$_2$O- bzw. die CH$_4$-Emissionen werden jedoch nicht mit erfaßt.

"Anthropogen bedingt" ist hier so zu verstehen, daß nicht unbedingt die Entstehung des jeweiligen Spurengases anthropogen bedingt ist, sondern dessen Freisetzung in die Atmosphäre. In diesem Sinne ist bspw. die Freisetzung von natürlich in Kohlenlagerstätten gebildetem CH$_4$ als anthropogen zu bezeichnen, wenn das CH$_4$ im Sümpfungswasser gelöst ist, mit diesem gefördert wird und dabei aus dem Wasser ausgast und in die Atmosphäre gelangt.

Die Abschätzung der Emissionen erfolgt (mit Ausnahme des Abschnittes II.2.3.3.5) nach dem folgenden Schema:

1. Abschätzung der Flächenanteile der jeweiligen N$_2$O- bzw. CH$_4$-produzierenden Systeme an der Gesamtfläche der Bundesrepublik Deutschland (wirksame Fläche): F [km^2]

2. Festlegen der für das jeweilige N$_2$O- bzw. CH$_4$-produzierende System maßgeblichen mittleren spezifischen Produktions-/Emissionsfaktoren: R [mg N$_2$O m^{-2} d^{-1}] bzw. [mg CH$_4$ m^{-2} d^{-1}].

3. Festlegen der Zahl der Tage mit einer N$_2$O- bzw. CH$_4$-Produktion innerhalb eines Jahres (mittlere Vegetations- bzw. Produktionsdauer): T [d a^{-1}]

4. Berechnung der Jahresemissionmenge von N$_2$O bzw. CH$_4$ für das betreffende System:

   E = p * F * R * T [kt N$_2$O a^{-1}] bzw. [kt CH$_4$ a^{-1}]

   wobei p der Umrechnungsfaktor aufgrund der verwendeten Dimensionen darstellt: hier p = 10^{-6}.

Als besonders kritisch in Bezug auf die Abschätzung der Emissionen sind neben der Festlegung der jeweils "wirksamen Flächen" vor allem auch die der Abschätzung zugrunde gelegten Produktions-/Emissionsfaktoren zu sehen:

- Die statistischen Angaben zu den jeweiligen Flächenanteilen sind nur relativ grob verfügbar. Aus diesem Grund müssen hier zum Teil die Flächenanteile abgeschätzt werden.

- Es sind nur sehr wenige Messungen über die N_2O- bzw. CH_4-Emissionsraten in deutschen Gewässern vorhanden. Daher ist es nötig, Meßergebnisse aus anderen Ländern zu übertragen, obwohl diese u.U. unter sehr spezifischen, und deshalb nicht direkt mit deutschen Verhältnissen vergleichbaren Bedingungen gewonnen wurden.

II.2.2 N_2O-Emissionen

II.2.2.1 Entstehungsprozesse und Emissionsquellen

N_2O (Distickstoffoxid, Lachgas) tritt als Reaktions(zwischen)produkt bei einer Reihe von biologischen Metabolismen auf (Yoh et al., 1988). Die folgenden Prozesse können dabei als mögliche N_2O-Quellen wirken:

- Nitrifikation (hauptsächlich als Nebenprodukt)

- Denitrifikation (als obligates Zwischenprodukt)

- Dissimilatorische Nitrat-Reduktion zu NH_4^+

- Assimilatorische Nitrat-Reduktion durch Bakterien, Hefen und Pilze

- Chlorophyceae-Aufwuchs auf NO_2^-

- Ammonium-Oxidation durch methanotrophe Bakterien

Von diesen möglichen Quellen sind nur die beiden ersten (Nitrifikation und Denitrifikation) in der Literatur relativ gut beschrieben. Aus diesem Grunde werden in der vorliegenden Abschätzung auch nur die Beiträge dieser Quellen berücksichtigt.

In Oberflächengewässern und auch in Grundwässern laufen je nach der Verfügbarkeit von Sauerstoff und Stickstoff-Verbindungen sowohl Nitrifikations- (aerobe Verhältnisse) als auch Denitrifikationsprozesse (anaerobe Verhältnisse) ab. Ursache dafür sind neben den in den Gewässern verfügbaren natürlichen, geogenen Stickstoffverbindungen vor allem auch die zunehmend in die Gewässer eingetragenen Stickstoffverbindungen anthropogenen Ursprungs (z. B. organischer Dünger, NH_4^+-Dünger, Nitrat-Dünger, atmosphärische Deposition von Stickstoffverbindungen, Einleitung von Abwässern in Gewässer, Eintrag von erodiertem Bodenmaterial in die Gewässer).

Im Wasserkörper von Fließgewässern herrschen (abgesehen von eventuell anaeroben Stillwasserbereichen oder von Gewässerabschnitten mit sehr geringen Fließgeschwindigkeiten des Wassers, wie Altarme, kanalähnliche Abschnitte etc.) i. d. R. aerobe Verhältnisse vor. Damit ist hier vor allem die Nitrifikation als eine N_2O-Quelle zu sehen. Demgegenüber herrschen in den Fließgewässersedimenten (abgesehen von der obersten, eventuell aeroben Sedimentschicht) tendenziell anaerobe Bedingungen. Hier ist hauptsächlich die Denitrifikation als N_2O-Quelle zu sehen.

Wie in Kapitel II.1 über die N_2O-Emissionen aus Kläranlagen dargestellt, wird durch das eingeleitete, gereinigte Abwasser neben Stickstoffverbindungen, wie Ammonium und Nitrat, auch direkt im Abwasser gelöstes N_2O in die der Vorflut dienenden Fließgewässer eingetragen. Die daraus resultierenden Emissionsmengen sind in der folgenden Abschätzung für die Oberflächengewässer enthalten. Zusätzlich trägt das aus Kläranlagen eingeleitete Abwasser über das darin enthaltene Ammonium, Nitrat und sonstige Stickstoffverbindungen zur N_2O-Bildung im Fließgewässer bei. Eine genaue Quantifizierung der aus Kläranlagen bzw. aus sonstigen Quellen stammenden Anteile der N_2O-Emissionen aus Fließgewässern ist aufgrund der unzureichenden Datenbasis derzeit nicht möglich.

In stehenden Oberflächengewässern (Seen und Talsperren) beeinflußt vor allem die Temperaturschichtung und die in einem jahreszeitlichen Wechsel erfolgende vertikale Zirkulation des Seewassers die Verfügbarkeit von Sauerstoff in den einzelnen Tiefenschichten und damit die Intensitäten von nitrifizierenden und denitrifizierenden Prozessen im Wasserkörper. In den Seesedimenten sind die Verhältnisse ähnlich wie bei den Sedimenten der Oberflächengewässer.

Die Verfügbarkeit von Sauerstoff im Grundwasser wird zum einen von der Grundwasserneubildungsrate und damit auch von dem überlagernden Boden bzw. der ungesättigten Zone beeinflußt. Darüberhinaus kann davon ausgegangen werden, daß mit zunehmender Tiefe die anaeroben Verhältnisse zunehmen.

Weitere wichtige Einflußfaktoren auf die Sauerstoffverfügbarkeit sind noch die Temperatur sowie die im jeweiligen Gewässer vorhandenen bzw. eingetragenen Nährstoffe.

Insgesamt muß festgehalten werden, daß sowohl aufgrund der zahlreichen Einflußfaktoren im Hinblick auf die Intensität der Nitrifikations- sowie Denitrifikationsprozesse und deren lokale Ausprägung mit einer sehr starken räumlichen wie auch zeitlichen Variabilität zu rechnen ist, wodurch die folgenden Abschätzungen nur sehr grob und als erste Näherung an die tatsächlichen Verhältnisse angesehen werden können.

II.2.2.2   Emissionsraten

II.2.2.2.1   Oberflächengewässer

Messungen des Massenflusses von N_2O aus Oberflächengewässern in die Atmosphäre ("atmospheric flux") wurden vor allem für größere Fließgewässer und hier oft für deren Ästuarbereiche durchgeführt und sind in der Literatur dokumentiert. Nachfolgend sind einige solcher flächenspezifischen Emissionsraten zusammengestellt:

- Elbe-Ästuar (Hanke und Knauth, 1990): 7,6 - 8,0 mg N_2O m^{-2} d^{-1},
- Hudson River (Deck, 1981 in: Hemond, Duran, 1989): 2,9 - 5,8 mg N_2O m^{-2} d^{-1},

- Sheldt Estuary (Deck, 1981 in: Hemond, Duran, 1989): 19,0 mg N_2O m^{-2} d^{-1},

- Potomac River (Kaplan et al., 1978): 1,7 mg N_2O m^{-2} d^{-1},

- Merrimack River (Elkins, 1978 in: Hemond, Duran, 1989): 2,0 mg N_2O m^{-2} d^{-1},

- Assabet River; Massachussetts (Hemond, Duran, 1989): 6,0 mg N_2O m^{-2} d^{-1} (Einzelwerte von 2,2 bis 60 mg N_2O m^{-2} d^{-1})

- Alsea Bay, Oregon (deAngelis, Gordon, 1985): 0,25 mg N_2O m^{-2} d^{-1}, (Einzelwerte von 0,05 bis 0,7 mg N_2O m^{-2} d^{-1})

- Lac Des Allmands, Louisiana (Smith, DeLaune, 1983): 0,14 mg N_2O m^{-2} d^{-1} (Produktionsrate des Seesedimentes).

Problematisch bei den vorliegenden Messungen der Emissionsraten sind

- deren teilweise starke jahreszeitliche Variation infolge von Temperaturschwankungen und Schwankungen der Wasserführung,

- deren z. T. große räumliche Variabilität entlang eines Fließgewässers aufgrund unterschiedlicher biologischer Aktivität in den einzelnen Gewässerabschnitten und

- ihre Abhängigkeit von der Verfügbarkeit von Stickstoff-Verbindungen im Wasser und damit von der Wasserqualität. Letztere wiederum wird hauptsächlich durch die Nutzung des Fließgewässers selbst wie auch der maßgeblichen Nutzungen seines Einzugsgebietes bestimmt.

II.2.2.2.2 Grundwasser

Messungen von N_2O-Produktionsraten in Poren-Grundwasserleitern wurden von Ronen et al. (1988) durchgeführt. Sie ermittelten für Produktionsraten zwischen 1,5 und 3,4 mg N_2O m^{-2} d^{-1} für verschiedene Aquifere in Israel und Holland. Das in Grundwasserleitern (gesättigte Zone) gebildete N_2O gelangt in die ungesättigte Bodenzone. Dort unterliegt es zumindest teilweise weiteren umformenden Prozessen. Insgesamt gelangt sicher nur ein Teil des tatsächlich im Grundwasserleiter gebildeten N_2O in die Atmosphäre.

II.2.2.3 Abschätzung der Emissionen

II.2.2.3.1 N_2O-Emission aus Oberflächengewässern

Die N_2O-Emission aus Oberflächengewässer wurde entsprechend dem in Abschnitt II.2.1 geschilderten Verfahren abgeschätzt. Für die einzelnen Parameter wurden folgende Werte angesetzt:

Wirksame Fläche: Insgesamt 7614 km^2 (Seen 1445 km^2, Talsperren, 198 km^2, Fließgewässer 5971 km^2)

Produktions-/Emissionsfaktor: Aufgrund der in der Literatur angegebenen Werte wird angenommen, daß der Emissionsfaktor R zwischen 2 und 8 mg $N_2O\ m^{-2}\ d^{-1}$ liegt.

N_2O-Produktionsdauer pro Jahr: $T = 365\ d\ a^{-1}$

Mit dieser Parameterwahl ergibt sich für die N_2O-Jahresemission E ein Wert zwischen 6 und 22 kt $N_2O\ a^{-1}$.

Diese Emissionsmengen beinhalten die geringen direkten N_2O-Emissionen, die durch den N_2O-Gehalt des in die Oberflächengewässer eingeleiteten Abwassers aus Kläranlagen entstehen.

II.2.2.3.2 N_2O-Emission aus dem Grundwasser (Porengrundwasserleiter)

Folgende Werte wurden für die Berechnung der N_2O-Jahresproduktion angenommen:

Wirksame Fläche: Zunächst wird davon ausgegangen, daß nur Porengrundwasserleiter in Bezug auf eine N_2O-Produktion im Grundwasser relevant sind. Mit der Annahme, daß 95 % der Katasterfläche Deutschlands (356.950 km^2) Porengrundwasserleiter überlagern und daß hiervon wiederum 10 % durch anthropogenen Stickstoffeintrag verschmutzt sind und N_2O produzieren, ergibt sich eine für die N_2O-Produktion im Grundwasser wirksame Fläche von $F = 33.910\ km^2$.

Produktions-/Emissionsfaktor: Es wird für die Abschätzung angenommen, daß der für die N_2O-Produktion in Porengrundwasserleitern maßgebliche Produktionsfaktor R im Bereich von 1,5 bis 3,4 mg $N_2O\ m^{-2}\ d^{-1}$ (Ronen et al., 1988) liegt.

N_2O-Produktionsdauer pro Jahr: $T = 365\ d\ a^{-1}$

Damit ergibt sich eine N_2O-Jahresproduktion in Porengrundwasserleitern zwischen 18 und 42 kt $N_2O\ a^{-1}$. Unter der Annahme, daß die gesamte, im Grundwasser produzierte N_2O-Menge aus dem Grundwasser in die Atmosphäre emittiert wird, ohne daß das N_2O in der zwischen dem Grundwasserleiter (gesättigte Zone) und der Atmosphäre liegenden ungesättigten Zone (Boden) weiteren Umsetzungsvorgängen unterworfen ist, ist die Jahresproduktion gleich der Jahresemission E zu setzen.

Die Emissionen sind in Tab. II.2-1 zusammengestellt.

II.2.2.4 Ausblick auf Phase II

In der Phase II sind vor allem Ergänzungen bzw. Verbesserungen der Schätzwerte durch Expertenbefragungen und zusätzliche Literaturauswertungen in folgende Bereichen durchzuführen bzw. zu ergänzen:

- Produktions-/Emissionsfaktoren

- Länge der Produktionsperioden im Jahr,

- Flächenanteile und wirksame Flächen, z. B. Flächenanteile der Porengrundwasserleiter mit N_2O-Produktion,

- N_2O-Umsetzungsvorgänge in der ungesättigten Bodenzone (z. B. Abbau von grundwasserbürtigem N_2O durch methanotrophe Mikroorganismen in der Bodenzone),

- Alternative Abschätzung der direkten Freisetzung von N_2O aus Wasserkörpern mit freier Wasseroberfläche mit Hilfe des "stagnant-film"-Ansatzes (z. B. Hahn, Junge, 1977; Richey et al., 1988).

II.2.3 CH_4-Emissionen

II.2.3.1 Entstehungsprozesse und Emissionsquellen

CH_4 (Methan) entsteht beim anaeroben Abbau organischer Substanz durch Bakterien. Bei dieser sog. anaeroben Respiration werden die organischen Substanzen zu Methan reduziert (Methangärung). Bei der Methangärung sind verschiedene Gruppen von Mikroorganismen beteiligt. Die beteiligten Gruppen sind für die vier wesentlichen, aufeinander aufbauenden Abbauphasen der Methangärung typisch:

1. Hydrolyse-Phase: Hier werden die hochmolekularen, und oft ungelöst vorliegenden organischen Stoffe (Polymere) durch Enzyme in gelöste Bruchstücke überführt.

2. Versäuerungs-Phase: Von verschiedenen fakultativ und obligat anaeroben Bakterienarten werden aus den gelösten Bruchstücken kurzkettige organische Säuren (z. B. Buttersäure, Propionsäure, Essigsäure), Alkohole, H_2 und CO_2 gebildet. (Von diesen Zwischenprodukten können die Methanbakterien jedoch nur Essigsäure, H_2 und CO_2 direkt zu Methan umsetzen).

3. Acetogenen-Phase: Hier werden die in der Versäuerungs-Phase gebildeten organischen Säuren und Alkohole zu Essigsäure umgebaut. Aus reaktionskinetischen Gründen müssen die acetogenen Bakterien eng mit den Methanbakterien vergesellschaftet sein.

4. Methanogenen-Phase: Hier wird im wesentlichen aus der in den vorangegangenen Versäuerungs- sowie Acetogenen-Phasen gebildeten Zwischenprodukten (Essigsäure, H_2 und CO_2) Methan gebildet.

Die Methangärung hängt wie alle biologischen Prozesse von der Temperatur ab, wobei jede der beteiligten Bakteriengruppen ihr Stoffwechselsoptimum in einem bestimmten Temperaturbereich hat.

Methan ist nur wenig wasserlöslich. Vor allem an warmen Tagen kann z. B. in Kanälen oder Tümpeln Methan in so großen Mengen erzeugt werden, daß es in Form von feinen Methangasblasen aus dem Wasser ausperlt und so in die Atmosphäre gelangt.

Die Methan produzierenden Bakterien sind ausschließlich unter strikt anaeroben Bedingungen lebensfähig. Derartige Verhältnisse sind bspw. in Sümpfen (aus diesem Grunde wird Methan auch "Sumpfgas" genannt), Marschen, Mooren, aber auch in den wassergesättigten Sedimenten von natürlichen Binnengewässern, Kanälen und Ästuarien anzutreffen. In den vorgenannten Entstehungsgebieten sind i. d. R. ganzjährig entsprechende anaerobe Verhältnisse anzutreffen. Die Intensität der Methanproduktion wird in diesen Gebieten im wesentlichen durch die Temperaturverhältnisse bestimmt. Hierbei kann i.a. davon ausgegangen werden, daß die Methanproduktion im Sommerhalbjahr ihr Maximum erreicht, während sie im Winter z. T. stark verringert ist oder gar oxidierende Bedingungen anzutreffen sind, bei denen CH_4 abgebaut wird.

Insgesamt weisen nach den in der Literatur zu findenden Angaben die CH_4-Emissionsraten von Feuchtgebieten Schwankungsbreiten von bis zu 3 Größenordnungen auf. Grundsätzlich kann jedoch festgehalten werden, daß grundwasserfeuchte Gebiete geringere CH_4-Emissionen aufweisen als regenwasserfeuchte Gebiete.

Eine ausführliche Zusammenstellung zahlreicher in der Literatur veröffentlichter Emissionsraten für die verschiedenen Feuchtgebiete ist in Selzer und Zittel (1991) zu finden, wobei jedoch die von Crill et al. (1988) anhand zahlreicher Messungen ermittelten Werte noch nicht berücksichtigt wurden.

Aber auch in Grundwasserleitern, in denen anaerobe, reduzierende Verhältnisse vorherrschen (z. B. infolge von Belastungen mit organisch verschmutzen Sickerwässern oder aufgrund von geogen oder anthropogen bedingtem organischem Material im Aquifer selbst), sind häufig Methanbildungsprozesse aktiv. Sollte es hier zu einem Aufstieg des Methans kommen, so muß davon ausgegangen werden, daß es beim Durchgang durch die ungesättigte Bodenzone zu einem (von Bodenfeuchte und Bodentemperatur abhängigen) Teil oxidiert wird und nur der verbleibende Anteil als echte Emission in die Atmosphäre eingetragen wird.

Neben den permanent anaeroben Gebieten können Methangärungsprozesse aber auch in nur zeitweise wassergesättigten Böden und damit unter vorübergehend anaeroben Verhältnissen ablaufen. Derartige Verhältnisse sind z. B. in Feuchtgebieten, im Schwankungsbereich des Grundwasserspiegels oder in den Böden von Überflutungsflächen anzutreffen.

Die wichtigsten Einflußfaktoren auf eine Methanbildung in Sedimenten, Feuchtgebieten und Gewässern sind neben der Temperatur (Bodentemperatur, Wassertemperatur...), der Eintrag und die Zusammensetzung der organischen Substanz, die Feuchteverhältnisse (z. B. Grundwasserspiegelschwankung) und die unter den jeweiligen Gegebenheiten vorherrschenden Transportverhältnisse (Gastransport).

II.2.3.2 Emissionsraten

II.2.3.2.1 Feuchtgebiete

Die in der Literatur verfügbaren Angaben stammen von verschiedenen Autoren und wurden für sehr verschiedene Feuchtgebiete in den nördlichen Breiten gemessen. Die Angaben schwanken nach Baker-Blocker et al., (1977, in: Ehhalt und Schmidt, 1978) zwischen 90 und 1100 mg CH_4 m^{-2} d^{-1}.

Ähnlich große Schwankungsbreiten ergeben sich auch aus der Literaturzusammenstellung von Emissionsraten für verschiedene Typen von Feuchtgebieten wie sie von Selzer und Zittel (1990) erstellt wurde. Nachfolgend sind die von Selzer und Zittel (1990) erhaltenen Schwankungsbreiten sowie die von ihnen daraus ermittelten globalen Durchschnittswerte für CH_4-Emissionsraten aus Feuchtgebieten aufgelistet.

Regenwasserfeuchte Gebiete ("bogs") sind Torf und Moor erzeugende Feuchtgebiete in feuchtem Klima, bei denen Wasser und Nährstoffe dem Boden im wesentlichen durch Niederschläge zugeführt werden. Der Boden ist extrem sauer, es wachsen verschiedene Pilz- und Moosarten. Die Emissionsraten schwanken zwischen 0,7 und 468 mg CH_4 m^{-2} d^{-1}. Der globale (geometrische) Mittelwert liegt bei 15 mg CH_4 m^{-2} d^{-1}.

In **grundwasserfeuchten Gebieten** ("fens") stellt das Grundwasser die von Pflanzen (hauptsächlich Gräser und Schilfgräser, z. T. Moose) benötigten Nährstoffe und Wasser zur Verfügung. Die Böden sind schwach sauer bis alkalisch. Die Emissionsraten schwanken zwischen 3 und 1943 mg CH_4 m^{-2} d^{-1}. Der globale (geometrische) Mittelwert liegt bei 80 mg CH_4 m^{-2} d^{-1}.

Sümpfe ("Swamps") sind Süßwasserfeuchtgebiete mit geringer Torfproduktion. Die Emissionsraten schwanken zwischen 1,9 und 219 mg CH_4 m^{-2} d^{-1}. Der globale (geometrische) Mittelwert liegt bei 84 mg CH_4 m^{-2} d^{-1}.

Marschen ("marshes") sind heideartige Feuchtgebiete, in denen hauptsächlich Gräser, Schilfgräser und Rohrschilf wachsen. Die Emissionsraten schwanken zwischen 20 und 951 mg CH_4 m^{-2} d^{-1}. Der globale (geometrische) Mittelwert liegt bei 253 mg CH_4 m^{-2} d^{-1}.

In **Flachwasserseen** (nur wenige Meter tiefe Seen und Tümpel, "shallow lakes") entsteht CH_4 in den anaeroben Bodensedimenten. Durch Blasenbildung perlt das Gas an der Seeoberfläche aus. Beim Aufstieg der CH_4-Gasblasen durch den aeroben Wasserkörper des Sees wird ein Teil des CH_4 oxidiert, der Rest entweicht in die Atmosphäre. Die Emissionsraten schwanken zwischen 1,9 und 180 mg CH_4 m^{-2} d^{-1}. Der (geometrische) Mittelwert liegt bei 43 mg CH_4 m^{-2} d^{-1}.

Überflutungsflächen ("floodplains") sind regelmäßig überflutete Gebiete entlang von Flüssen und Seen. Selzer und Zittel (1991) schätzen anhand der geometrischen Mittel für Marschen und Flachwasserseen für Überflutungsflächen eine mittlere Emissionsrate von 100 mg CH_4 m^{-2} d^{-1}, wobei die Bandbreite zwischen 50 und 200 mg CH_4 m^{-2} d^{-1} liegt. Messungen von Richey et al. (1988) für Überflutungsflächen im Amazonasgebiet ergaben Emissionsraten von bis zu 1100 mg CH_4 m^{-2} d^{-1}.

Eines der umfangreichsten Meßprogramme zur Ermittlung von CH_4-Emissionsraten ("atmospheric fluxes") von Feuchtgebieten führten Crill et al. (1988) für Feuchtgebiete ("fens" und bewaldete sowie auch unbewaldete "bogs") in Minnesota (47° N.Br.) durch. Bei den insgesamt 179 Messungen der CH_4-Emissionsraten ergaben sich Emissionsraten zwischen 11 und 866 mg CH_4 m^{-2} d^{-1}, wobei die mittlere Emissionsrate 207 mg CH_4 m^{-2} d^{-1} bei einer Standardabweichung von 13 mg CH_4 m^{-2} d^{-1} betrug.

Der anthropogene Einfluß auf die CH_4-Emission aus Feuchtgebieten ist naturgemäß weniger ausgeprägt als bspw. auf die N_2O-Emission aus Gewässern. Durch trockene oder auch nasse Deposition aus der Atmosphäre werden Nährstoffe etc. in den Wasserkreislauf und damit auch in Feuchtgebiete eingetragen. Ebenso wird durch Verschmutzung des Grundwassers das Angebot an organischem Material und Nährstoffen vor allem in grundwasserfeuchten Gebieten verändert. Insgesamt kann hierdurch auch in Feuchtgebieten ein anthropogener Einfluß auf die CH_4-Produktion bzw. -Emission resultieren.

II.2.3.2.2   Oberflächengewässer (Seen, Fließgewässer)

In Ehhalt und Schmidt (1978) sind Messungen der CH_4-Produktionsrate von Seesedimenten des Erie-Sees zitiert. Diese von Howard et al. (1971) im Sommer durchgeführten Messungen ergaben durchschnittliche Produktionsraten von 1750 mg CH_4 m^{-2} d^{-1} bei Wassertemperaturen von 25° C. Von diesem CH_4 erreicht jedoch nur ein kleiner Teil die Atmosphäre. Nach Messungen von Rossolimo (1935; in Ehhalt und Schmidt, 1978) am Beloye-See in der ehem. UdSSR (10 m Tiefe) erreichten von dem in den Gasblasen durch den Wasserkörper aufsteigende CH_4 nur ca. 20 bis 25 % die Atmosphäre. Der Rest wurde in den aeroben Schichten des Wasserkörpers oxidiert.

Conger (1943, in Ehhalt und Schmidt, 1978) ermittelte für den ca. 2 m tiefen Great-Fish-Creek See in Maryland bei Wassertemperaturen von 24 bis 27°C im August Emissionsraten in die Atmosphäre von 320 mg CH_4 m^{-2} d^{-1}.

II.2.3.2.3 Grundwasser

Derzeit liegen dem Verfasser keine Angaben über CH_4-Produktionsraten in reduzierenden Aquiferen vor.

II.2.3.3 Abschätzung der Emissionen

II.2.3.3.1 CH_4-Emission aus Feuchtgebieten (Moore, Sümpfe etc.)

Für die in die Berechnung der CH_4-Emissionen eingehenden Parameter wurden folgende Werte abgeschätzt:

Wirksame Fläche: Nach dem Raumordnungsbericht 1986 der Bundesregierung waren im Jahr 1985 im damaligen Bundesgebiet (Katasterfläche: 248.690 km^2) 1.8 % der Katasterfläche mit Mooren, Heide etc. bedeckt. Dies entspricht einer Fläche von 4000 km^2 für die alten Bundesländer.

Aufgrund fehlender Angaben über die entsprechenden Flächennutzungen in den neuen Bundesländern wurde der entsprechende Flächenanteil der Moore, Heiden etc. geschätzt. Unter der Annahme, daß der prozentuale Anteil dieser Flächennutzung ebenfalls in etwa 1,8 % der entsprechenden Katasterfläche (108.330 km^2) beträgt, ergeben sich für die neuen Bundesländer, daß Moore, Heide etc. insgesamt 1730 km^2 einnehmen. Eine weitere Unterscheidung in unterschiedliche Feuchtgebietstypen ist aufgrund fehlender Angaben für deutsche Feuchtgebiete derzeit nicht möglich.

Damit ergibt sich eine wirksame Fläche F für die alten und neuen Bundesländer von insgesamt F = 4000 + 1730 = 5730 km^2.

Produktions-/Emissionsfaktor: Literaturangaben für die CH_4-Emissionsraten deutscher Moore und Sümpfe liegen nicht vor. In Ermangelung verfügbarer Messungen der spezifischen Emissionsraten von Mooren, Sümpfe etc. in Deutschland wird aufgrund der in der Literatur verfügbaren Angaben für eine erste Abschätzung für eine mittlere (d. h. für alle Feuchtgebiete in Deutschland repräsentativen) Emissionsrate R ein Intervall von 80 bis 250 mg CH_4 m^{-2} d^{-1} verwendet.

CH_4-Produktionsdauer pro Jahr: Ebenfalls aufgrund fehlender Literaturangaben über die CH_4-produktive Zeit sowie wegen fehlender Erfahrungen und Messungen in deutschen Feuchtgebieten wird die Produktionsdauer auf T = 120 d a^{-1} (Mitte Mai bis Mitte September) (Crill et al., 1988) festgelegt.

Mit dieser - z. T. mit erheblichen Unsicherheiten behafteten - Parameterwahl ergibt sich eine jährliche CH_4-Emission E aus Mooren, Sümpfen etc. zwischen 55 und 170 kt CH_4 a^{-1}.

II.2.3.3.2 CH_4-Emission aus Sedimenten stehender Oberflächengewässer (Seen, Talsperren)

Folgende Werte wurden für die zur Berechnung der Emissionen verwendeten Paramter festgesetzt:

Wirksame Fläche: In Deutschland nehmen stehende Oberflächengewässer (Seen und Talsperren) eine Fläche von 1643 km^2 ein. Nach Angaben von Ehhalt und Schmidt (1978) kann davon ausgegangen werden, daß weltweit zwischen 1 und 10 % der von Süßwasserseen eingenommenen Gesamtfläche Seesedimente überlagern, welche CH_4 produzieren. Für die folgende Abschätzung werden diese Anteile als auch für deutsche Seen repräsentativ angesehen. Die Gewässer in Deutschland sind relativ nährstoffreich und weisen auch relativ hohe organische Produktionsraten auf, und es fällt eine relativ hohe Detritusmenge an. Aus diesem Grund wird für die Abschätzung von dem oberen Prozentsatz (10 %) nach Ehhalt und Schmidt (1978) ausgegangen. Damit ergibt sich als Schätzung der für die Methanproduktion in stehenden Gewässern wirksamen Fläche F = 164 km^2.

Produktions-/Emissionsfaktor: In Ermangelung verfügbarer Messungen der spezifischen Emissionsraten für Seen in Deutschland wird anhand der in der Literatur verfügbaren Werte in einer ersten Näherung für R ein Bereich zwischen 40 und 300 mg CH_4 m^{-2} d^{-1} geschätzt.

CH_4-Produktionsdauer pro Jahr: Aufgrund der Wassertiefe der Seen kann davon ausgegangen werden, daß die Temperaturverhältnisse in den CH_4-produzierenden Sedimenten im Vergleich zum Jahresgang der Lufttemperatur nur relativ geringen jahreszeitlichen Schwankungen unterliegen. In erster Näherung wird deshalb davon ausgegangen, daß diese Sedimente während des gesamten Jahres CH_4 produzieren. Die jährliche CH_4-Produktionsdauer wird somit zu T = 365 d a^{-1} angenommen.

Unter der Annahme, daß die gesamte CH_4-Produktionsmenge vollständig emittiert wird, ergibt sich für die gesamte Bundesrepublik damit eine CH_4-Jahresemission E aus den Sedimenten von Seen und Talsperren von zwischen 2 und 18 kt CH_4 a^{-1}.

II.2.3.3.3 CH$_4$-Emission aus Sedimenten fließender Oberflächengewässer (Flüsse, Bäche)

Die in die Berechnung der Emissionen eingehenden Parameter wurden wie folgt gesetzt:

Wirksame Fläche: Fließende Gewässer nehmen in Deutschland eine Gesamtfläche von 5971 km^2 ein. Unter der Annahme, daß 1 % dieser Fläche Gewässerabschnitte (Stillwasserbereiche, Altarme etc.) einnehmen, deren Sedimente anaerobe Bedingungen aufweisen, wie sie für eine CH$_4$-Gärung notwendig sind, ergibt sich eine in Bezug auf die CH$_4$-Produktion und -Emission wirksame Gesamtfläche von Fließgewässersedimenten von ca. F = 60 km^2.

Produktions-/Emissionsfaktor: Mangels spezifischer Angaben für Fließgewässersedimente wird hier der Emissionsfaktor der Überflutungsflächen R = 100 mg CH$_4$ m^{-2} d^{-1} verwendet (Selzer und Zittel, 1990).

CH$_4$-Produktionsdauer pro Jahr: 365 d a^{-1}.

Mit diesen Annahmen ergibt sich eine CH$_4$-Jahresemission aus den Sedimenten von Fließgewässern von insgesamt E = 7 kt CH$_4$ a^{-1}.

II.2.3.3.4 CH$_4$-Emission aus Poren-Grundwasserleitern

Folgende Annahmen wurden bei der Parameterwahl getroffen:

Wirksame Fläche: Es wird angenommen, daß 95 % der Gesamtkatasterfläche Deutschlands (356.950 km^2) Porengrundwasserleiter überlagern. Es wird weiter angenommen, daß davon wiederum ca. 50 % reduzierende Verhältnisse aufweisen und somit CH$_4$ produzieren (z. B. Grundwässer in Tagebaugebieten etc.). Es ergibt sich damit eine für die CH$_4$-Produktion im Grundwasser wirksame Fläche von F = 169.560 km^2.

Produktions-/Emissionsfaktor: In Ermangelung verfügbarer Messungen der spezifischen Produktions-/Emissionsraten in lokalen Aquiferen wird als Produktionsrate R = 10 mg CH$_4$ m^{-2} d^{-1} verwendet. Dieser Wert ergibt sich als Durchschnittswert aus Messungen verschiedener Autoren für Seesedimente (Ehhalt und Schmidt, 1978).

CH$_4$-Produktionsdauer pro Jahr: T = 365 d a^{-1}

Damit ergibt sich mit diesen Annahmen eine Jahresproduktionsmenge von 620 kt CH$_4$ a^{-1}. Bei dem Aufstieg des Methans durch die ungesättigte Bodenzone wird ein Großteil (Annahme: mehr als 70 %) des Methans unter den aeroben Bedingungen im Boden oxidiert, der Rest des

Methans wird in die Atmosphäre abgegeben. Insgesamt ergibt sich eine geschätzte Emissionsmenge von ca. 180 kt CH_4 a^{-1}.

II.2.3.3.5 CH$_4$-Emission aus gefördertem Grundwasser

Reduziertes Grundwasser kann mehr als 10 mg/l CH_4 als gelöstes Gas enthalten. Wird dieses Grundwasser z. B. zur Trinkwassergewinnung gefördert, muß zunächst das CH_4 (mit anderen eventuell im Grundwasser gelösten Gasen wie CO_2 oder H_2S) mit Luft ausgeblasen (gestrippt) werden, um zu verhindern, daß die bei den nachfolgenden Aufbereitungsschritten eingesetzten Sandfilter durch Mikroorganismen zuwachsen, die eben diese Stoffe verarbeiten.

Im Bereich des Bergbaues muß zur Trockenhaltung der Stollen und Schächte das eindringende Grundwasser abgepumpt und als Oberflächenwasser abgeleitet werden. Dieses Wasser wird als Sümpfungswasser bezeichet. Bei Tagebauen (z. B. Braunkohle) muß das Grundwasser im Bereich des Tagebaues ebenfalls bis unter die jeweilige Tagebausohle abgesenkt werden. Auch hierzu müssen große Mengen an Sümpfungswasser gefördert werden. Aufgrund seiner Herkunft muß bei Sümpfungswasser mit relativ hohen Konzentrationen an Methan gerechnet werden.

Angaben über die CH_4-Emission aus der Wassergewinnung (Trinkwasser und Produktionswasser) aus dem Grundwasser liegen nach Wissen des Verfassers bisher in der Literatur nicht vor. Aus diesem Grunde wird die Größenordnung des hier zu erwartenden Beitrages zur CH_4-Freisetzung wie folgt abgeschätzt:

Die Öffentliche Wasserversorgung fördert zur Trinkwasserversorgung in den alten Bundesländern (1988) jährlich ca. 4,9 Mrd.m³ und in den neuen Bundesländern (1989) 1,3 Mrd.m³ Wasser. Hiervon waren in den alten Bundesländern ca. 3,9 Mrd.m³ (75 %) echtes Grundwasser. Für die neuen Bundesländer wird der entsprechende Anteil auf 1,2 Mrd.m³ (90 %) geschätzt. Damit werden in Deutschland derzeit von der Öffentlichen Wasserversorgung ca. 4,9 Mrd.m³ Grundwasser gefördert.

Die Wasserförderung des Bergbaus und des Verarbeitenden Gewerbes betrug in den alten Bundesländern (1987) insgesamt 9,1 Mrd.m³· Ca. 24 % davon sind echtes Grundwasser. Dies entspricht 2,3 Mrd.m³, wobei 1,3 Mrd.m³ vom Verarbeitenden Gewerbe und 1,0 Mrd.m³ als Sümpfungswasser vom Bergbau gefördert wurden.

Für die neuen Bundesländer wird der entsprechende Gesamtwert für die Wasserförderung des Bergbaus und des Verarbeitenden Gewerbes der Wert der Eigenförderung der Industriebetriebe für die ehemalige DDR verwendet. Danach betrug die gesamte Eigenförderung der Industriebetriebe der DDR im Jahr 1987 3,6 Mrd.m³. Angaben über die Anteile des Grundwassers an der Gesamtförderung sowie die Anteile des Verarbeitenden Gewerbes und des Bergbaues fehlen hier. Es werden aus diesem Grunde die entsprechenden Anteile aus den alten Bundesländern für die neuen Bundesländer übernommen. Damit ergibt sich für das Verarbeitende Gewerbe und den Bergbau in den neuen Bundesländern eine Grundwasserförderung von 0,9 Mrd.m^3, wobei 0.5 Mrd.m^3 vom Verarbeitenden Gewerbe und 0,4 Mrd.m^3 vom Bergbau gefördert wurden.

Insgesamt ergibt sich für das Verarbeitende Gewerbe eine Grundwasserförderung von 1,8 1 Mrd.m^3 und für den Bergbau von 1,4 Mrd.m^3.

Aufgrund ähnlicher Situationen der Wasserförderung werden die Öffentliche Wasserversorgung und die Eigenwasserversorgung des Verarbeitenden Gewerbes zusammengefaßt. Sie fördern insgesamt etwa 4,9+1,8 = 6,7 Mrd.m^3 Grundwasser. Es wird angenommen, daß hiervon ca. 50 % aus reduziertem Grundwasser stammen und CH_4 mit einer durchschnittlichen Konzentration von 0,5 mg/l enthalten. Demgegenüber wird angenommen, daß die 1,4 Mrd.m^3 Sümpfungswasser des Bergbaus zu 90 % aus reduziertem Grundwasser stammen und eine durchschnittliche CH_4-Konzentration von 5 mg/l aufweisen.

Insgesamt ergibt sich damit eine CH_4-Freisetzung aufgrund der Förderung von Grundwasser von ca. $E = 8$ kt CH_4 a^{-1}.

II.2.3.4 Ausblick auf Phase II

In der Phase II sind vor allem Ergänzungen bzw. Verbesserungen der Schätzwerte durch Expertenbefragungen und zusätzliche Literaturauswertungen in folgende Bereichen durchzuführen bzw. zu ergänzen:

- Produktions-/Emissionsfaktoren (z. B. Abschätzung der Emissionsraten aus Feuchtgebieten und Seesedimenten, Abschätzung der Produktions-/Freisetzungsrate von CH_4 aus Porengrundwasserleitern mit reduzierenden Bedingungen, Abschätzung des in der aeroben Bodenzone oxidierten grundwasserbürtigen CH_4-Anteils),

- Länge der Produktionsperioden im Jahr,

- Flächenanteile und wirksame Flächen, z. B. Flächenanteile der Porengrundwasserleiter mit CH_4-Produktion, Flächenanteile der verschiedenen Feuchtgebietstypen,

- CH_4-Umsetzungsvorgänge in der ungesättigten Bodenzone (z. B. Abbau durch methanotrophe Mikroorganismen in der Bodenzone),

- Alternative Abschätzung der direkten Freisetzung von CH_4 aus Wasserkörpern mit freier Wasseroberfläche mit Hilfe des "stagnant-film"-Ansatzes (z. B. Hahn, Junge, 1977; Richey et al., 1988).

		Wirksame Fläche [km²]	Produktions-/Emissionsfaktor [mg/m²/d]	Produktionsperiode [d/a]	Jahresemissionsmenge [kt/a]
N₂O	Oberflächengewässer	7.614 (Seen: 1445, Talsp.: 198, Fließgew. 5971)	2 - 8	365	6 - 22
	Porengrundwasserleiter	33.910 (95 % d. Katasterfl. dav. 10 % verschmutzt)	1,5 - 3,4	365	18 - 42
CH₄	Feuchtgebiete	5.730 (1.8 % d. Katasterfläche)	80 - 250	120	55 - 170
	stehende Oberflächengewässer	164 (10 % d. Seefläche)	40 - 300	365	2 - 18
	fließende Oberflächengewässer	60 (1 % d. Fließgewässerfläche)	100	365	7
	Porengrundwasserleiter mit reduziertem Grundwasser	165.560 (50 % d. Katasterfläche)	10	365	Produktion: 620 davon 70 %: Bodenzone oxidiert und 30 %: Atmosphäre freiges. = Emission: 180
	aus gefördertem Grundwasser	Grundwasserförderung: öff. Wasservers. + Verarb.Gewerbe: 6,7 Mrdm³ Bergbau 1,4 Mrdm³	Anteil red. GW 50 % 90 %	CH₄-Konz. 0,5 mg/l 5,0 mg/l	8

Tab. II. 2-1: N₂O- und CH₄-Emissionen aus Gewässern in der Bundesrepublik Deutschland

II.2.4 Zusammenfassung

Tabelle II.2-1 faßt die wesentlichen Ergebnisse der N_2O- und CH_4-Emissionen aus Gewässern zusammen. Danach betragen die Emissionen aus diesem Bereich 24 - 64 kt/a N2O und 252 - 383 kt/a CH4. Bei diesen Zahlen handelt es sich um erste Grobabschätzungen, die unbedingt einer Validierung in der Phase II bedürfen.

Literatur

Berner, E.K.; Berner, R.A. (1987): The Global Water Cycle - Geochemistry and Environment. Prentice-Hall, Inc. Englewood Cliffs, N.J., 1987.

Crill, P.M.; Bartlett, K.B.; Harriss, R.C.; Gorham, E.; Verry, E.S.; Sebacher, D.I.; Madzar, L.; Sanner, W. (1988): Methan Flux from Minnesota Peatlands. Global Biogeochemical ycles, 2(4), 371-384, December 1988.

Cole, J.A.; Ferguson, S.J. (eds., 1988): The Nitrogen and Sulphur Cycles. Cambridge University Press, Cambridge.

DeAngelis, M.A.; Gordon, L.I. (1985): Upwelling and River Runoff as Sources of Dissolved Nitrous Oxide to the Alsea Estuary, Oregon. Estuaries, Coastal and Shelf Science, 20, 375-386, 1985.

Ehhalt, D.; Schmidt, U. (1978): Sources and Sinks of Atmospheric Methane. Pageoph, 116, 452-464, 1978.

Firth, P.; Fisher S.G. (eds., 1992): Global Climate Change and Freshwater Ecosystems. Springer-Verlag, New York, Berlin, Heidelberg, 1992.

Hahn, J.; Junge, C. (1977): Atmospheric Nitrous Oxide: A Critical Review. Z.f.Naturforschung.A, 32.1977, 190-214.

Hanke, V.-R.; Knauth, H.-D. (1990): N_2O-Gehalte in Wasser- und Luftproben aus den Bereichen der Tideelbe und der Deutschen Bucht. Vom Wasser, 75, 357-374, 1990.

Harris, .R.C.; Sebacher, D.I.; Frank, P.D.Jr. (1982): Methan Flux in the Great Dismal Swamp. Nature, 297, 673-674, June 24, 1982.

Harris, R.C.; Frolking, S.E. (1992): The Sensitivity of Methane Emissions from Northern Freshwater Wetlands to Global Warmings. Chapter 3 in: Firth and Fisher (1992).

Hemond, H.F.; Duran, A.P. (1989): Fluxes of N_2O at the Sediment-Water and Water-Atmosphere Boundaries of a Nitrogen-Rich River. Water Resources Research, 25(5), 839-846, May 1989.

Kaplan, W.A.; Elkins, J.W.; Kolb, C.E.; McElroy, M.B.; Wofsy, S.C.; Duran, A.P. (1978): Nitrous Oxide in Fresh Water Systems: An Estimate for the field of Atmospheric N_2O Associated with Disposal of Human Waste. Pageoph, 116, 423-438, 1978.

Korom, S.F. (1992): Natural Denitrification in the Saturated Zone: A Review. Water Resources Research, 28(6), 1657-1668, June 1992.

Kuenen, J.G.; Robertson, L.A. (1988): Ecology of Nitrification and Denitrification. 161-218 in: Cole, J.A.; Ferguson, S.J. (1988).

Lipschultz, F.; Zafiriou, O.C.; Wofsy, S.C.; McElroy, M.B.; Valois, F.W.; Watson, S.W. (1981): Production of NO and N_2O by soil nitrifying bacteria. Nature 294, 641-643, Dec.17, 1981.

Richey, J.E.; Devol, A.H.; Wofsy, S.C.; Victoria, R.; Riberio, M.N.G. (1988): Biogenic gases and the oxidation and reduction of carbon in Amazon River and floodplain waters. Limnol. Oceanogr. 33(4, part 1), 1988, 551-561.

Ronen, D.; Magaritz, M.; Almon, E. (1988): Contaminated aquifers are a forgotten component of the global N_2O budget. Nature 335, 57-59, September 1, 1988.

Seiler, W.; Conrad, R. (1981): Mikrobielle Bildung von N_2O (Distickstoffoxid) aus Mineraldüngern - ein Umweltproblem? Forum Mikrobiologie, 6/1981, 322-328.

Seitzinger, S.P.; Pilson, M.Q.; Nixon, S.W. (1983): Nitrous Oxide Production in Nearshore Marine Sediments. Science, 222, 1244-1246, Dec. 16, 1983.

Seitzinger, S.P. (1987): Nitrogen biogeochemistry in an unpolluted estuary: the importance of benthic denitrification. Marine Ecology - Progress Series, 41, 177-186, Dec.2, 1987.

Selzer, H.; Zittel, W. (1990): Klimarelevante Emission von Methangas. Ludwig-Bölkow-Systemtechnik GmbH, Juni 1990.

Smith, C.J.; DeLaune, R.D. (1983): Nitrogen Loss from Freshwater and Saline Estuarine Sediments. J.Environ.Qual., 12(4), 514-518, 1983.

Smith, R.L.; Duff, J.H. (1988): Denitrification in a Sand and Gravel Aquifer. Applied and Environmental Microbiology, 54(5), 1071-1078, May 1988.

Yoh, M.; Trai, H.; Saijo, Y. (1988): Nitrous oxide in freshwater lakes. Arch. Hydrobiol., 113 (2), 273-294, 1988.

II.3 CH$_4$-Emissionen aus dem Kohlenbergbau

II.3.1 Kohlenwirtschaft und Methanbildung

Die bedeutendsten deutschen **Steinkohlevorkommen** liegen im Ruhrgebiet und an der Saar. Die Förderung der Reviere in Aachen und Ibbenbüren ist dagegen von untergeordneter Bedeutung (Tab. II.3-1). In den neuen Bundesländern findet keine Steinkohleförderung statt. Steinkohle wird in Deutschland im Tiefbau gewonnen. Die abbauwürdigen Vorräte reichen in eine Tiefe (Teufe) von bis zu 1500 m.

Revier	Förderung
Ruhr	54,6
Saar	9,7
Aachen	3,4
Ibbenbüren	2,1
Kleinzechen	0,4
Deutschland	70,2

Tab.II.3-1: Deutsche Steinkohlenförderung im Jahre 1990 in Mio Tonnen. Quellen: (Gesamtverband des dt. Seinkohlenbergbaus, 1991; Stat. der Kohlenwirtschaft, 1991)

Die deutschen **Braunkohlevorkommen** konzentrieren sich auf die Lausitz (Cottbus, Dresden), auf den Raum Halle/Leipzig und das Rheinland. Knapp 70 % der deutschen Braunkohle wurde 1990 in den neuen Bundesländern gefördert. Deutsche Braunkohle wird heute fast ausschließlich im Tagebau gewonnen.

Die Bildung von Kohlen aus abgestorbenen pflanzlichem Material, die sogenannte Inkohlung, erfolgte im anaeroben Milieu. Dabei wurden erhebliche Mengen an Methan gebildet, das zum größten Teil an die Kohlen adsorbiert vorliegt, zum kleineren Teil aber auch den Porenraum der Kohle füllt. Bei ungestörter Lagerung der Kohleflöze nimmt mit zunehmendem Inkohlungsgrad (Kohlenstoffgehalt) der Methangehalt zu. Waren die Kohleflöze und ihre Deckgebirge im Verlauf der Erdgeschichte jedoch von Verwerfungen betroffen, entwich ein Teil des Methaninventars. Die Gesetzmäßigkeit zwischen Inkohlungsgrad und Methangehalt ging dadurch verloren. Dies ist für die deutschen Steinkohlelagerstätten der Fall. Trotz der Methanverluste durch die geologische Aktivität ist noch ein erhebliches Methanreservoir verblieben. Aus den deutschen Braunkohlelagerstätten ist hingegen durch deren oberflächennahe Lage das meiste Methan bereits in die Atmosphäre entwichen.

Revier	Förderung
Lausitz (Cottbus, Dresden)	168,0
Mitteldeutschland (Halle, Leipzig)	80,9
Neue Bundesländer	248,9
Rheinland	102,2
Helmstedt	4,3
Hessen	1,0
Bayern	0,1
Alte Bundesländer	107,6
Deutschland	356,5

Tab.II.3-2: Deutsche Braunkohlenförderung im Jahre 1990 in Mio Tonnen.
Quellen: Stat. der Kohlenwirtschaft, 1991; DIW, 1991

II.3.2 Emissionsquellen

Beim bergmännischen Abbau von Kohle wird Grubengas freigesetzt. Es besteht zu 90-95 % aus Methan, der Rest setzt sich aus Stickstoff, Kohlendioxid und höheren Kohlenwasserstoffen zusammen. Im **untertägigem Bergbau** wird seit jeher der Bildung von Grubengas aus Sicherheitsgründen großes Augenmerk gewidmet. Grubengas bildet bei Konzentrationen von 5-15 Volumenprozent ein explosibles Gemisch, die sogenannten Schlagwetter. Durch die Belüftung der Bergwerke, der sogenannten **Bewetterung**, wird die Grubengaskonzentration unter Tage unter 1 % gehalten. Gelingt es mit Hilfe der Bewetterung nicht, diese Konzentration sicher zu unterschreiten, werden die Kohleflöze aktiv entgast (**Absaugung**). Während der Methangehalt in den Wettern unter 1 % liegt, was dessen Verwertungsmöglichkeiten sehr einschränkt, liegt der Methangehalt aus der Absaugung über 25 % und kann sogar Erdgasqualität erreichen (Boyer et al., 1990). Dieses Gas kann direkt als Brenngas in Feuerungen genutzt werden.

Der Gesamtverband des Deutschen Steinkohlebergbaus gibt die mit den Wettern und mit der Absaugung abgeführten und die in die Atmosphäre emittierten Methanmengen für das Jahr 1987 an, wie in Tabelle II.3-3 dargestellt.

Nach dieser Mengenbilanz werden 70 % der abgesaugten Methanmenge und 19 % des insgesamt anfallenden Methans energetisch verwertet. Das Methan in den Wettern wird nicht genutzt. Das nicht verwertete Grubengas wird übertägig kalt abgeblasen (Zimmermeyer/Seeliger, 1989).

Bei der deutschen **Braunkohlenförderung** im Tagebau sind Bewetterung und Absaugung nicht erforderlich. Das beim Abbau freiwerdende Methan entweicht direkt in die Atmosphäre.

	Anfall	Verwertet	Emittiert
Mit Wetterstrom abgeführt:	1412	0	1412
Aus der Absaugung	535	371	164
Gesamter Methananfall	1947	371	1576

Tab. II.3-3: Methanströme im deutschen Steinkohlenbergbau in Mio Nm^3 1987. Quelle: (Zimmermeyer, Seeliger, 1989)

Eine US-amerikanische Untersuchung im Auftrag der EPA kommt aufgrund der Auswertung von Meßergebnissen von 59 Untertagebergwerken zu dem Schluß, daß die beim Kohleabbau pro Tonne Förderung mit den Wettern emittierte Methanmenge deutlich höher ist als der in-situ Methangehalt der Kohleflöze (Boyer et al., 1990). Eine Regression ergab folgende Korrelation für den Zusammenhang zwischen dem in-situ Methangehalt der Kohle und den mit dem **Wetterstrom** abgeführten Methanemissionen:

(1)   Methan Emission = 2,04 · In-situ-Methangehalt + 8,16

  Methan Emission ... Nm^3 pro Tonne geförderte Kohle
  In-situ-Methangehalt ...Nm^3 pro Tonne Kohle.

Die gleiche Studie nimmt an, daß auch die Emissionen aus dem Kohletagebau durch eine leichte Modifikation der Gleichung dargestellt werden können:

(2)   Methan Emission =
    = (2,04 · In-situ-Methangehalt + 8,16) · 0,625

Zumindest für obertägige Kohlelagerstätten, deren Methaninventar bereits weitgehend entwichen ist, wie im deutschen Braunkohlenbergbau, ist diese Relation nicht gültig. Impliziert sie doch in diesem Fall, daß trotz eines in-situ Methangehalts von nahe null Emissionen von über 5,1 Nm^3/t Kohle entstehen. Danach würden vom deutschen Braunkohlebergbau Emissionen von über

356,5 Mio t Kohle · 5,1 Nm^3/t Kohle = 1818 Mio Nm^3

(1,3 Mio t) Methan jährlich verursacht. Dies ist nicht plausibel.

Die Datenbasis für die Abschätzung der Methanemissionen aus dem deutschen Braunkohlenbergbau ist ausgesprochen dürftig. Die vorliegenden Literaturquellen stützen sich auf 3 (!) Messungen des Methangehalts der **Rheinischen Braunkohlenwerke** (Selzer, Zittel, 1990; Grassl et al., 1991). Die Messungen ergaben einen Durchschnittswert von

0,015 m^3 Methan/t Kohle.

Mit diesem Wert und der Braunkohlenförderung werden in der Literatur die Emissionen berechnet. Der in (Boyer et al., 1990) festgestellte Unterschied zwischen dem Methangehalt und den Methanemissionen bleibt unberücksichtigt. Messungen in **US-amerikanischen Braunkohlerevieren**, die mit den deutschen Revieren vergleichbar sind, kommen zu deutlich höheren Werten. Dort wird im Tagebau Lignit in Tiefen zwischen 20 - 400 Meter abgebaut. Es wurde ein Methangehalt von

$0{,}1\ m^3/t$ Kohle.

festgestellt. Die Methanemissionen aus dem deutschen Braunkohlenbergbau bedürfen daher dringend einer weiteren Absicherung, die auch die neuen Bundesländern einschließt, wo zur Zeit 70 % der deutschen Braunkohle gefördert wird.

Nicht nur die Bergwerke selbst stellen Emissionsquellen dar. Es verbleibt ein Restgehalt an Methan in der Kohle, dessen Ausgasung einige Tage bis zu einigen Monaten benötigt. Daher wird auch beim Transport über Tage zur Veredelung (bspw. Verkoken) und Nutzung (Verbrennung) Methan freigesetzt. Über diese Emissionen liegen nur wenig belastbare Daten vor. (Boyer et al., 1990) und (OECD, 1991) nehmen an, daß 25 % des in-situ Methangehalts der Kohle bei den "post-mining activities" (inklusive Verbrennung) entweicht. In (Boyer et al., 1990) entfallen 4 % der Gesamtemissionen aus dem Braun- und Steinkohlenbergbau in den USA auf **post-mining Emissionen**. (Merzig) setzt für Steinkohlen 10 % des Gasinhalts für diese Emissionen an. Im Vergleich zu den Emissionen aus der Kohlenförderung und abzüglich der Emissionen bei Verbrennung und Verkokung, die an anderer Stelle berücksichtigt werden, dürften aber die post-mining Emissionen von geringer Bedeutung sein.

Eine weitere Quelle für Methanemissionen aus der Kohlenwirtschaft sind **stillgelegte Bergwerke**. Hierzu konnte nur eine Literaturquelle identifiziert werden (Grassl et al., 1991). Dort werden diese Emissionen auf 120 Mio m³ jährlich geschätzt. Geht man davon aus, daß sich die Angabe auf den Normzustand bezieht, errechnen sich Emissionen von 85.000 t Methan pro Jahr.

II.3.3 Emissionsfaktoren

Die Methanemissionen aus dem **Steinkohlenbergbau** sind im Vergleich zu den übrigen Emissionsquellen gut abgesichert. Der Methanfreisetzung wurde im untertägigen Bergbau für die Sicherheit der Bergleute schon immer große Beachtung geschenkt, wodurch eine gute Datenbasis vorliegt. Trotzdem seien im folgenden die in der Literatur zu findenden Emissionsfaktoren gegenübergestellt. Dabei sind nur primäre Literaturquellen berücksichtigt.

Autor	Jahr	Emissions-faktor m^3/t Kohle	Anmerkungen
1 Koyama (1)	1963	17,7	
2 Hitchcock and Wechsler (1)	1972	5-17,7	brown and hard coal
3 Noack (1,2)	1985	19	global average
4 Seeliger and Zimmermeyer 4-24 global	1989	20,8 4-24 14	Deutschland global global average
5 Boyer ICF/EPA	1990	25,2	underground mining

(1) in OECD, 1991; (2) in Grassl et al., 1991;

Tab. II.3-4: Emissionsfaktoren für CH$_4$ aus der Steinkohlenförderung

Die Literaturangaben über Emissionsfaktoren, soweit diese auf die deutsche Situation übertragbar sind, schwanken zwischen 17,7 und 25,2 Nm^3/t Kohle. Der auf die **deutsche Steinkohlenförderung** am besten zutreffende Wert wird von Zimmermeyer/Seeliger (1989) angegeben. Er beträgt

20,8 Nm^3/t Steinkohlenförderung.

Erheblich höhere Schwankungen weisen die Literaturangaben über die Emissionsfaktoren im **Braunkohlenbergbau** auf.

Autor	Jahr	Emissions-faktor m^3/t Kohle	Anmerkungen
1 Hitchcock and Wechsler (1)	1972	5-17,7	brown and hard coal
2 Boyer ICF/EPA	1990	0,1*)	for brown coal (lignite)
3 Rheinbraun (2)	1989	0,015*)	für Rheinisches Revier
4 Darmstadter (2)	1986	1,4	for brown coal (lignite)

(1) in OECD, 1991; (2) in Selzer, Zittel, 1990

*) In-situ Methangehalt

Tab. II.3-5: Emissionsfaktoren für CH$_4$ aus der Braunkohlenförderung

Auch wenn man den Wert von Hitchcock und Wechsler als für den deutschen Braunkohlenbergbau nicht zutreffend ausschließt, beträgt die Bandbreite der Angaben zwei Größenordnungen. Berücksichtigt man, daß es sich bei den Angaben von Rheinbraun um den in-situ Methangehalt handelt und auch bei der Braunkohleförderung der Methananfall beim Kohleabbau etwas über dem Methangehalt liegen dürfte, dann lassen sich die Emissionsfaktoren bei 0,02 - 1,4 Nm^3/t Kohlenförderung einzugrenzen. Am besten abgesichert erscheint der Wert von Boyer. Er bezieht sich auf Kohlequalitäten und Standorte, die mit der deutschen Situation vergleichbar sind. Boyer gibt den in-situ Methangehalt für diese Reviere mit 0,1 m^3/t Kohle an. Es wird im folgenden mit einem **Emissionfaktor** von

0,1 Nm^3/t Braunkohlenförderung

als Richtwert gerechnet.

II.3.4 Emissionen

Die Methanemissionen errechnen sich aus

(3) Emission = Emissionsfaktor · Kohlenförderung · Methandichte

        Emission ... t Methan pro Jahr
        Emissionsfaktor ... Nm^3 Methan/t Kohlenförderung
        Kohlenförderung ... t pro Jahr
        Methandichte ... 0,716·10^{-3} t/Nm^3 Methan

In Tabelle II.3-6 sind die Ergebnisse der Emissionsschätzungen zusammengestellt. Danach betragen die **Methanemissionen** aus dem deutschen Steinkohlenbergbau 1170 kt/a, aus dem Braunkohlenbergbau 25 kt/a, zusammen also **1195 kt/a**. Dies sind **Richtwerte**. Richtwerte sind begründete Expertenurteile, die auf Kenntnisstand und Datenlage zum gegenwärtigen Zeitpunkt basieren. Die **Schwankungsbreiten** geben den Unsicherheitsbereich an. Danach lassen sich die Gesamtemissionen an Methan aus dem deutschen Kohlenbergbau zwischen **970 und 1756 kt/a** eingrenzen. In diesen Zahlen sind zwar die Emissionen auf dem Weg zu den Anlagen für die Kohlebehandlung (Mahlen, Brikettieren), die -veredelung (Verkoken) und den Feuerungen enthalten (post-mining activities), nicht aber die Emissionen aus diesen Anlagen selbst.

Eine Aufgabe der Phase II dieser Studie ist es, die Unsicherheiten bei den abgeschätzten Methanemissionen einzuengen. Hierzu wird insbesondere die Datenlage für das rheinische Braunkohlenrevier und die Reviere in den neuen Bundesländern überprüft werden.

Nr.	Emissionsquelle	Förderung in Mio t/a	Emissionsfaktor in Nm³/t Kohle	Emissionen in kt Methan/a Richtwert	Emissionen in kt Methan/a Schwankungsbreite	Bemerkungen
1	Steinkohlenbergbau	70,2		1170	962 - 1396	
2	Wetter und Absaugung		20,8 / 17,7 - 25,2	1045	890 - 1270	
3	Transport über Tage		0,8 / 0,03 - 0,81	40	2-41	Emissionen aus der Kohlenutzung nicht berücksichtigt
4	Stillgelegte Bergwerke			85	70-85	
5	Braunkohlenbergbau	356,5		25	8 - 360	
6	Kohlenförderung		0,1 / 0,03 - 1,4	25	8 - 360	
7	Kohlentransport			unbedeutend		rasche Ausgasung der lockeren Kohlen angenommen
8	Kohlenwirtschaft gesamt			1195	970 - 1756	

FhG-ISI

Tab. II.3-6: CH$_4$-Emissionen der deutschen Kohlewirtschaft im Jahre 1990

Methan besitzt ein wesentlich höheres Treibhauspotential als CO_2. Die relative Klimawirksamkeit des **Methanmoleküls** im Vergleich zu CO_2 läßt sich bei 20 bis 30 eingrenzen (Zittel 1990; Enquête-Kommission 1992). Allerdings müssen für einen Vergleich der Klimawirksamkeit der Emissionen die unterschiedlichen Lebensdauern von Methan (ca. 10 Jahre) und anthropogen emittiertem CO_2 (ca. 100 Jahre) und die beim Methanabbau entstehenden Zwischen- und Abbauprodukte (Ozon, Wasserdampf) berücksichtigt werden. In Abhängigkeit des betrachteten Zeithorizonts gibt die Enquête-Kommission 1990 das spezifische Treibhauspotential der Emission eines Methanmoleküls mit dem 3-fachen (500 Jahre) bis dem 23-fachen (20 Jahre) eines CO_2-Moleküls an. Nach Zittel, 1990 beträgt die langfristige **effektive Klimawirksamkeit** in der Atmosphäre von einem Mol Methan das 4,5 - 5,5-fache eines Mols CO_2 unter Berücksichtigung des beim Methanabbau entstehenden Ozons. Wenn man mit dem Mittelwert von 5 rechnet, entspricht die Klimawirksamkeit der Methanemissionen aus dem deutschen Kohlenbergbau damit einer CO_2-Menge von 16,4 Mio t jährlich.

Tabelle II.3-7 stellt die Methanemissionen aus dem deutschen Steinkohlenbergbau in den globalen Rahmen. Selbstverständlich sind auch die Abschätzungen der globalen Emissionen mit großen Schwankungsbreiten behaftet. Auf deren Angabe wird jedoch hier verzichtet. Der geringe Beitrag der deutschen Emissionen soll nicht implizieren, daß auf Minderungsmaßnahmen verzichtet werden kann.

Methanemissionen	Emissionen in Mio t/a	Anteil in %
Weltweit, alle anthropogenen Quellen	500	100
Weltweit, aus dem Kohlenbergbau	40	8,0
Deutscher Kohlenbergbau	1 - 1,8	0,20 - 0,36

Tab. II.3-7: Anthropogene CH_4-Emissionen

II.3.5 Emissionsminderung

Die technischen Maßnahmen zur Emissionsminderung können hier nur allgemein diskutiert werden. Die auf den deutschen Kohlenbergbau abgestellte Prüfung der Anwendbarkeit der diskutierten Maßnahmen muß Phase II dieser Studie vorbehalten bleiben.

Die Verbrennung des anfallenden Methans bewirkt eine Abnahme der Klimawirksamkeit. Das heißt, schon beim **Abfackeln** von im Bergbau anfallendem Methan, ohne Nutzung des Energiegehalts, reduziert sich die effektive Klimawirksamkeit auf 1/5, wenn man den Mittelwert von Zittel 1990 ansetzt. Wird das anfallende Methan als **Brenngassubstitut** in einer Feuerung genutzt, entstehen überhaupt keine zusätzlichen Emissionen, da das bei der Verbrennung des Methans aus dem Bergbau entstehende CO_2 durch die vermiedene CO_2-Emission des substituierten Energieträgers Erdgas kompensiert wird.

Das im Steinkohlenbergbau mit den **Wettern** anfallende Methan (Methangehalt < 1 Vol. %) läßt sich weder abfackeln noch eignet es sich als Brenngas. Es kann aber als Verbrennungsluft in Feuerungsanlagen genutzt werden. Aufgrund des niedrigen Energiegehalts ist dies nur bei zechennaher Nutzung ökologisch sinnvoll, da sonst die Emissionen aus der Bereitstellung der Energie für den Transport der Verbrennungsluft zum Einsatzort größer sind als die vermiedenen Emissionen. Aus diesem Grund kann nur ein Teil des mit den Wetterströmen abgegebenen Methans genutzt werden.

Wesentlich bessere Nutzungsmöglichkeiten bietet das mit der **Absaugung** anfallende Methan. Es kann als Brenngas in Feuerungen genutzt und bei hohen Methananteilen in das Erdgasnetz eingespeist werden. Aus ökologischer Sicht ist es daher wünschenswert, das mit der Absaugung abgezogene Methan auf Kosten des Methans in den Wettern zu erhöhen. Im Jahre 1987 wurden 27 % des anfallenden Methans mit der Absaugung abgeführt. Wie weit sich dieser Anteil steigern läßt, wird in Phase II dieser Studie zu untersuchen sein.

In der Literatur wird über Entwicklungsarbeiten zur Aufkonzentration von Methan mit Hilfe von **Molekularsieben** berichtet (Garcia, Cervik, 1988). Wie aussichtsreich diese Arbeiten sind und wie weit sich diese Technik für die Wetterströme eignet, wird in Phase II beantwortet. Das gleiche gilt für die **katalytische Verbrennung** von Methan.

Keine Minderungstechniken sind für die Methanemissionen aus dem obertägigen **Braunkohlenbergbau** in Sicht.

II.3.6 Ausblick auf Phase II

Für die weiteren Arbeiten der Studie stellen sich folgende Aufgaben:

- Aktualisierung der Emissionsfaktoren für den Steinkohlenbergbau.

- Verbesserung der Datenlage für die Methanemissionen aus dem rheinischen Braunkohlenrevier und den Revieren in den neuen Bundesländern.

- Ermittlung des Entwicklungsstandes innovativer Minderungstechniken, wie die katalytische Verbrennung von Methan und dessen Aufkonzentration mit Molekularsieben.

- Abschätzung des Potentials für die Nutzung von Minderungstechniken im deutschen Steinkohlenbergbau.

Literatur

BMU: Bericht der Bundesregierung an die Kommission der Europäischen Gemeinschaften über das nationale Programm zur Reduzierung der energiebedingten CO_2-Emissionen und anderer Treibhausgase bis zum Jahre 2005. Umwelt (6) (1992)

Boyer, C.M. et al: Methane Emissions from Coal Mining. EPA-Bericht September (1990)

DIW: Entwicklung des Energieverbrauchs und seiner Determinanten in der ehemaligen DDR. Forschungsbericht April (1991)

Deutscher Bundestag: Methan. Drucksache 11/8030, Kapitel 1.4.3 S. 99-101

Enquête-Kommission "Vorsorge zum Schutz der Erdatmosphäre": Schutz der Erde, 3. Bericht, Bonn 1990

Enquête-Kommission "Schutz der Erdatmosphäre": Klimaänderung gefährdet globale Entwicklung, Bonn 1992

Garber, W.D. et al: Verzicht aus Verantwortung: Maßnahmen zur Rettung der Ozonschicht. UBA-Berichte 7/89 (1989)

Garcia, F.; Cervik, J.: Review of membrane technology for methane recovery from mining operations. US Bureau of Mines Information Cicular IC 9174, 6 pp (1988)

Gesamtverband des deutschen Steinkohlenbergbaus: Steinkohle 1991 - Daten und Tendenzen. Bericht September (1991)

Grassl, H.: Treibhauseffekt, Klimamodelle und Klimaveränderungen. in: Fischer, W. ; Stein, G: Klimawirkungsfoschung. Auswirkungen von Klimaveränderungen. BMFT-Workshop. Tagungsband, Forschungszentrum Jülich, Zentralbibliothek (Vertrieb), 8 S. 6-23 ISBN 3-89336-067-0 (1991)

Grassl, H.; Hinrichsen, K.; Jahnen, W.; Englisch, G., Hendel, S.: Methanquellen in der industrialisierten Gesellschaft. Max-Planck-Institut für Meteorologie Hamburg und Meteorologisches Institut der Universität Hamburg Mai (1991)

Hartje, V.J.: Verteilung der Reduktionspflichten. Inst. für Landschaftsökonomie TU-Berlin.

Hogan, K.B. et al: Methan on the greenhouse agenda. Nature 354 (11) S. 181-182 (1991)

Masuhr, K.P. et al.: Die energiewirtschaftliche Entwicklung in der Bundesrepublik Deutschland bis zum Jahr 2010. PROGNOS-Bericht, Okt. (1989)

Merzig, G.: Methanemissionen aus dem Steinkohlebergbau. UBA-Forschungsbericht 70 518/3 (FG II 1.3)

N.N.: Methane Emissions and Opportunities for Control - Workshop Results of IPCC. EPA-Report Dec. (1990)

OECD: Estimation Of Greenhouse Gas Emissions And Sinks. OECD, Final Report From OECD Experts Meeting, 18-21 Feb 1991, Prepared For Intergovernmental Panel On Climate Change (1991)

Selzer, H.; Zittel, W.: Klimarelevante Emissionen von Methangas. Ludwig-Bölkow-Systemtechnik GmbH Bericht Juni (1990)

Statistik der Kohlenwirtscháft e.V: Der Kohlenbergbau in der Energiewirtschaft der Bundesrepublik Deutschland im Jahre 1990. Bericht November (1991)

Statistisches Bundesamt: Statistisches Jahrbuch 1991. Wiesbaden Sep. (1991)

UBA: Daten zur Umwelt 1990/1991. Erich Schmidt Verlag, Berlin (1992)

Zimmermeyer; Seeliger. Methanemissionen bei der Steinkohlengewinnung. Stellungnahme für Enquête-Kom. SdE im Aug. (1989)

Zittel, W.; Selzer, H.: Die Klimawirksamkeit von Methan. Erdöl Erdgas Kohle 106 (6) S. 364-367 Sep (1990)

II.4 CH_4-Emissionen aus der Gewinnung und Verteilung von Erdgas und Mineralöl

II.4.1 CH_4-Emissionen bei Erdgasgewinnung und -verteilung

Gewinnung und Verbrauch von Erdgas sind in den alten und den neuen Bundesländern sehr verschieden (siehe Tabelle II.4-1). Während die Gewinnung im Westen etwa 6 mal so hoch ist, übertrifft der Verbrauch der alten Bundesländer den der neuen Bundesländer sogar um den Faktor 7. Allerdings werden in den neuen Bundesländern (1989) zusätzlich etwa 13,3 Mrd. m^3 Stadtgas hergestellt und verbraucht.

	Alte Bundesländer	Neue Bundesländer	Gesamt
Gewinnung	15,2	2,4	17,6
Import	49,8	6,6	56,4
Verbrauch	63,0	9,0	72,0

Tab. II.4-1: Gewinnung und Verbrauch von Erdgas in Deutschland 1990 in Mrd m^3
(Arbeitsgemeinschaft Energiebilanzen)

Die Gewinnung in den alten Bundesländern erfolgt im wesentlichen in der Norddeutschen Tiefebene, in den neuen Bundesländern in der westlichen Altmark und im Thüringer Becken. Die Importe der alten Bundesländer stammten zu 42 % aus der GUS, 37 % aus Holland, 19 % aus Norwegen und 2 % aus anderen Ländern, die der neuen Bundesländer zu 100 % aus der GUS (BMWI, 1991).

Die Zusammensetzung der eingesetzten Gase ist sehr unterschiedlich. Wichtig sind hier die Methangehalte, deren Mittelwerte nach (Schneider-Fresenius u. a., 1989; persönl. Mitteilung von Hn. Strogus, UBA) in Tabelle II.4-2 gegeben sind.

In den alten Bundesländern gefördertes Erdgas	85
In den neuen Bundesländern gefördertes Erdgas	30
Importgas alte Bundesländer	89
Importgas neue Bundesländer	98
Stadtgas neue Bundesländer	25

Tab. II.4-2: Mittlere CH_4-Gehalte von Erd- und Stadtgas in Vol. %

Die Dichte von Methan zur Umrechnung in die Massenwerte beträgt 0,72 kg/m^3.

II.4.1.1 Emissionen in den Alten Bundesländern

Obwohl schon aus wirtschaftlichen Gründen von den Gasverteilern eine möglichst genaue Messung der bezogenen und abgegebenen Gasmengen angestrebt wird, ist eine volumetrische Bestimmung der Verluste bei der heutigen Meßgenauigkeit nicht möglich. Erreichbar sind als Stand der Technik bei Großgasmengenmessungen 0,85 % (Pospischill, 1993). Die Erfassung beim Endverbraucher erreicht hingegen bei weitem nicht diese Genauigkeit, wobei insbesondere die nicht erfaßbaren Temperaturunterschiede eine genauere Messung unmöglich machen. Aber selbst eine Fehlergrenze von 0,85 % wäre zu hoch, da die wirklichen Verluste um Größenordnungen geringer eingeschätzt werden (Pospischill, 1993).

Die detaillierteste Untersuchung der Emissionen in den alten Bundesländern ist von Batelle (Schneider-Fresenius u. a., 1989) im Auftrag der Ruhrgas durchgeführt worden. Insbesondere die Emissionen der Verteilungsnetze wurden untersucht und sind in allen anderen Studien übernommen worden. Die Emissionen bei Gewinnung, Aufbereitung und Fernverteilung sind außerdem von (Selzer /Zittel, 1990 und der DGMK/Lille, 1989) untersucht worden.

In der folgenden Tabelle II.4-3 sind die Angaben aus den drei Studien angegeben:

	Batelle	**Selzer/Zittel**	**DGMK**
Gewinnung und Förderung	60,0	46,0	20,6
Ferntransport	24,0	13,0	
Erdspeicher		7,8	
Ortsnetze	223,9	223,9	
Haushalte, Kleinverbrauch	47,5	47,5	
Industrie, Kraftwerke	10,8	10,8	
Summe	366	349	-

Tab. II.4-3: CH_4-Emissionen der Gaswirtschaft in den alten Bundesländern nach verschiedenen Quellen (Mio m^3/a)

Die Emissionen der Ortsnetze umfassen auch die Hausanschlüsse. Die unter Haushalte, Kleinverbrauch und Industrie, Kraftwerke aufgeführten Emissionen enthalten die Leckagen und Verluste der Installationen, jedoch nicht die aus dem eigentlichen Verbrauch (der Verbrennung) resultierenden Verluste (im Abgas, durch Spülungen etc.). Der Streubereich der Werte beträgt ca. +/- 50 % des mittleren Wertes. Die Verluste der Ortsnetze und der Endverbraucher - obwohl mengenmäßig von größter Bedeutung - wurden nur in (Schneider-Fresenius, 1989) untersucht und von (Selzer/Zittel, 1990) übernommen.

Daraus ergibt sich für die alten Bundesländer ein Wert der Methanemissionen von

370 +150/-150 Mio m^3/a oder 266 000 +110 000/-110 000 t/a.

Die Fehlergrenzen werden von (Selzer/Zittel, 1990) auf ca. 40 % geschätzt.

Aus den detaillierten Angaben in (Schneider-Fresenius, 1989) lassen sich spezifische Emissionen für die Gewinnung und den Ferntransport (bezogen auf die Förderung) und für die verschiedenen Druckstufen und Rohrarten der Netze (bezogen auf die Rohrlänge) in den alten Bundesländern ableiten.

	Emissionen Mio m^3	Förderung Mrd m^3	Spez. Emiss. %
Gewinnung, Ferntransport, Erdspeicher	84	15,2	0,55

Tab. II.4-4: Spezifische CH$_4$-Emissionen bei Gewinnung und Ferntransport von Erdgas

	Emissionen Mio. m^3	Länge km	Spez. Emiss. m^3/km/a
Hochdrucknetz (>1 bar, Stahl)	8,7	26 591	327
Mitteldrucknetz (0,1 bis 1 bar)			
Stahl/Duktilguß	46,7	35 601	1312
Kunststoff	6,2	33 225	187
Niederdrucknetz (<0,1 bar)			
Grauguß	78,7	10 000	7870
Stahl/Duktilguß	78,9	90 767	870
Kunststoff	1,7	18 124	94
Armaturen, Zähler etc.	3,0		

Tab. II.4-5: Spezifische CH$_4$-Emissionen bei der Verteilung von Erdgas in den alten Bundesländern

II.4.1.2 CH4-Emissionen in den Neuen Bundesländern

Die Emissionen in den neuen Bundesländern sind weitgehend unbekannt, neue Untersuchungen sind in Vorbereitung, aber noch nicht veröffentlicht. Die Ortsnetze sind jedoch bekanntermaßen in einem miserablen Zustand. Die Abschätzung der Emissionen erfolgte daher aus den für die alten Bundesländer abgeleiteten spezifischen Emissionen. Hierbei wird von der Annahme ausgegangen, daß die Emissionen bei Gewinnung, Fernverteilung und Speicherung proportional zur Förderung sind, die Emissionen der Erdgasverteilung proportional zur Länge des Netzes (da der Druck unabhängig vom Verbrauch konstant bleibt).

Mit Hilfe der von (Strogies) erhaltenen Rohrnetzlängen in den neuen Bundesländern konnten die Emissionen der Netze berechnet werden (siehe Tabelle II.4-6). Um dem Zustand der Netze Rechnung zu tragen, wurden die für die alten Bundesländer abgeleiteten spez. Emissionen mit einem Faktor 1,5 multipliziert sowie aufgrund der unterschiedlichen Methangehalte auf Stadtgas (SG) und das in den neuen Bundesländern verwendete Erdgas (EG) umgerechnet. Für Gußrohre des Niederdrucknetzes lag eine Angabe der Berliner Erdgas AG für Berlin (Ost) vor, wonach bei einer Länge von 774 km Verluste von 65.000 m^3 Erdgas pro Tag auftreten. Der sich daraus ergebende Emissionsfaktor von 30.000 m^3/km/a wurde nur für die Erdgas führenden Rohre eingesetzt. Der Grund für die hohen Erdgasverluste bei Gußrohren ist die Austrocknung der im Abstand von 5 bis 6 m aufeinanderfolgenden, mit Hanf abgedichteten Rohrverbindungen. Für das mehr Feuchtigkeit enthaltende Stadtgas wurden um einen Faktor 10 niedrigere Emissionen angesetzt.

	Rohrnetzlänge km			spez. Emissionen $m^3/km/a$		Emissionen Mio m^3/a	
	SG	EG	gesamt	SG	EG	SG	EG
Hochdrucknetz							
Stahl	7 597	1 807	9 404	120	490	0,9	0,9
Kunststoff	5	11	16	38	150	0,0	0,0
Mitteldrucknetz							
Guß	6	-	6	6 000	-	0,036	
Stahl	1 221	62	1 283	500	2 000	0,6	0,1
Kunststoff	40	1	41	70	280	0,003	0,0
Niederdrucknetz							
Guß	5 879	889	6 785	3 000	30 000	17,6	26,3
Stahl	14 971	1 794	16 765	330	1 300	4,9	2,3
Kunststoff	331	31	362	36	140	0,01	0,004
Hausanschlüsse							
Guß	743	24	767	3 000	30 000	2,2	0,7
Stahl	7 002	687	7 689	330	1 300	2,3	0,9
Kunststoff	75	10	85	36	140	0,003	0,001

Tab. II.4-6: Rohrnetzlängen, spezifische und absolute Emissionen für die neuen Bundesländer

Die spezifischen Emissionen der Erdgasgewinnung wurden ebenfalls aus denen der alten Bundesländer durch Multiplikation mit dem Faktor 1,5 erhalten. Größere Schwierigkeiten bereitete die Gewinnung des Stadtgases in Kokereien und Ortsgaswerken, für deren Emissionen keine Werte vorliegen. In (Ziegler, 1992) sind jedoch Methanemissionen der Kokereien in den alten Bundesländern von 9.090 t/a gegeben, die bei einem Kohleeinsatz (1989) von 24 Mio t (Energiebilanz, 1989) entstehen. Nimmt man diese Werte als Anhaltspunkte für die Kokereien und Ortsgaswerke in den neuen Bundesländern - wieder multipliziert mit dem Faktor 1,5 - so erhält man einen Emissionsfaktor von etwa 0,8 m^3 CH_4/t Kohleeinsatz. In den neuen Bundesländern wurden 1989 13,3 Mio t Braunkohle und 1,6 Mio t Steinkohle in Kokereien und Ortsgaswerken eingesetzt (DIW, 1991), woraus sich die in Tabelle II.4-7 gegebenen Emissionen berechnen.

Von (Schneider-Fresenius, 1989) werden die Emissionen beim Endverbraucher im Bereich Haushalte und Kleinverbrauch durch Hausinstallationen, Geräteleckagen und Zählerwechsel auf 47,5 Mio m^3/a in den alten Bundesländern geschätzt (ohne die Emissionen durch Abgase). Bei 4,4 Mio Hausanschlüssen errechnet sich daraus eine spezifische Emission von 10,8 m³/a/Hausanschluß. Auch dieser Wert wurde mit dem Faktor 1,5 auf die 1,1 Mio Hausanschlüsse in den neuen Bundesländern übertragen.

Für werksinterne Gasleitungen und deren Ventile, Flansche etc. der Industrie und der Kraftwerke setzen (Selzer/Zittel, 1990) Emissionen von 10,8 Mio m³ CH_4/a an (wiederum ohne die Emissionen in den Abgasen). Hier ist es schwer, spezifische Emissionen zu bilden, da keine Angaben über Anzahl der Anschlüsse oder Leitungslänge gemacht werden. Es bleibt nur die Möglichkeit, die Emissionen auf den Verbrauch zu beziehen, woraus sich bei einem industriellen Verbrauch von 32,4 Mrd m³/a (1987) spezifische Emissionen von 0,00033 m³ CH_4/m³ Erdgas ergeben. Bei einem Endenergieeinsatz von 3,8 Mrd m³ Stadt- und Kokereigas und 4,4 Mrd m³ Erdgas in der Industrie der neuen Bundesländer im Jahr 1989 erhält man so unter Berücksichtigung der Methananteile und dem Faktor 1,5 spezifische Emissionsfaktoren von 0,00055 für Erdgas und 0,00013 für Stadtgas.

Mit den so abgeleiteten spezifischen Emissionen erhält man die in Tabelle 7 gegebenen Methanemissionen für die neuen Bundesländer.

	Emissionen Mio m³/a	t/a
Gewinnung		
Erdgas	13,2	9.500
Stadtgas	11,9	8.600
Hochdrucknetz		
Stahl	1,8	1.300
Kunststoff	0,002	1
Mitteldrucknetz		
Guß	0,036	26
Stahl	0,7	504
Kunststoff	0,003	2
Niederdrucknetz		
Guß	44,3	31.900
Stahl	7,3	5.260
Kunststoff	0,02	14
Hausanschlüsse		
Guß	2,9	2.100
Stahl	3,2	2.300
Kunststoff	0,004	3
Hausinstallationen	6,3	4.536
Industrie	2,9	2.080
Summe	94,8	68.000

Tab. II.4-7: CH_4-Emissionen in den neuen Bundesländern (1989)

II.4.2 Emissionen aus der Mineralölgewinnung und -verteilung

Die Emissionen aus der inländischen Mineralölgewinnung und -verteilung sind vergleichsweise gering und können bei der Summenbildung gegenüber den Emissionen aus der Gaswirtschaft - besonders bei deren großen Unsicherheiten - vernachlässigt werden.

Sie betragen nach DGMK (Altmann, 1989) 0,11 % in Gewichtseinheiten (t CH_4/t gefördertes Rohöl) oder 3,02 % bezogen auf das Erdölgasvolumen (m^3 CH_4/m^3 Erdölgas).

Daraus ergeben sich die Emissionen (1988):

		Alte Bundesländer	Neue Bundesländer	
Förderung				
	Erdöl	3,92	0,046	Mio t
	Erdölgas	194,00	-	Mio m^3
CH_4-Emissionen		5,90	0,05	Mio m^3

Bei der sehr geringen Förderung von Öl in den neuen Bundesländern sind die Emissionen dort vernachlässigbar, selbst wenn die spezifischen Emissionen deutlich höher sein sollten.

II.4.3 Gesamtemissionen

Die gesamten CH_4-Emissionen für 1990 aus der Gas- und Mineralölwirtschaft und deren abgeschätzte Unsicherheitsbereiche ergeben sich zu:

Alte Bundesländer	Neue Bundesländer	Deutschland	
370 +150/-150	100 +100/-20	470 +250/-170	Mio m^3/a
270 +110/-110	72 +72/-15	340 +180/-130	1000 t/a

Für die Unsicherheitsbereiche in den neuen Bundesländern liegen bisher keine Angaben vor, sie konnten daher nur gefühlsmäßig geschätzt werden. Da der für die spezifischen Emissionen benutzte Aufschlagfaktor von 1,5 wohl eher eine untere Grenze darstellt (der angegebene Wert für Gußrohre liegt 4 mal so hoch!), wurde die Grenze nach unten kleiner gewählt. Eine durchgehend einheitliche Berechnung für das Jahr 1990 war nicht möglich, da nicht alle Daten z. B. aus der Energiebilanz für dieses Jahr vorliegen. Bei den erheblichen Unsicherheiten der Einzeldaten, die sich in den Fehlergrenzen ausdrücken, spielen die jährlichen Schwankungen jedoch eine untergeordnete Rolle. Allerdings könnten sich die Emissionen in den neuen Bundesländern durch vermehrten Einsatz von Erdgas mit seinem höheren Methananteil noch etwas nach oben entwickelt haben. Zur Absicherung der Ergebnisse sollten in Phase II des Projektes u. a. die Fehlergrenzen der Methanemissionen aus dem Ortsnetzbereich der alten Bundesländer sowie die Höhe der Emissionen in den neuen Bundesländern diskutiert werden, für die dann auch neuere Messungen vorliegen dürften.

Literatur

Altmann, B.-R.: Methanemission bei der Mineralölverarbeitung sowie bei Umschlag, Lagerung und Verteilung von Mineralölprodukten in der Bundesrepublik Deutschland im Jahre 1988. DGMK-Bericht 449-02, Hamburg 1989

Arbeitsgemeinschaft Energiebilanzen: Energiebilanz der Bundesrepublik Deutschland, verschiedene Jahrgänge

Bundesminister für Wirtschaft (Hrsg.): Energiedaten 1991

DIW (Hrsg.): Entwicklung des Energieverbrauchs und seiner Determinanten in der ehemaligen DDR. Berlin 1991

Energiebilanz der Bundesrepublik Deutschland 1989

Grassl, H.; u. a.: Methanquellen in der industrialisierten Gesellschaft. Studie des Max-Planck-Institutes für Meteorologie, Hamburg und des Meteorologischen Institutes der Universität Hamburg, Hamburg 1991

Lille, W.: Methanemissionen in Erdgas- und Erdölproduktionsbetrieben der Bundesrepublik Deutschland im Jahre 1988. DGMK-Bericht 449-01, Hamburg 1989

Pospischill, H.: Die Methanemissionen der vorgelagerten Kohle- und Erdgasprozeßkette und ihre Bedeutung am Beispiel der Strombereitstellung. Berichte des Forschungszentrums Jülich 2716, 1993

Schneider-Fresenius, W. u. a. Ermittlung der Methan-Freisetzung durch Stoffverluste bei der Erdgasversorgung der Bundesrepublik Deutschland. Batelle-Institut, Frankfurt 1989

Selzer, H.; Zittel, W.: Klimarelevante Emissionen von Methangas. Ludwig Bölkow-Systemtechnik, Ottobrunn 1990

Strogies, M. (Umweltbundesamt), persönl. Mitteilung, nach Angaben der Berliner Stadtgas AG

Ziegler, A.; u. a.: Ansatzpunkte und Potentiale zur Minderung des Treibhauseffektes aus Sicht der fossilen Energieträger. DGMK-Bericht 448-2, Hamburg 1992

II.5 N_2O-Emissionen aus der Verbrennung fossiler Energieträger

Die Verbrennung fossiler Energieträger, insbesondere von Kohle, stellt zwar nicht die bedeutendste, aber immerhin eine nicht zu vernachlässigende N_2O-Emissionsquelle dar. Hingegen sind die Methanemissionen anteilsmäßig an den Gesamtemissionen in der Bundesrepublik von eher untergeordneter Bedeutung. Dementsprechend waren die Methanemissionen aus Feuerungsanlagen nicht Gegenstand dieser Untersuchung.

Quantitative Angaben zu N_2O-Emissionen sind, wie auch Untersuchungen zu den Bildungsmechanismen, (abgesehen von Ergebnissen aus Messungen an Versuchsanlagen) fast ausschließlich für den Bereich der Großfeuerungsanlagen, vor allem also für Kraftwerksfeuerungen, verfügbar. Deshalb beschränken sich die nachfolgenden Ausführungen im wesentlichen auf diesen Bereich. In den Kraftwerken und Heizkraftwerken der früheren Bundesrepublik wurde 1989 fast siebenmal soviel Steinkohle verfeuert wie in den Endenergiesektoren (Industrie, Kleinverbrauch, Haushalte), bei Braunkohle ist dieser Faktor noch höher (Arbeitsgemeinschaft Energiebilanzen, 1990). Somit kann davon ausgegangen werden, daß trotz dieser Beschränkung die wesentlichen Emissionsmengen erfaßt werden.

Aufgrund von Meßergebnissen aus den 80er Jahren wurde zeitweilig ein erheblicher Beitrag der Verbrennung fossiler Energieträger an den Gesamt-N_2O-Emissionen vermutet. Nach Hao et al. (1987) ergab sich beispielsweise eine enge Korrelation von N_2O- und NO_x-Emissionen bei einem Verhältnis von $N_2O:NO_x$ von etwa 0,58:1 (Basis N). Etwa 14 % des Brennstoff-Stickstoffs würden bei konventioneller Verbrennung zu N_2O und 28 % zu NO_x umgewandelt.

Die älteren Meßergebnisse erwiesen sich jedoch als nicht aussagekräftig, nachdem von Muzio und Kramlich (1988) festgestellt wurde, daß N_2O in erheblichem Umfang (mehrere Hundert ppm) im für die Sammlung von Abgasproben verwendeten Kanister nachgebildet wird. Voraussetzung für die innerhalb weniger Stunden ablaufende Bildung dieses "Artefakt-N_2O" ist die Anwesenheit von Feuchtigkeit und SO_2 in der Probe. Die Trocknung der Probe verringert diesen Effekt, schaltet ihn aber nicht vollständig aus. Dies scheint indes durch Entfernung von SO_2 aus dem Probegas möglich. Unterhalb von 500 - 600 ppm (trocken) SO_2 in der Probe wurde N_2O-Bildung nur in geringem Umfang beobachtet (vgl. auch Muzio et al., 1989).

II.5.1 Emissionsquellen, Entstehungsprozesse

Die N_2O-Bildung bei Verbrennungsprozessen ist abhängig von z. B.

- der Art und Qualität des Brennstoffs,
- der Art der Feuerung,
- den Luftzahlen und

- der Verbrennungstemperatur bzw. dem Temperaturprofil im Verbrennungsraum.

So tritt N_2O in relevanten Mengen vor allem im Abgas von Kohle- und Schwerölfeuerungen auf, von Gasfeuerungen werden deutlich niedrigere Emissionsmengen berichtet. Sehr hohe Emissionswerte, allerdings mit sehr großen Bandbreiten nach unten, wurden teilweise an Wirbelschichtfeuerungen gemessen.

Die Bildungsmechanismen von N_2O bei Verbrennungsprozessen sind noch nicht vollständig geklärt. Schöngrundner (1991) gibt eine ausführliche Darstellung der möglichen Bildungsprozesse bei der Verbrennung selbst und betrachtet auch den Einfluß von Entstickungsmaßnahmen auf die N_2O-Bildung.

Für die über mehrere Zwischenprodukte ablaufende N_2O-Bildung ist praktisch ausschließlich der im Brennstoff enthaltene Stickstoff verantwortlich, der vor allem in aliphatischen und aromatischen Bindungen in Kohlen und Heizölen auftritt und pyrolytisch oder in geringerem Umfang durch Vergasungsreaktionen freigesetzt wird (Schöngrundner, 1991). Nach Jobstvogt (1991) erfolgt bei der Pyrolyse von Pyridin in inerter und in oxidierender Atmosphäre die Freisetzung des Brennstoffstickstoffs in Form von Cyanwasserstoff HCN. Pyridin ist eine Substanz mit aromatischem Charakter, die die Bindungsverhältnisse fossilen Brennstoffstickstoffes repräsentiert. Er stellte bei Laborversuchen fest, daß bei aliphatischen Substanzen die Reaktionskette ebenfalls über das Zwischenprodukt HCN verläuft. Bei den aliphatischen Aminen n-Hexylamin und Cyclohexylamin ergaben sich die höchsten HCN-Freisetzungen (höher als bei Pyridin). Die HCN-Bildung durchlief bei den Laborversuchen ein ausgeprägtes Maximum im Temperaturbereich zwischen 700 und 750 °C.

Vor allem in mageren bis stöchiometrischen Flammen (-bereichen) liegen verglichen mit fetten, d.h., brennstoffreichen Flammen hohe Konzentrationen von OH-Radikalen und niedrige Konzentrationen von H-Radikalen vor. OH-Radikale sind für die N_2O-Bildung, H-Radikale hingegen für dessen Abbau von besonderer Bedeutung:

Ausgehend von Cyanwasserstoff HCN bildet sich über Zwischenschritte unter Beteiligung von OH-Radikalen ein NCO-Radikal und daraus mit NO das N_2O gemäß

$$NO + NCO \longrightarrow N_2O + CO$$

Ebenfalls von HCN ausgehend, kann sich über Zwischenschritte unter Beteiligung von OH- und H-Radikalen das Amidradikal NH_2 und mit einem weiteren OH-Radikal NH bilden, woraus mit NO gemäß

$$NO + NH \longrightarrow N_2O + H$$

wiederum N_2O entstehen kann.

Ein weiterer Mechanismus geht von Ammoniak (NH_3) aus. Durch zweimalige Reaktion mit OH-Radikalen kann ein NH-Radikal gebildet werden, woraus nach obiger Reaktion mit NO ebenfalls N_2O entsteht.

Gemäß

$$N_2O + H \longrightarrow N_2 + OH$$

wird bereits gebildetes N_2O wieder zu elementarem Stickstoff reduziert. Dies erklärt die bei Gasfeuerungen beobachteten geringen Emissionswerte, denn bei der Verbrennung von Erdgas steht ein hohes Angebot an Wasserstoffradikalen zur Verfügung (hohes H:C-Verhältnis des Brennstoffes); überdies enthält Erdgas wenig Stickstoff.

Für die Bildung von N_2O wird ein Temperaturbereich unterhalb von 900 °C als günstig angegeben. Daraus und aus der Abhängigkeit vom Angebot an OH- und H-Radikalen schließt Schöngrundner, daß als bevorzugte Entstehungsorte von N_2O relativ magere Zonen außerhalb der direkten Flammenfronten anzusehen sind. Der Brennstoffstickstoff wird dabei z. B. durch Koksteilchen (Kohlefeuerungen) in diese kühleren Regionen transportiert und dort erst relativ spät, v. a. bei mangelhafter bzw. verzögerter Vermischung mit Verbrennungsluft, pyrolytisch freigesetzt. Bei **gestufter Luftzufuhr**, die gezielt **zur Minderung der NO_x-Emissionen** eingesetzt wird, ist dies ebenso der Fall, womit die N_2O-Bildung begünstigt wird.

Andere Abläufe im Verbrennungsprozeß, z. B. die direkte Oxidation von Brennstoffstickstoff, Reaktionen von NO mit gebundenem Brennstoffstickstoff oder Adsorption von NO an der Oberfläche von Koksteilchen unter Weiterreaktion mit einem weiteren NO-Molekül, seien zwar noch nicht endgültig geklärt, scheinen jedoch von untergeordneter Bedeutung zu sein.

Sekundäre Maßnahmen zur NO_x-Abscheidung können nach Schöngrundner ebenfalls die N_2O-Entstehung beeinflussen:

Bei selektiven nicht-katalytischen Reduktionsverfahren (SNR-Verfahren) werden Ammoniak, Harnstofflösungen oder Ammoniakwasser in die Feuerung eingedüst. Vor allem bei Überschüssen der beiden letztgenannten Reduktionsmittel kann im Temperaturbereich zwischen 800 und 850 °C über Zwischenschritte unter OH-Beteiligung NCO entstehen, welches (ähnlich wie im Fall der oben skizzierten verbrennungsseitigen N_2O-Bildung) mit nicht reduziertem NO weiter zu N_2O reagiert:

$$NO + NCO \longrightarrow N_2O + CO$$

Unter ungünstigen Bedingungen muß damit gerechnet werden, daß über 10 % der eingesetzten NH_3-Menge zu N_2O umgewandelt werden (Zellinger/Tauschitz, 1989; Andersson, 1989; pers. Mitteilung Köser/Fa. Steinmüller und Bals/ RWE (alle zitiert von Schöngrundner, 1991)).

Bei Laboruntersuchungen zu **katalytischen Verfahren** wurden bei verschiedenen Katalysatortypen und Temperaturen oberhalb von 450 °C verschiedene Nebenreaktionen beobachtet, etwa die Reduktion von NO zu N_2O gemäß

$$4\,NO + 2\,NH_3 \longrightarrow 2\,N_2 + N_2O + 3\,H_2O$$

oder die Oxidation von NH_3 zu N_2O gemäß

$$2\,NH_3 + 2\,O_2 \longrightarrow N_2O + 3\,H_2O$$

(vgl. Bosch/Janssen, 1988; Janssen, 1988; Weisweiler et al, 1988 (alle zitiert von Schöngrundner, 1991)).

Bei der in großen Feuerungsanlagen am häufigsten eingesetzten **selektiven katalytischen Reduktion (SCR) mit Katalysatoren auf Vanadium-Wolfram-Titan-Basis** konnte hingegen bei üblichen Arbeitstemperaturen, die nicht über 420 °C hinausgehen, keine N_2O-Bildung nachgewiesen werden. Betriebsmessungen vor und hinter technischen SCR-Anlagen erbrachten in keinem Fall eine signifikante Erhöhung der N_2O-Gehalte im Abgas. In der Regel wurden hinter DENOX um bis zu 50 % (in einem Fall 60 %) verringerte N_2O-Konzentrationen von unter 5 mg/m^3 gemessen (Köser/Greulich, 1989). Neuere Messungen scheinen dies zu bestätigen: Abnahmeversuche an der SCR-Anlage des Braunkohlekraftwerkes Voitsberg 3 ergaben vor und nach Katalysator N_2O-Werte an der Nachweisgrenze von etwa 1 ppm (Schöngrundner, 1991).

Bei **Wirbelschichtfeuerungen** sind ausgeprägte Abhängigkeiten von verschiedenen feuerungstechnischen Parametern zu beobachten:

- Amand/Andersson (1989) stellten Versuche an einer zirkulierenden Wirbelschichtfeuerung von 8 MW an. Sie setzten Braunkohle aus der DDR, bituminöse Kohle aus Pennsylvania und Petrolkoks ein. Dabei stellten sie bei den beiden Kohlen Rückgänge der N_2O-Emission um rund 30 % bei Anstieg der Bett-Temperatur von knapp 800 auf rund 900 °C fest. Bei Verbrennung von Petrolkoks war der Effekt bei insgesamt deutlich niedrigerem Emissionsniveau noch ausgeprägter. Einen signifikanten Anstieg der N_2O-Bildung stellten sie bei zuehmenden Luftüberschüssen fest.

- Botting et al. (1991) berichten u. a. über Versuche an einer atmosphärischen Wirbelschichtfeuerung mit 38 MW Feuerungswärmeleistung bei Verbrennung einer für britische Verhältnisse typischen bituminösen Kohle. Sie stellten ebenfalls einen signifikanten Rückgang der Konversion von Brennstoff-N in N_2O um rund die Hälfte bei Anstieg der Bett-Temperatur von 790 auf 910 °C sowie ein Ansteigen der N_2O-Bildung mit Zunahme der Überschuß-Luft fest.

- An einer Versuchsanlage stellten Botting et al. eine N_2O-Minderung bei Kalksteinzugabe, wie sie zur SO_2-Emissionsminderung praktiziert wird, fest. Bei hohen Kalksteinzugaben schwächte sich aber der oben beschriebene Temperatureinfluß ab. Amand/Andersson berichteten hingegen über Versuche von Lyngfelt und Leckner (1988), die bei Beladung einer stationären Wirbelschichtanlage mit Kalkstein im Gegensatz zu den obigen Ergebnissen einen N_2O-Anstieg mit der Temperatur verzeichneten.

- Köser/Greulich (1989) stellten bei Steinkohleverbrennung in einer zirkulierenden Wirbelschichtfeuerung deutliche Lastabhängigkeiten fest: bei Vollast wurden 20 mg/m^3 gemessen, während der Wert bei 50 % Last auf 180 mg/m^3 anstieg.

Abschließend sei auf einen potentiellen weiteren Bildungsmechanismus hingewiesen: Eine der Artefakt-N_2O-Bildung in Probenahmekanistern entsprechende **Bildung aus Abgaskomponenten in der Atmosphäre** ist nicht auszuschließen (vgl. Schöngrundner, 1991). Quantitative Untersuchungen hierüber liegen aber bislang nicht vor.

II.5.2 Quantifizierung der Emissionen

II.5.2.1 Repräsentative Meßergebnisse

Die nachfolgende Auflistung umfaßt eine Reihe von in der Literatur verfügbaren Meßergebnissen, die unter Ausschaltung von N_2O-Artefakten in der jüngeren Vergangenheit an größeren Feuerungsanlagen gewonnen wurden, und die als repräsentativ für die Verhältnisse in der Bundesrepublik angesehen werden. Zum Vergleich und zur Einordnung hinsichtlich der Emissionsrelevanz der Verbrennung fossiler Energieträger wurden auch einige verfügbare Meßdaten für sonstige Brennstoffe, etwa Abfälle oder Produktionsrückstände aufgeführt. In Hinblick auf die im nächsten Kapitel dokumentierte Grobabschätzung der Emissionen in der Bundesrepublik wurden die Emissionswerte für die "konventionellen", also Nicht-Wirbelschicht-Feuerungen, bei fossilen Brennstoffen auf die Bezugsbasis Brennstoff-Wärmeinhalt umgerechnet.

Steinkohle-Staubfeuerungen:

- Schöngrundner (1991) maß an einer Steinkohle-Staubfeuerung mit trockenem Aschenabzug Volumenkonzentrationen im Abgas (bezogen auf einen Sauerstoffgehalt von 6 %) zwischen 5,3 und 10,3 ppm. Dies entspricht rund 10 bis 19 mg/m^3 bzw. einem auf den Brennstoffverbrauch bezogenen Emissionswert zwischen 3,3 und 6,5 g/GJ.

- Köser/Greulich (1989) berichten über Messungen an 15 Steinkohlefeuerungen im Leistungsbereich von 80 bis 770 MW elektrisch (Großfeuerungsanlagen im "Kraftwerksmaßstab"; keine Angabe zur Feuerungswärmeleistung):

  -- Bei 7 Anlagen mit trockenem Ascheabzug wurden N_2O-Konzentrationen von 2 bis 15 mg/m^3 gemessen, umgerechnet auf den Brennstoff-Energiegehalt entspricht dies 0,7 bis 5 g/GJ.

  -- Bei 4 Schmelzkammerfeuerungen wurden 2 bis 10 mg/m^3 entsprechend 0,6 bis 3,2 g/GJ gemessen.

- Krabbe/Düsterbeck (1989) ermittelten

  -- an einem trocken entaschten Kessel mit rund 760 MW Leistung N_2O-Emissionswerte von unter 2 mg/m^3 bzw. 0,7 g/GJ und

-- an drei Schmelzkammerfeuerungen mit rund 300 MW Werte zwischen knapp 4 und knapp 9 mg/m^3, das entspricht rund 1 bis 3 g/GJ.

Braunkohle-Staubfeuerungen:

- An vier Braunkohle-Trockenfeuerungen mit je 300 MW elektrisch ergaben sich nach Köser/Greulich (1989) Werte zwischen 1 und 16 mg/m^3 entsprechend 0,4 bis 6,3 g/GJ.

Schwerölfeuerungen:

- Schöngrundner (1991) beziffert den Großteil der an Schwerölfeuerungen ermittelten N_2O-Meßwerte von Andersson et al. (1989) und Virkki (1989) mit etwa 10 ppm, entsprechend knapp 20 mg/m^3 oder rund 5 g/GJ.

Gasfeuerungen:

- Sehr niedrige Werte von 0,3 bis 0,8 mg/m^3 entsprechend 0,1 bis 0,2 g/GJ wurden nach Köser/Greulich (1989) an 4 Erdgasfeuerungen im Leistungsbereich von 100 bis 200 MW elektrisch ermittelt.

- Ebenfalls sehr geringe Werte unterhalb der Nachweisgrenze von 1 bis 2 ppm ermittelten Krabbe/Düsterbeck (1989).

Wirbelschichtfeuerungen:

- Meßergebnisse von Schöngrundner (1991) bestätigen die Hinweise auf im Schnitt höhere N_2O-Emissionen an Wirbelschichtfeuerungen, wobei ein deutlicher Einfluß des Brennstoffes zu verzeichnen ist:

-- An einer zirkulierenden Wirbelschichtfeuerung mit einer thermischen Leistung von rund 45 MW wurden bei Verbrennung von Steinkohle Volumenkonzentrationen von N_2O im Abgas (6 % O_2-Gehalt) von 13,5 bis 18,8 ppm (Mittelwerte von 3 Proben) gemessen, das entspricht rund 25 bis 35 mg/m^3.

-- An einer zirkulierenden Wirbelschichtfeuerung mit einer thermischen Leistung von 133 MW wurden bei gemeinsamer Verbrennung von Braunkohle und Klärschlamm (im Verhältnis 9:1) Werte von 45,8 - 55,0 ppm (Mittelwerte von 3 Proben), entsprechend rund 85 bis 100 mg/m^3 gemessen.

-- Etwas niedrigere Werte als bei Steinkohleverbrennung ergaben sich bei Verbrennung von getrockneter Rinde in einer zirkulierenden Wirbelschichtanlage mit im Mittel 3,9 - 6 ppm entsprechend rund 7 bis 11 mg/m^3, die höchsten Werte wurden bei Verbrennung von Klärschlamm und zusätzlich Heizöl EL in einer stationären 10 MW-Anlage gemessen. Je nach Art der Vorbehandlung des Klärschlamms (Entwässerung oder Trocknung), und Umfang der praktizierten Rauchgasrückführung (bis 40 %) wurden Werte zwischen 25 und 156 ppm, das sind rund 50 bis knapp 300 mg/m^3, gemessen.

- Köser/Greulich (1989) berichten über Messungen an vier Anlagen zwischen 1 und 300 MW Feuerungswärmeleistung mit ebenfalls teilweise hohen Ergebnissen:

-- Bei zwei stationären Wirbelschichtfeuerungen wurden bei Verbrennung von Steinkohle Abgaskonzentrationen zwischen 60 und 240 mg/m^3 gemessen.

-- Bei Steinkohleverbrennung in einer zirkulierenden Wirbelschichtfeuerung wurden - wie oben bereits erwähnt - deutliche Lastabhängigkeiten festgestellt: bei Vollast wurden 20 mg/m³ gemessen, während der Wert bei 50 % Last auf 180 mg/m³ anstieg.

-- An einer zirkulierenden Wirbelschichtfeuerung für Rückstandsöle wurden Werte zwischen 30 und 50 mg/m³ ermittelt.

Sonstige Feuerungsanlagen:

- An vier Verbrennungsanlagen für Siedlungsabfall (7 bis 30 MW elektrisch, Rostfeuerung) wurden nach Köser/Greulich (1989) Abgaskonzentrationen von 2 bis 9 mg/m³ und an 2 Drehrohröfen für Sonderabfälle Werte von unter 0,4 bis 3 mg/m³ gemessen.

II.5.2.2 Grobschätzung der Emissionen

Im Rahmen eines Expertenmeeetings der OECD im Jahr 1991 wurden Empfehlungen zur Quantifizierung der Emissionen klimarelevanter Gase bei stationären Verbrennungsprozessen erarbeitet. Es wird ein detaillierter Ansatz vorgeschlagen, der eine Vielzahl von unterschiedlichen Verbrennungstechnologien und Brennstoffen berücksichtigt. Hinsichtlich der N_2O-Emissionen sind die benötigten detaillierten Angaben aber selbt für die entwickelten Länder nicht verfügbar. Dementsprechend werden im Bericht über besagtes Meeting für das IPCC (OECD, 1991) für die meisten Anlagenarten keine Emissionsfaktoren, für Kohlefeuerungen pauschal ein Wert von 0,8 g/GJ Energieeinsatz genannt. Lediglich für einige Arten von Industriekesseln sind differenzierte Angaben verfügbar.

Nachfolgend wird daher eine *orientierende Grobschätzung* der N_2O-Emission aus Großfeuerungsanlagen im Bereich der früheren Bundesrepublik und der ehemaligen DDR vorgenommen. Stützjahre dieser Schätzung sind 1987 und 1989; für diese beiden Jahre liegt eine der Energiebilanz der (früheren) Bundesrepublik Deutschland (Arbeitsgemeinschaft Energiebilanzen, jeweilige Jahrgänge) entsprechende Bilanz für die ehemalige DDR vor (DIW 1991). Basis der Abschätzung ist der Umwandlungseinsatz von

- Steinkohle (nur Kohle; geringe Koksmengen blieben unberücksichtigt),

- Braunkohle (nur Kohle; insbesondere in der in der ehemaligen DDR eingesetzte, geringe Brikettmengen und sonstige Formen, z. B. Koks, wurden nicht berücksichtigt),

- Schweröl und

- Erdgas

in Anlagen der Strom- und Fernwärmeerzeugung, also gemäß Energiebilanz in

- öffentlichen Wärmekraftwerken,

- Zechen- und Grubenkraftwerken,

- sonstigen Industriewärmekraftwerken sowie in

- Heizkraftwerken und Fernheizwerken.

Für die Abschätzung wurden in erster Näherung folgende **Emissionsfaktoren** angenommen:

- Für die Verbrennung von Steinkohle, Braunkohle und Schweröl wurde in Anlehnung an die oben aufgeführten Meßergebnisse jeweils der gleiche Emissionsfaktor von 5 g/GJ angesetzt. Für Steinkohlefeuerungen dürfte dies sicherlich eine Obergrenze darstellen, insbesondere in Hinblick darauf, daß im Jahr 1989 schon eine große Zahl von SCR-Anlagen hinter Kraftwerksfeuerungen installiert waren und somit auch die N_2O-Emissionen eher verringert wurden. (Am Ende des Jahres waren die Nachrüstungen an über 80 % der mit großtechnischen Entstickungsanlagen auszustattenden Kraftwerkskapazitäten - überwiegend Steinkohleblöcke - abgeschlossen (ZfK, Mai 1990)). Auch für Braunkohlefeuerungen dürfte der genannte Wert an der Obergrenze liegen.

- Für Erdgasfeuerungen wurde in Anlehnung an den oberen Wert von Köser/Greulich (1989) von 0,2 g/GJ ausgegangen.

Damit und mit dem Brennstoffeinsatz (Umwandlungseinsatz) in Kraft-, Heiz- und Heizkraftwerken ergeben sich, wie aus den Tabellen II.5-1 und II.5-2 ersichtlich, für die Jahre 1987 und 1989 grob geschätzte Emissionen in Höhe von rund 17 kt für das Gesamtgebiet der früheren Bundesrepublik und der ehemaligen DDR. Insbesondere aufgrund erheblicher Braunkohle-Einsatzmengen trägt die ehemalige DDR mit über einem Drittel hierzu bei. In der früheren Bundesrepublik dominiert nach dieser Schätzung die Steinkohleverbrennung.

Brennstoff	Emissionsfaktor in g/GJ	Brennstoff-Einsatz BRD 1987 in TJ	Brennstoff-Einsatz DDR 1987 in TJ	N_2O-Emission BRD 1987 in kt	N_2O-Emission DDR 1987 in kt	N_2O-Emission gesamt 1987 in kt
Steinkohle	5,0	1.331.960	21.249	6,7	0,1	6,8
Braunkohle	5,0	742.453	1.212.074	3,7	6,1	9,8
Schweröl	5,0	121.780	41.624	0,6	0,2	0,8
Erdgas	0,2	302.254	72.856	0,1	0,0	0,1
Summe		2.498.447	1.347.803	11,0	6,4	17,4

Tab. II.5-1: Grobschätzung der N_2O-Emissionen aus Kraftwerken, Heiz- und Heizkraftwerken im Jahr 1987; Gesamtgebiet der früheren Bundesrepublik und der ehemaligen DDR

Brennstoff	Emissions-faktor in g/GJ	Brennstoff-Einsatz BRD 1989 in TJ	Brennstoff-Einsatz DDR 1989 in TJ	N_2O-Emission BRD 1989 in kt	N_2O-Emission DDR 1989 in kt	N_2O-Emission gesamt 1989 in kt
Steinkohle	5,0	1.265.959	13.075	6,3	0,1	6,4
Braunkohle	5,0	783.466	1.261.008	3,9	6,3	10,2
Schweröl	5,0	81.734	19.314	0,4	0,1	0,5
Erdgas	0,2	358.776	60.965	0,1	0,0	0,1
Summe		2.489.935	1.354.362	10,7	6,5	17,2

Tab. II.5-2: Grobschätzung der N_2O-Emissionen aus Kraftwerken, Heiz- und Heizkraftwerken im Jahr 1989; Gesamtgebiet der früheren Bundesrepublik und der ehemaligen DDR

Der Herleitung dieser Ergebnisse lagen eine Reihe von Beschränkungen und Vereinfachungen zu Grunde, die nochmals deutlich hervorgehoben werden sollen. Damit ergibt sich gleichzeitig der Bedarf an weiterführenden Arbeiten:

- Die Beschränkung auf den Bereich der Kraftwerksfeuerungen ist Folge fehlender Emissionsdaten für Feuerungen kleineren Maßstabs. Um bei der gegenwärtig schlechten Datenlage einen höheren Erfassungsgrad zu erreichen, wäre in weiterführenden Arbeiten zu prüfen, inwieweit die für Großfeuerungsanlagen gültigen Werte ggf. auf Kleinfeuerungen und andere stationäre Verbrennungsanlagen, etwa Dieselaggregate etc., zu übertragen wären.

- Bei der hier vorgenommenen Abschätzung wurde nicht nach Feuerungsanlagen-Spezifika unterschieden, d. h., es wurde mit lediglich vier, im Zeitverlauf als konstant angenommenen pauschalen Emissionsfaktoren für die vier Brennstoffkategorien gerechnet. Die zu vermutenden höheren Emissionen von Wirbelschichtanlagen (allerdings sind bislang nur wenige Anlagen in Betrieb) blieben unberücksichtigt. Dem Einfluß katalytischer Entstickungsmaßnahmen konnte allenfalls implizit bei der Diskussion der Emissionsfaktoren Rechnung getragen werden. Dementsprechend wären Abschätzungen auf Basis genauer Bestandsstatistiken erforderlich.

- Im Falle der Emissionen aus Wirbelschichtfeuerungen wäre auch der Frage nachzugehen, inwieweit das von konventionellen Feuerungen abweichende Brennstoffspektrum (z. B. stark ballasthaltige Kohlen, Salzkohlen etc.) für die höheren Emissionswerte verantwortlich ist, um somit den reinen Technologieeffekt entkoppelt betrachten zu können.

- Aufgrund der beobachteten Lastabhängigkeit der N_2O-Emissionen, insbesondere bei Wirbelschichtfeuerungen, wäre auch eine Eingrenzung des Einflusses der üblichen Lastgänge von Kraftwerksfeuerungen erforderlich.

II.5.3 Emissionsminderungsmaßnahmen

In den weiterführenden Arbeiten der Phase II müssen die bislang erst ansatzweise diskutierten Möglichkeiten zur N_2O-Emissionsminderung aus Feuerungsanlagen eingehend betrachtet werden. Nach Schöngrundner (1991) oder Köser/Greulich (1989) gibt es bislang noch keine konkreten Möglichkeiten zur Emissionsminderung. Laborversuche seien auf Grundlage der Absorption, der Adsorption, der thermischen Zersetzung und der katalytischen Reduktion bereits durchgeführt worden. Z. B. bei Wirbelschichtfeuerungen seien bei gezielt eingestellter, ausreichender Verweilzeit der Rauchgase im Temperaturbereich von 900 bis 950 °C Emissionsminderungen um mehr als eine Zehnerpotenz erreicht worden. Die thermische Zersetzung von N_2O finde im Temperaturbereich von 900 bis 1.000 °C statt. Nacherhitzen der Abgase stelle demnach eine Minderungsmöglichkeit dar. Die thermische Zersetzung ließe sich durch geeignete Katalysatoren (H-Mordenit) auch bereits bei Temperaturen von 550 °C erreichen.

Literatur

Amand, L. E.; Andersson, S.: Emissions of Nitrous Oxide (N_2O) from Fluidized Bed Boilers. FBC - Technology for Today. Proceedings of the 1989 International Conference on Fluidized Bed Combustion, San Francisco 1989, vol. 1, p. 49 - 56. The American Society of Mechanical Engineers (Hrsg.), New York

Arbeitsgemeinschaft Energiebilanzen: Energiebilanz der Bundesrepublik Deutschland. Essen, diverse Jahrgänge

Botting, A. J.; Gavin, D. G.; Hughes, I. S. C.: Emissions of nitrous oxide from coal-fired fluidized bed boilers. FBC Technology and the Environmental Challenge. Proceedings of the Inst. of Energy's 5th International Fluidized Combustion Conference, London 1991, p. 239 - 248

DIW (Deutsches Institut für Wirtschaftsforschung): Entwicklung des Energieverbrauchs und seiner Determinanten in der ehemaligen DDR. Untersuchung im Auftrage des Bundesministers für Wirtschaft. Berlin 1991

Hao, W. M.; Wofsy, S. C.; McElroy, M. B.; Beer, J. M.; Toqan, M. A.: Sources of Atmospheric Nitrous Oxide from Combustion. Journal of Geophysical Research, Vol. 92, no. D3, p. 3098 - 3104, 1987

Jobstvogt, M.: Untersuchungen zum Reaktionsverhalten von brennstoffgebundenem Stickstoff an kohlestämmigen Modellsubstanzen. Fortschritt-Berichte VDI, Reihe 15, Nr. 89. VDI-Verlag, Düsseldorf 1991

Köser, H. J. K.; Greulich, U.: Distickstoffoxid N_2O in Feuerungsabgasen und DENOX-Anlagen. Konferenz-Einzelbericht: VGB-Konferenz "Chemie im Kraftwerk 1989", S. 64 - 70. Technische Vereinigung der Großkraftwerksbetreiber (VGB), Essen 1989

Krabbe, H.-J.; Düsterbeck, D.: Die Bedeutung des Distickstoffmonoxids für die Atmosphäre und seine Bestimmung in fossilbefeuerten Anlagen mittels Gaschromatographie. Konferenz-Einzelbericht: VGB-Konferenz "Chemie im Kraftwerk 1989", S. 58 - 64. Technische Vereinigung der Großkraftwerksbetreiber (VGB), Essen 1989

Muzio, L. J.; Kramlich, J. C.: An Artifact in the Measurement of N_2O from Combustion Sources. Geophysical Research Letters, vol. 15, no. 12, p. 1369 - 1372, 1988

Muzio, L. J.; Teague, M. E.; Kramlich, J. C.; Cole, J. A.; McCarthy, J. M.; Lyon, R. K.: Errors in Grab Sample Measurements of N_2O from Combustion Sources. JAPCA 39, No. 3 (1989), p. 278 - 293

OECD: Estimation of Greenhouse Gas Emissions and Sinks. Final Report From OECD Experts Meeting, 18-21 February 1991. Prepared for Intergovernmental Panel on Climate Change, Revised August 1991

Schöngrundner, W.: Untersuchungen zur N_2O-Emission aus Kohlekraftwerken unterschiedlicher Feuerungsart unter besonderer Berücksichtigung feuerungstechnischer und rauchgasseitiger NO_x-Minderungsmaßnahmen. Forschungsbericht : Erwin-Schrödinger-Projekt Nr. J 0364 - TEC. Graz 1991

ZfK (Zeitung für kommunale Wirtschaft): Erfolg lohnt die lange Mühe. Programm zur Entstickung ist weitgehend abgeschlossen - Werte besser als erwartet. Ausgabe Mai 1990, S. 13

indirekt zitiert:

Andersson, C. et al.: Nitrous Oxide Emissions from Different Combustion sources. R & D - Report. Statens - Vattenfallsverk, Vällingsby, Schweden 1989

Andersson, S.: N_2O Emissions from Fluidized Bed Combustors. Vortrag beim "First Topic Oriented Technical Meeting on NO_x, N_2O and Soot/PAH Measurement Techniques, Experimental Results and Mathematical Modelling", Amsterdam, Oct. 17 - 19, 1989

Bosch, H., Janssen, F.: Catalytic Reduction of Nitrogen Oxides. A Review on the Fundamentals and Technology. Catalysis Today, 2 (1988), p. 369

Janssen, F.: Selective Reduction of NO with NH_3 over Various Supported Vanadia Catalysts. Kema Scientific & Technical Reports 6 (1) 1988

Lyngfelt, A.; Leckner, B.: SO_2-Capture in Fluidised Bed Boilers: Re-emissions of SO_2 due to Reduction of $CaSO_4$. Chem. Eng. Sci., Vol. 44, 1988, p. 207 - 213

Ryan, J. V.; Srivastova, R. K.: EPA/IFP European Workshop on the Emission of Nitrous Oxide from Fossil Fuel Consumption. Rueil-Malmaison, France, June 1-2, 1988

Virkki, J.: N_2O-emissions from Boilers and Furnaces. Vortrag beim "First Topic Oriented Technical Meeting on NO_x, N_2O and Soot/PAH Measurement Techniques, Experimental Results and Mathematical Modelling", Amsterdam, Oct. 17 - 19, 1989

Weisweiler, W. et al.: Selektive katalytische Reduktion von Stickoxiden. Staub - Reinhaltung der Luft 48 (1988), S. 119

Zellinger, G.; Tauschitz, J.: Betriebserfahrungen mit der nichtkatalytischen Stickoxidreduktion in den Dampfkraftwerken der Österreichischen Draukraftwerke AG. VGB Kraftwerkstechnik 69 (1989), S. 1194

II.6 CH$_4$- und N$_2$O-Emissionen des Kraftfahrzeugverkehrs

In diesem Abschnitt werden die *direkten* CH$_4$- und N$_2$O-Emissionen des Straßenverkehrs betrachtet. Emissionen in den vorgelagerten Stufen der Energieumwandlung (v.a. Raffinerien, siehe hierzu Abschnitt II.7 Industrielle Produktionsprozesse) bleiben hier unberücksichtigt. Die Beschränkung auf den Straßenverkehr ist durch den Mangel an Angaben zu entsprechenden Emissionsfaktoren für den Schienen-, Luft-, und Schiffsverkehr bedingt. Unterstellt man jedoch - was naheliegt - eine Korrelation zwischen Kraftstoffverbrauch und Emission dieser als Produkt unvollständiger Verbrennung bzw. (Zwischen-)Produkt der Verbrennung und der Abgasreinigung auftretenden Spurengase, so dürfte man mit dem Straßenverkehr den weitaus überwiegenden Anteil der direkten, verkehrsbedingten Emissionen erfaßt haben. So betrug 1990 der Anteil des Straßenverkehrs am gesamten Endenergie-, also Kraftstoffverbrauch des Verkehrs ohne Strom in der früheren Bundesrepublik knapp 89 % (AG Energiebilanzen, 1991).

II.6.1 CH$_4$-Emission

II.6.1.1 Bildungsprozesse

Methan stellt ein Produkt unvollständiger motorischer Verbrennung dar. Die Höhe der Methanemission wird u. a. durch die Kraftstoffzusammensetzung, durch das (auch mit dem Fahr- und Betriebszustand korrelierte) Luftverhältnis bei der Verbrennung und durch die Art der Abgasbehandlung (mit oder ohne "geregeltem" bzw. "ungeregeltem" Abgaskatalysator; sowohl wegen Einfluß auf Luftverhältnis, als auch wegen Katalysatoreffekt) beeinflußt.

Beim Einsatz "ungeregelter" Katalysatoren liegt das Luftverhältnis in der Regel in einem für vollständige Verbrennung günstigen Bereich (vgl. OECD, 1991). Beim "geregelten" Katalysator (geregeltes Luftverhältnis) läßt hingegen die Einhaltung exakt stöchiometrischer Verbrennungsverhältnisse (Luftzahl Lambda = 1; d.h., die Luftmenge entspricht *rechnerisch* exakt dem für die Verbrennung benötigten Wert) eher unvollständige Verbrennung zu. Dies wird jedoch durch die Oxidation der unverbrannten Kohlenwasserstoffe im nachgeschalteten Katalysator wieder wettgemacht.

Wie andere Abgaskomponenten auch, wird die Methanemission wesentlich durch den jeweiligen Fahr- und Betriebszustand bestimmt, der sich durch Fahrmodi beschreiben läßt. Die Fahrmodi stellen das Fahrverhalten von Kraftfahrzeugen in standardisierten Verkehrssituationen dar. Wie umfangreiche, zum Teil bereits ältere Untersuchungen des TÜV Rheinland zeigen, stehen Anteile an Stand-, Beschleunigungs- und Verzögerungszeiten und Anteile konstanter Fahrgeschwindigkeit in einer statistisch nachweisbaren Beziehung zur mittleren Fahrgeschwindigkeit. Daher läßt sich diese als wesentliche Größe zur Charakterisierung des Fahrzustandes heranziehen (vgl. May/ Plaßmann, 1973; TÜV Rheinland 1978; 1980).

II.6.1.2 Quantifizierung der Emission

Methan zählt zu den "nicht-limitierten" Abgaskomponenten, d.h., im Gegensatz zu Kohlenmonoxid, Stickstoffoxiden oder Gesamt-Kohlenwasserstoffen existieren hierfür keine Abgas-Grenzwerte. Dementsprechend gibt es - zumindest für den Bereich Deutschland bzw. Europa - nur vergleichsweise wenig gemessene Emissionswerte. Auch im Rahmen neuerer inländischer Studien [1] wird diese Komponente nicht untersucht.

Besonders mangelhaft ist die Datenlage für den Bereich der ehemaligen DDR, deren PKW-Bestand in den Stützjahren dieser Untersuchung 1987 und 1990 einen hohen Anteil von Fahrzeugen mit Zweitaktmotor aufwies, für die keine spezifischen Emissionswerte verfügbar sind. Für künftige Abschätzungen und die Diskussion von Emissionsminderungsmaßnahmen ist dieser Sachverhalt jedoch unbedeutend, da sich der PKW-Bestand in den neuen Bundesländern schon sehr weitgehend demjenigen in den alten Bundesländern angepaßt hat.

Die umfangreichsten Daten sind aus US-amerikanischen Meßreihen, z. B. der US Environmental Protection Agency (EPA) verfügbar. Sigsby et al. (1987) haben die Emissionen flüchtiger organischer Verbindungen, darunter Methan, von 46 als repräsentativ erachteten, in Gebrauch befindlichen Personenkraftwagen der Baujahre 1975 bis 1982 gemessen, wovon 80 % US-, der Rest Importfahrzeuge waren. Die zugrundeliegenden Testzyklen waren die Federal Test Procedure (FTP, flüssiger Stadtverkehr, mittlere Fahrgeschwindigkeit 31,5 km/h), der New York City Driving Cycle (NYCC, 11,4 km/h) und der Crowded Urban Expressway Driving Cycle (CUE, normale Schnellfahrt, 56 km/h).

Die gemessene Gesamt-Kohlenwasserstoffemission war bei den neueren (aus dem Bestand herausgegriffenen) Fahrzeugen deutlich geringer als bei den älteren (bei Fahrzeugen des Baujahres 1982 teilweise um fast den Faktor 10 im Vergleich zu den 75er Modellen). Die Autoren erklären die signifikantesten Rückgänge in den letzten Jahren des betrachteten Zeitraumes überwiegend als Folge verschärfter Emissionsstandards. (In einer Änderung des "Clean Air Act" wurden ab 1980 die Kohlenwasserstoff-Grenzwerte von 1,5 auf 0,41 g/mile auf Basis der Federal Test Procedure von 1975 (FTP 75) reduziert (CONCAWE, 1992)). Sie unternehmen aber nicht den Versuch, den Effekt einer alterungsbedingten Verschlechterung des Abgasverhaltens der untersuchten Fahrzeuge zu ermitteln.

Die gemessenen CH_4-Emissionswerte nahmen mit dem Baujahr ebenfalls ab, allerdings weniger drastisch. Je nachdem, welcher Testzyklus durchfahren wurde, waren die Emissionswerte der 82er Modelle im Schnitt um rund die Hälfte geringer als die der Fahrzeuge von 1975. Dementsprechend erhöhten sich die relativen Anteile von CH_4 an der Gesamt-Kohlenwasser-

---

[1] z.B. in einer aktuellen Studie des TÜV Rheinland zu Abgas-Emissionsfaktoren für Lastkraftwagen (persönliche Mitteilung Hassel/ TÜV Rheinland, 1993)

stoffemission deutlich: Sie stiegen von im Mittel rund 6 bis 7 % für das Baujahr 1975 auf 14 bis knapp 35 % für das Baujahr 1982 an, wobei sich die höheren Methananteile bei höheren Fahrgeschwindigkeiten einstellten. Die gemessenen Werte streuen stark: Die über alle einbezogenen Baujahre gemittelten Durchschnittswerte für die 46 Fahrzeuge liegen bei schneller Fahrt (CUE-Test) bei 16,6 %; die Standardabweichung beträgt +-11,4 Prozentpunkte. Die entsprechenden Werte für flüssigen Stadtverkehr (FTP-Test) betragen 13,9 +- 8,0 % und für langsamen Stadtverkehr (NYCC-Test) 8,8 +- 6,1 %. Absolut nimmt aber die Emission der Methankomponente, wie die der Gesamt-Kohlenwasserstoffe, mit zunehmender mittlerer Fahrgeschwindigkeit ab: Für langsame Stadtfahrt beträgt der umgerechnete, mittlere Emissionsfaktor 0,33 g/km, für flüssigen Stadtverkehr 0,16 g/km und für schnellere Fahrt 0,11 g/km.

Aus Gründen der Kompatibilität zu den für die Bundesrepublik verfügbaren statistischen Angaben zu Jahresfahrleistung oder Kraftstoffverbrauch der einzelnen Fahrzeugkategorien (Otto-PKW mit/ohne Abgaskatalysator, Diesel-PKW, LKW/Bus, Krafträder) sollten entsprechend differenzierte Emissionsfaktoren herangezogen werden, um eine verläßliche Abschätzung der Emissionen des Straßenverkehrs zu erhalten. Entsprechende Informationen, allerdings nur für Teilbereiche des inländischen PKW-Bestands (Otto-PKW mit geregeltem Kat, Diesel-PKW), liefern z. B. Untersuchungen von Volkswagen (Lies u. a., 1988; ohne explizite Angabe zum zugrunde liegenden Fahrzyklus zitiert von IFEU, 1990). Metz (1984) veröffentlicht Meßergebnisse von BMW für Ottomotor-PKW mit und ohne Katalysator sowie für Diesel-PKW; sie wurden im wesentlichen an Fahrzeugen mit Sechszylinder-Motoren ermittelt. Der Stadtfahrtsimulation auf dem Rollenprüfstand lag zwecks Vergleichbarkeit mit amerikanischen Versuchsergebnissen die US FTP 75 zugrunde. Die BMW-Werte werden vom Autor jedoch ausdrücklich für nicht repräsentativ gehalten.

Die vorliegende Abschätzung basiert mangels hinreichender Informationen bzgl. der Emissionen deutscher Fahrzeuge auf einer Zusammenfassung, die im Rahmen eines Expertenmeeetings der OECD für das Intergovernmental Panel on Climate Change (IPCC) erstellt wurde (OECD, 1991). Hierin wird das Modell MOBILE4 der EPA (1989) beschrieben. Mit diesem Modell, das auf umfangreichen Emissions-Untersuchungen an mehr als 10.000 Fahrzeugen in den vergangenen 20 Jahren basiert, lassen sich für die USA gültige Abgas-Emissionsfaktoren von Kraftfahrzeugen für die limitierten Schadstoffe und auch für Methan in Abhängigkeit vom Baujahr, von der Art der Abgasreinigung, vom Wartungszustand oder von den Anteilen flüchtiger Treibstoffkomponenten etc. bestimmen. Es liegt ein kompletter Datensatz für alle relevanten Fahrzeugkategorien, also für PKW und Nutzfahrzeuge mit Otto- und Dieselmotor sowie für Krafträder vor.

Eine aufwendige Anwendung des MOBILE4-Modells selbst bzw. der mittlerweile aktualisierten Version MOBILE4.1 (EPA, 1991) war im verfügbaren Zeit- und Kostenrahmen dieser Untersuchung nicht möglich. Für die hier vorgelegte Abschätzung wurden daher die mit dem Modell

MOBILE4 der EPA ermittelten und im Bericht für das IPCC ausgewiesenen Emissionsfaktoren auf den hiesigen Fahrzeugbestand übertragen. Der Frage, inwieweit diese bzw. die Annahmen bezüglich wesentlicher Parameter für deutsche Verhältnisse repräsentativ sind, konnte dabei aber nur ansatzweise nachgegangen werden.

Wichtige, in MOBILE4 berücksichtigte Parameter sind der spezifische Kraftstoffverbrauch, die durchschnittliche Fahrgeschwindigkeit und die Außentemperaturen:

- Emissionshöhe und Kraftstoffverbrauch von Fahrzeugen verhalten sich in der Tendenz gleichläufig. Daher empfehlen die Autoren für den Fall, daß die spezifischen Flottenverbräuche von den US-Werten deutlich abweichen, näherungsweise auf den Kraftstoffverbrauch bezogene Emissionsfaktoren anzusetzen und diese mit dem jeweiligen Gesamt-Kraftstoffverbrauch zu multiplizieren. Die verbrauchsbezogenen Emissionsfaktoren ergeben sich aus den auf die Fahrleistung bezogenen Werten durch direkte Umrechnung mit den jeweils zugehörigen spezifischen Kraftstoffverbräuchen.

    Dieser Empfehlung wurde auch im Rahmen der vorliegenden Untersuchung entsprochen, indem die hier verwendeten fahrleistungsbezogenen Emissionsfaktoren für PKW und Kombis anhand der verfügbaren Verbrauchsangaben für deutsche Fahrzeuge und der als Modellparameter ausgewiesenen Angaben für US-Fahrzeuge korrigiert wurden. Da sich die gemäß BMV (1991) statistisch ausgewiesene jährliche Gesamt-Fahrleistung aus dem Gesamt-Kraftstoffverbrauch und den hier zugrundegelegten Durchschnittsverbräuchen (deutscher und ausländischer Fahrzeuge auf dem Straßennetz der Bundesrepublik Deutschland) ergibt, führt diese Vorgehensweise zum selben Ergebnis. Für LKW, Busse und Krafträder wurde bei der Emissionsschätzung ohnehin der Kraftstoffverbrauch als Bezugsgröße gewählt.

    Die zur Korrektur für die Bundesrepublik herangezogenen Verbrauchswerte sind aber nicht direkt mit den in MOBILE4 verwendeten Verbrauchswerten für US-Fahrzeuge im FTP-Zyklus (flüssiger Stadtverkehr mit durchschnittlicher Fahrgeschwindigkeit von 31,5 km/h) vergleichbar, was somit auch für die korrigierten Emissionsfaktoren gilt. Für die Emissionsberechnung ist dies aber ohne Bedeutung.

- Von großer Bedeutung für die Emissionsschätzungen ist hingegen, inwiefern der den hier verwendeten EPA-Angaben zugrunde liegende FTP-Testzyklus die Verhältnisse auf deutschen Straßen mit hinreichender Genauigkeit repräsentiert. Dies konnte aber im Rahmen dieser Untersuchung nicht geprüft werden.

- Des weiteren beruhen die zitierten MOBILE4-Ergebnisse auf der Annahme durchschnittlicher Außentemperaturen von 24 °C (75 °F) mit Tagesschwankungen zwischen 16 und 29 °C (60 - 85 °F). Der Einfluß einer Variation dieses Parameters auf des Ergebnis wird von den Autoren qualitativ diskutiert. Da der genannte Temperaturbereich für die deutschen Verhältnisse nicht repräsentativ ist und die Abgasemissionen bei niedrigen Temperaturen zunehmen, kann davon ausgegangen werden, daß die Methanemission auf Basis dieser Emissionsfaktoren eher unterschätzt wird. Indes ist zu vermuten, daß gravierende Effekte nur unter extremen, für die Bundesrepublik (gemäßigtes Klima) ebenfalls nicht repräsentativen Temperaturbedingungen auftreten, so daß der aus der Verwendung dieser Emissionsfaktoren resultierende Fehler in Kauf genommen werden kann.

Die aus Meßergebnissen von Volkswagen (in IFEU, 1990) und BMW (Metz, 1984) sowie gemäß EPA (OECD, 1991) verfügbaren Angaben zu Methan-Emissionsfaktoren von Kraftfahrzeugen differieren teilweise um den Faktor 2 bis 3. Sie werden nachfolgend aufgelistet und es werden die für die vorliegende Emissionsschätzung verwendeten Werte genannt. Zum Zwecke der besseren Vergleichbarkeit, vor allem aber in Hinblick auf eine einheitliche Vorgehensweise bei der rechnerischen Emissionsabschätzung, beziehen sich die Angaben für PKW und Kombis in der Regel auf die Fahrleistung in km. Die Jahresfahrleistung von Otto- und Diesel-Fahrzeugen ist nämlich sowohl für die frühere Bundesrepublik als auch für den Bereich der ehemaligen DDR statistisch erfaßt. Mit den Angaben zum Durchschnittsverbrauch lassen sie sich leicht in verbrauchsbezogene Emissionsfaktoren umrechnen. Für LKW, Busse und Krafträder wird hingegen statistisch der jährliche Kraftstoffverbrauch ausgewiesen, weswegen sich die Emissionsfaktoren auf den Verbrauch in kg beziehen.

PKW, Kombi:

- **Otto-Motor ohne Abgaskatalysator:** Der spezifische Wert der Methanemissionen für Fahrzeuge ohne Abgaskatalysator ("uncontrolled" bzw. "non-catalyst controls") gemäß EPA beträgt 174 mg/km. Das entspricht 1,38 g/kg Kraftstoff bei einem zugehörigen Kraftstoffverbrauch von (umgerechnet) 16,67 l/100 km im FTP-Zyklus. Diese hohen Verbrauchsangaben repräsentieren Fahrzeuge der Baujahre 1963 und 1972; später wurden in den USA Oxidations- und dann Drei-Wege-Katalysatoren gebräuchlich, weswegen keine Werte von neueren Fahrzeugen verfügbar sind. Der Durchschnittsverbrauch von PKW und Kombis mit Otto-Motor in der Bundesrepublik betrug in den Jahren 1987 und 1990 10,8 bzw. 10,4 l/100 km (keine Angabe zu den Unterschieden bei Fahrzeugen mit und ohne Katalysator; BMV, 1991). Legt man zur Korrektur in erster Näherung den Mittelwert von 10,6 l/100 km zugrunde, ergibt sich damit der für die hier vorgenommene Abschätzung herangezogene Emissionsfaktor von 111 mg/km.

Metz nennt in guter Übereinstimmung hierzu eine Bandbreite von 70 bis 170 mg/km (FTP-Zyklus).

- **Otto-Motor mit Abgaskatalysator:**

-- Gemäß EPA ergibt sich für Fahrzeuge mit elektronischer Kraftstoffeinspritzung und Luftzahlregelung ("advanced three-way-catalyst") ein spezifischer Emissionswert von 20 mg/km. Der zugehörige Kraftstoffverbrauch beträgt 8,40 l/100 km, der umgerechnete Emissionsfaktor beträgt damit 320 mg/kg Kraftstoff. Legt man analog zur Vorgehensweise bei den Fahrzeugen ohne Katalysator einen durchschnittlichen Verbrauchswert von 10,6 l/100 km zugrunde, ergibt sich rechnerisch ein Emissionsfaktor von gut 25 mg/km, der hier für **Fahrzeuge mit "geregeltem" Katalysator** angesetzt wurde. Inwieweit der für die Bundesrepublik gültige Durchschnittsverbrauch für PKW mit Otto-Motor auch für die Teilmenge der Katalysatorfahrzeuge repräsentativ ist, konnte indes nicht geklärt werden.

IFEU nennt einen niedrigeren Wert für den Fall des "geregelten" Katalysators von 13 mg/km.

-- Für **Fahrzeuge mit "ungeregeltem" Katalysator** sind keine belastbaren Emissionsfaktoren verfügbar. Sie wurden daher bei der nachfolgenden Abschätzung der Emissionen vereinfachend der Menge derjenigen Fahrzeuge ohne Katalysator zugeschlagen und ihre Emissionen dementsprechend mit dem o.g. Emissionsfaktor von 111 mg/km berechnet. Dies dürfte bei insgesamt doch recht wenigen Fahrzeugen dieser Art - im wesentlichen dürfte es sich um nachgerüstete Fahrzeuge handeln - tendenziell zu einer leichten Überschätzung des Ergebnisses geführt haben.

-- Außerdem ist gemäß EPA ein Wert von 40 mg/km für Fahrzeuge mit Drei-Wege-Katalysator ("early three-way-catalyst"), wie sie in den USA bis Mitte der 80er-Jahre verkauft wurden verfügbar. Diese hatten einen Vergaser und verfügten über eine hierzulande nicht gebräuchliche elektronische Regelmöglichkeit ("electronic trim"; Verbrauch 10,64 l/100 km). Der Emissionsfaktor ist somit auf deutsche Fahrzeuge nicht oder nur unter Vorbehalt übertragbar. [1] Die Angaben von Metz liegen zwischen 20 und 40 mg/km. Es geht daraus nicht hervor, ob es sich um Werte für geregelte bzw. ungeregelte Katalysatoren handelt, bzw. inwieweit sich die entsprechenden Werte unterscheiden.

- **Diesel-Motor:** Gemäß EPA gilt ein Wert von 10 mg/km. Dieser ist unabhängig vom Emissions- und Kraftstoffverbrauchsminderungskonzept (keine Maßnahmen, verbrennungstechnische Maßnahmen, elektronische Regelung der Kraftstoffeinspritzung, Abgasrückführung), weswegen keine Korrektur des Wertes vorgenommen wurde. Die gemessenen Werte für BMW-Motoren liegen nach Metz mit 20 bis 30 mg/km höher, während die VW-Angaben gemäß IFEU mit 6 mg/km darunter liegen.

Sonstige Straßenfahrzeuge:

- **LKW, Busse:** Die hier ausschließlich verfügbaren Angaben gemäß EPA liegen zwischen 10 und 20 mg/km für leichte, dieselgetriebene Fahrzeuge ("light-duty diesel trucks") und zwischen 60 und 100 mg/km für schwere Fahrzeuge ("heavy-duty diesel vehicles"). Die für die Umrechnung auf die Bezugsgröße Kraftstoffverbrauch benötigten Angaben zum Kraftstoffverbrauch sind als Annahmen zu den MOBILE4-Modellrechnungen ausgewiesen. Nach Umrechnung engt sich die Bandbreite der Emissionsfaktoren auf 60 - 100 mg/kg Kraftstoff für leichte bzw. 190 - 260 mg/kg Kraftstoff für schwere Fahrzeuge ein. Für die vorliegende Emissionsabschätzung wurde rechnerisch ein Mittel von 160 mg/kg Kraftstoff zugrunde gelegt. Weiterhin werden in der genannten Quelle Emissionsfaktoren für Ottomotor-getriebene Nutzfahrzeuge aufgelistet, die aber wegen ihren zahlenmäßig geringen Bedeutung in der Bundesrepublik hier nicht weiter berücksichtigt wurden.

- **Krafträder:** Angaben hierzu finden sich nur gemäß EPA im Bericht für die IPCC. Dort werden sehr hohe Emissionsfaktoren genannt, die zwischen 2.980 mg/kg Kraftstoff und 5.600 mg/kg Kraftstoff liegen. Der höhere Wert gilt für Fahrzeuge ohne Einrichtungen zur Emissionsminderung und repräsentiert eine Mischung aus Zweitakt- und Viertaktmaschinen. Der niedrigere Wert gilt für Viertaktmaschinen und nicht-katalytische Emissionsminderungsmaßnahmen. Hier wurde rechnerisch ein sich aus beiden Zahlenwerten ergebender Mittelwert von 4.290 mg/kg Kraftstoff angesetzt.

Mit diesen als konstant angesetzten Emissionsfaktoren sowie den jeweiligen Fahrleistungen und dem Kraftstoffverbrauch (BMV, 1991) ergeben sich damit für die Jahre 1987 und 1990 die direkten, straßenverkehrsbedingten Methanemissionen im Gebiet der früheren Bundesrepublik gemäß Tabelle II.6-1 zu praktisch gleichbleibenden 35 kt/a. Der Anstieg der Fahrleistung wird dabei durch die zunehmende Zahl von Fahrzeugen mit Abgaskatalysatoren kompensiert.

---

1) Zusätzliche Angaben gemäß OECD (1991) für Fahrzeuge mit sonstigen Emissionsminderungseinrichtungen, wie Abgasrückführung oder Oxidationskatalysatoren (Zwei-Wege-Katalysator zur Kohlenwasserstoff- und CO-Oxidation), sind hier irrelevant, da diese Techniken hierzulande nicht gebräuchlich waren bzw. sind.

gemäß Tabelle II.6-1 zu praktisch gleichbleibenden 35 kt/a. Der Anstieg der Fahrleistung wird dabei durch die zunehmende Zahl von Fahrzeugen mit Abgaskatalysatoren kompensiert.

Fahrzeugart	Emissions-faktor	Fahrleistung bzw. Krst.-verbr. 1987	Fahrleistung bzw. Krst.-verbr. 1990	Emission 1987	Emission 1990
	mg/km bzw. mg/kg Krst.[1]	Mio. km bzw. kt Krst.[1]	Mio. km bzw. kt Krst.[1]	kt/a	kt/a
PKW, Kombi					
- Otto-Motor ohne Kat [2]	111	285.909	270.638	31,65	29,96
- Otto-Motor mit Kat (US-Norm) [3]	25	7.934	59.006	0,20	1,49
- Diesel-Motor	10	63.085	71.974	0,63	0,72
LKW, Bus	160	9.630	10.938	1,54	1,75
Krafträder	4.290	228	278	0,98	1,19
Summe				35,0	35,1

[1] Bezugsgröße: bei PKW, Kombi Fahrleistung; bei LKW, Bus und Krafträdern Kraftstoffverbrauch
[2] einschließlich Fahrzeugen mit ungeregeltem Kat.
[3] Anteil Otto-Fahrzeuge mit Kat. entspr. US-Norm 1987: 2,7 %   1990: 17,9 %

Tab. II.6-1: Straßenverkehrsbedingte CH_4-Emissionen 1987 und 1990; Gebiet der früheren Bundesrepublik

Emissionsfaktoren für den Fahrzeugbestand der ehemaligen DDR sind nicht verfügbar. Legt man für eine Grobschätzung die westdeutschen Emissionsfaktoren zugrunde und nimmt für das Jahr 1990 den gleichen Anteil Katalysatorfahrzeuge wie in den alten Bundesländern und einen (rechnerisch) zu vernachlässigenden Anteil an Diesel-PKW an, ergeben sich mit den jeweiligen Fahrleistungen bzw. Kraftstoffverbräuchen (BMV, 1991; keine Angaben für Busse verfügbar) für die beiden Stützjahre in der ehemaligen DDR Gesamtemissionen von rund 4 bis 5 kt/a (s. Tabelle II.6-2).

Insgesamt betragen die so hergeleiteten straßenverkehrsbedingten CH_4-Emissionen im Gesamtgebiet der früheren Bundesrepublik und der ehemaligen DDR damit für die beiden Jahre 1987 und 1990 rund 39 bis 40 kt. Diese Schätzungen können indes nur erste Anhaltswerte darstellen. Drei wesentliche Gründe hierfür seien nochmals hervorgehoben, womit gleichzeitig der Bedarf an weiterführenden Arbeiten dokumentiert wird:

Fahrzeugart	Emissions-faktor	Fahrleistung bzw. Krst.-verbr. 1987	Fahrleistung bzw. Krst.-verbr. 1990	Emission 1987	Emission 1990
	mg/km bzw. mg/kg Krst.[1]	Mio. km bzw. kt Krst.[1]	Mio km bzw. kt Krst.[1]	kt/a	kt/a
PKW, Kombi					
- Otto-Motor ohne Kat [2]	111	37.600	42.282	4,16	4,68
- Otto-Motor mit Kat (US-Norm) [3]	25	--	9.219	--	0,23
- Diesel-Motor	10	--	gering	--	gering
LKW	160	753	720	0,12	0,12
Krafträder	4.290	k. A.	k. A.	--	--
Summe				4,3	5,0

Grobschätzung mit für den Bereich der früheren Bundesrepublik gültigen Emissionsfaktoren

1) Bezugsgröße: bei PKW, Kombi Fahrleistung; bei LKW und Krafträdern Kraftverstoffverbrauch
2) einschließlich Fahrzeugen mit ungeregeltem Kat
3) Anteil Otto-Fahrzeuge mit Kat. entspr. US-Norm 1990: 17,9 %
   (Annahme: 1990 gleicher %-Satz wie in der früheren Bundesrepublik)

Tab. II.6-2: Straßenverkehrsbedingte CH_4-Emissionen 1987 und 1990; Gebiet der ehemaligen DDR

- Die Berechnung erfolgte mit Emissionsfaktoren, die für US-Fahrzeuge hergeleitet wurden und deren Übertragbarkeit auf deutsche Verhältnisse im Rahmen dieser Untersuchung nicht oder nur ansatzweise überprüft werden konnte. Insbesondere betrifft dies den Einfluß unterschiedlicher spezifischer Kraftstoffverbräuche in beiden Ländern. Für den Bereich der ehemaligen DDR, wo überdies grundlegend unterschiedliche Motorkonzepte (Zweitakter) gebräuchlich waren, ist diese Vorgehensweise nur wegen der dort insgesamt relativ geringen Fahrleistungen zu rechtfertigen.

- Der Ermittlung der fahrleistungsbezogenen Emissionsfaktoren liegt ein Testzyklus (FTP) zugrunde, der flüssigem Stadtverkehr entspricht. Angesichts der signifikanten Abhängigkeit von der mittleren Fahrgeschwindigkeit (vgl. Sigsby et al., 1987) stellt dies, auch bei Verwendung verbrauchsbezogener Emissionsfaktoren, eine grobe Vereinfachung dar.

- In Anbetracht der in den USA beobachteten Verringerung der spezifischen CH_4-Emission bei neueren Fahrzeugen im Vergleich zu älteren - im Schnitt auf rund die Hälfte zwischen den Baujahren 1975 und 1982 (vgl. ebenfalls Sigsby et al., 1987) - wäre zu hinterfragen, inwieweit die hier getroffene Annahme konstanter Emissionsfaktoren bei sich verändernder Alters- bzw. Baujahreverteilung für die Stützjahre 1987 und 1990 zulässig ist. Wesentlich für die Beantwortung dieser Frage wären Aussagen zur alterungsbedingten Verschlechterung der Emissionswerte.

II.6.2 N_2O-Emission

II.6.2.1 Bildungsprozesse

Die Bildungsmechanismen von N_2O bei Verbrennungsprozessen sind noch nicht vollständig geklärt. Für die Bildung von N_2O im Abgas von Kraftfahrzeugen scheinen im wesentlichen zwei Prozesse von Bedeutung zu sein, bei denen wohl überwiegend Radikal-Reaktionen ablaufen.

Zum einen ist die Reaktion von NO mit weiteren Zwischenprodukten der Verbrennung zu nennen (vgl. Prigent/De Soete, 1989 oder OECD, 1991):

$$NO + NH \longrightarrow N_2O + H$$

bzw.

$$NO + NCO \longrightarrow N_2O + CO$$

Das entstehende N_2O ist jedoch instabil und zerfällt gemäß

$$N_2O + H \longrightarrow N_2 + OH$$

Diese Reaktion bleibt nur bei schneller Abkühlung des Verbrennungsgases aus, was unter den Bedingungen der motorischen Verbrennung offenbar nicht der Fall ist. Aus diesem Grund sind in der Regel nur geringe N_2O-Konzentrationen im Rohabgas von Kraftfahrzeugen zu finden, es bildet sich in erheblicherem Umfang erst bei katalytischer Abgasbehandlung, wobei eine starke Abhängigkeit von der Abgastemperatur zu beobachten ist.

Bei diesem zweiten wesentlichen Prozeß, der katalytischen Reduktion von NO durch CO, laufen u. a. folgende drei Reaktionen ab (vgl. Dasch, 1992 oder Jakobs/Hein, 1988):

$$NO + CO \longrightarrow 1/2\,N_2 + CO_2$$
$$2\,NO + CO \longrightarrow N_2O + CO_2 \text{ und}$$
$$N_2O + CO \longrightarrow N_2 + CO_2$$

Dasch stützt seine Aussagen zur N_2O-Bildung auf die Ergebnisse von Grundlagen-Untersuchungen an Katalysatoren (CHO et al., 1989; Mc.Cabe et al., 1990; Cho/Stock, 1986). Danach läuft die direkte katalytische Reduktion von NO zu N_2 (gemäß der ersten Reaktion) bei hohen Temperaturen ab, während bei niedrigeren Temperaturen N_2O als Zwischenprodukt auftritt (zweite und dritte Reaktion). Niedrige Temperaturen unterhalb der Anspringtemperatur des Katalysators und ein hohes NO/CO-Verhältnis führen zu einer Netto-Bildung von N_2O.

Laboruntersuchungen von Prigent/De Soete (1989) an Pt-Rh-Katalysatoren ergaben ebenfalls eine ausgeprägte Temperaturabhängigkeit der N_2O-Bildung bei Anwesenheit von CO. Diese durchläuft ein Maximum. N_2O stellt danach ein typisches, aus NO gebildetes Zwischenprodukt dar, während NO bei höheren Temperaturen zu N_2 reduziert wird.

Das Maximum der N_2O-Bildung liegt nach Dasch bei 280 °C, oberhalb von 330 °C beginnt es zu zerfallen. Jakobs/Hein nennen für die N_2O-Entstehung gemäß der zweiten Reaktion einen Temperaturbereich von unter 500 °C. Prigent/De Soete ermittelten bei Versuchen auf einem Motorprüfstand mit einem gebräuchlichen Drei-Wege-Katalysator auf Pt-Rh-Basis bei etwa 360 °C einen starken Anstieg von N_2O (auf das 4,5-fache des Eintrittswertes), die gemessenen Werte verringerten sich danach wieder, bis bei 460 °C das Eingangsniveau wieder erreicht wurde. Bei höheren Temperaturen wurden hinter dem Katalysator niedrigere Werte als am Eintritt gemessen.

Prigent/De Soete ermittelten auf dem Motorprüfstand auch eine Abhängigkeit der N_2O-Bildung vom Lastzustand. Sie steigt mit zuehmender Last bis zu einen Maximum an, um danach wieder ab- bzw. nicht weiter zuzunehmen. Die höchsten N_2O-Werte ergaben sich aber im Falle von fetten Betriebszuständen.

Fette Betriebszustände werden von den gebräuchlichen Luftzahlregelungen gezielt in der Warmlaufphase oder bei hoher Last herbeigeführt ("Vollastanreicherung"), wären aber aus technischen Gründen nur bei Kaltstart, aber nicht zur Leistungssteigerung erforderlich. Überdies kommt es im fetten Bereich zu erhöhten Emissionen von Benzol, PAHs, Zyaniden, Schwefelwasserstoff und Ammoniak (UBA/WABOLU, 1992).

Entsprechend den beschriebenen Abhängigkeiten sind damit bei Rollenprüfstandtests je nach durchfahrenem Testzyklus deutliche Unterschiede der gemessenen N_2O-Emissionen zu verzeichnen. Beim US Higway Fuel Economy Test (HFET) mit betriebswarmem Motor ergeben sich z. B. im Gegensatz zur langsameren und Kaltstart beinhaltenden Federal Test Procedure (FTP) deutlich niedrigere Werte (OECD, 1991). Dasch nennt einen Unterschied um etwa den Faktor 4. Inwieweit Temperatur- und Lastabhängigkeit jeweils zu diesem Effekt beitragen, konnte im Rahmen dieser Untersuchung nicht ermittelt werden.

Aus Fahrzeug-Untersuchungen auf einem Rollenprüfstand mit allerdings nur zwei Fahrzeugen, einem Citroen BX 19 GT mit Vergasermotor und der US-Version eines Renault Fuego mit elektronischer Einspritzanlage und Lambda-Regelung, fanden Prigent/De Soete Hinweise darauf, daß Unterschiede im Emissionsverhalten von Fahrzeugen mit "geregeltem" und solchen mit "ungeregeltem" Katalysator bestehen. Bei elektronischer Kraftstoffeinspritzung und Luftzahlregelung ergaben sich bei Messungen mit Katalysator im Vergleich zu Tests ohne Katalysator erhöhte Emissionswerte in allen durchfahrenen Testzyklen, stark erhöhte Emissionswerte ergaben sich aber nur bei geringer Fahrgeschwindigkeit nach Kaltstart. Im Falle eines Vergaserfahrzeugs (ohne Luftzahlregelung) ergaben sich unter diesen Bedingungen bei katalytischer Abgasbehandlung nur leicht erhöhte Emissionswerte. Nach einem Warmstart oder bei höheren Fahrgeschwindigkeiten war sogar ein verringerter N_2O-Ausstoß zu verzeichnen.

Messungen an einem Dieselfahrzeug, einem Citroen BX 19 TRD, ergaben Emissionswerte von ähnlicher Höhe, wie sie bei den Ottomotor-Fahrzeugen ohne Katalysator gemessen wurden (europäischer Testzyklus ECE 15 mit Kaltstart).

Keinen wesentlichen Einfluß auf die Emissionshöhe scheint das Fahrzeugbaujahr zu haben. Dasch fand in der Literatur keine signifikanten Unterschiede zwischen älteren und neueren Angaben.

Eine wirkungsvolle Maßnahme zu Verringerung der NO_x-Emission von Kraftfahrzeugen stellt die Abgasrezirkulation dar. Prigent/De Soete ermittelten außerdem auch verringerte N_2O-Werte, und zwar um 90 % bei 15 % Abgasrückführung. Dies deckt sich mit Aussagen von Dasch auf Basis einer Literaturauswertung, wonach bei unterbundener Abgasrückführung die höchsten N_2O-Emissionen auftraten.

Ergänzend sei hier auf einen indirekten Effekt hingwiesen. Die Emission von Ammoniak aus Kraftfahrzeugen kann durch Auswaschung und Eintrag als partikelgebundenes NH_4^+ in Böden bei Denitrifikationsprozessen letzlich zu N_2O-Emissionen führen (s. hierzu die Ausführungen bzgl. NH_3-Emissionen aus landwirtschaftlichen Abfällen in Kap. II.10 über Biomassekompostierung). Derzeit sind nach Angabe des Umweltbundesamtes und des Bundesgesundheitsamtes (UBA/WABOLU, 1992) die Ammoniak-Emissionen des Kfz-Verkehrs mit rund 1.000 t/a von untergeordneter Bedeutung. Bei Katalysatorfahrzeugen sei die Emission hingegen 10 bis 100 mal höher als bei Fahrzeugen ohne Katalysator, so daß hier mit steigender Tendenz zu rechnen ist.

II.6.2.2 Quantifizierung der Emission

Auch für N_2O, dessen Ausstoß wie der von CH_4 nicht limitiert ist, sind nur wenige Emissionsmeßwerte verfügbar. Insbesondere mangelt es an repräsentativen Meßdaten für europäische Fahrzeuge. Prigent/De Soete (1989) vom Institut Francais du Pétrole berichten, wie erwähnt, über Prüfstandsmessungen an lediglich drei Fahrzeugen, darunter einem Renault Fuego in der US-Version. Von BMW sind einzelne Ergebnisse verfügbar, und zwar zu Otto-PKW ohne/mit Katalysator (keine Angabe ob "geregelt" oder "ungeregelt") und zu Diesel PKW (Metz, 1984) sowie zu neueren Messungen an Otto-PKW mit "geregeltem" Katalysator und an Diesel-PKW (IFEU, 1990 unter Bezug auf Mitteilung von Metz, 1989).[1])

Die meisten Daten sind, wie auch hinsichtlich der Methanemissionen, US-amerikanischen Ursprungs. Dasch (1992; General Motors) dokumentiert die Ergebnisse von Messungen an neun Fahrzeugen und vergleicht sie mit Ergebnissen aus der Literatur für weitere 32 Fahrzeuge.

Die vorliegende Abschätzung basiert im wesentlichen auf der bereits mehrfach erwähnten Zusammenfassung, die im Rahmen eines Expertenmeeetings der OECD für das IPCC erstellt wurde (OECD, 1991). Hierin wird die Ermittlung von N_2O-Emissionsfaktoren in einer dem MOBILE4-Modell der EPA entsprechenden Struktur beschrieben. Die Autoren greifen außer auf die schon genannten Quellen Prigent/De Soete und Dasch (etwas ältere Publikation aus 1991) auf Daten von Ford (1989 - 1991), Ergebnisse einer Emissionsschätzung von Warner-Selph/Smith (1991) und auf LKW-Messungen von Dietzmann et al. (1980) zurück. Die für US-Fahrzeuge gültigen Angaben basieren dabei wiederum, sofern nicht anders angegeben, auf dem FTP-Zyklus.

Das bei älteren Emissionsmessungen an *Feuerungsanlagen* nicht berücksichtigte Phänomen der N_2O-Bildung im Probenahmekanister bei Anwesenheit von Wasserdampf und SO_2 (s. hierzu die diesbezüglichen Ausführungen in Kapitel II.5 und II.9 zu den Emissionen aus Feuerungsanlagen und aus der Biomasseverbrennung), welches zu Meßwertverfälschungen führen kann, scheint für die hier verwerteten Ergebnisse ohne Bedeutung zu sein. Prigent/De Soete achteten nach anfänglich beobachterer offensichtlicher N_2O-Bildung in der Probenahmeflasche bei späteren Meßreihen auf eine nur kurze Aufbewahrungszeit der Proben von unter 15 min. Die Proben waren trocken (keine Kondensatbildung) und der SO_2-Gehalt gering. Dasch entfernte SO_2 aus der Probe, stellte aber bei Tests mit und ohne SO_2-Entfernung keine signifikanten Unterschiede der Ergebnisse fest. Er schließt daraus, daß N_2O-Artefakte kein Problem bei Fahrzeug-Abgasuntersuchungen darstellen und ältere Meßergebnisse somit verwertet werden können. In der hier verwendeten Zusammenfassung für das IPCC blieben zweifelhafte Meßwerte unberücksichtigt. Unklar - aber für die vorliegende Emissionsschätzung ohne Bedeutung, da mit anderen Emissionsfaktoren gerechnet wurde - ist, inwieweit bei den älteren Messungen an BMW-Dieselfahrzeugen (Metz, 1984) N_2O-Bildung im Probenahmegefäß aufgetreten sein könnte (s.u.).

---

[1]) Robertson (1991) nennt unter Bezug auf schwedische Quellen (Perby, 1990; Sjöberg et al., 1989) Emissionswerte von 6,3 bzw 63 mg/km für Otto-PKW ohne bzw. mit Abgaskatalysator, von 16 mg/km für Diesel-PKW und (ohne Angaben zum spezifischen Kraftstoffverbrauch) von 630 mg/km für Diesel-LKW (Massenangaben umgerechnet von N_2O-N in N_2O). Die Angaben für Diesel-PKW und -LKW beruhen nach Aussage der Autorin auf Messungen an jeweils nur einem Fahrzeug. Im Rahmen dieser Untersuchung konnte nicht überprüft werden, welchen Ursprungs diese Daten sind.

Nachfolgend werden die für die vorliegende Emissionsschätzung verwendeten Werte genannt, die sich gemäß OECD (1991) unter ansatzweiser Berücksichtigung des Einflusses abweichender spezifischer Kraftstoffverbräuche in der Bundesrepublik ergeben (siehe hierzu auch die Ausführungen zu Herleitung der Methan-Emissionsfaktoren in Kapitel II.6.1.2). Sie werden den hier ausgewerteten sonstigen Literaturangaben gegenübergestellt (US-Werte von Dasch (1992); Werte für französische Fahrzeuge - davon eines in US-Version - von Prigent/De Soete (1989) und BMW-spezifische Daten von Metz (1984) bzw. IFEU (1990)), wobei darauf hingewiesen sei, daß die hinsichtlich des Verbrauchseinflusses korrigierten Werte gemäß EPA nur noch bedingt mit den anderen Angaben auf Basis des FTP-Zyklus vergleichbar sind.

PKW, Kombi:

- **Otto-Motor ohne Abgaskatalysator:** Der spezifische Wert der N_2O-Emissionen, der für die hier vorgenommene Abschätzung herangezogen wurde, beträgt 3,2 mg/km. Dieser Wert ergibt sich durch Korrektur des ausgewiesenen EPA-Emissionswertes auf Basis des FTP-Zyklus von 5 mg/km mit dem Verhältnis der Durchschnittsverbräuche deutscher und US-amerikanischer Fahrzeuge von 10,6 bzw. 16,67 l/100 km. Dasch nennt einen etwas niedrigeren Wert von 2,2 +- 1,1 mg/km. Metz nennt eine Bandbreite von 2 bis 10 mg/km (ältere BMW-Werte). Prigent/De Soete geben hingegen recht hohe Werte für einen Renault Fuego mit elektronischer Einspritzung von 24 - 30 mg/km an.

- **Otto-Motor mit Abgaskatalysator:**

-- Für **Fahrzeuge mit "geregeltem" Drei-Wege-Katalysator** wird hier ein Wert von 24 mg/km angesetzt. Das entspricht bei rechnerischer Berücksichtigung eines Durchschnittsverbrauchs von 10,6 l/100 km im Vergleich zum US-FTP-Wert von 8,4 l/100 km dem von der OECD (1991) ausgewiesenen Wert für Fahrzeuge mit "advanced three-way-catalyst", also mit elektronischer Kraftstoffeinspritzung und Luftzahlregelung, der bei 19 mg/km liegt. Dasch nennt eher etwas höhere Werte von 28 +- 17 mg/km. IFEU nennt unter Bezug auf neuere BMW-Messungen eher etwas niedrigere Werte zwischen 8 und 20 mg/km. Prigent/De Soete maßen an der US-Version eines Renault Fuego 31-35 mg/km. (Zum Vergleich: für schnellere Fahrgeschwindigkeiten (HFET) nennt Dasch deutlich niedrigere Werte von 7,5 +- 5 mg/km)

-- Für **Fahrzeuge mit "ungeregeltem" Katalysator** liegen keine Informationen vor. Prigent/De Soete weisen keine FTP-Testergebnisse für das Vergaserfahrzeug aus. Diese Fahrzeuge wurden daher bei der nachfolgenden Abschätzung der Emissionen vereinfachend der Menge der Fahrzeuge ohne Katalysator zugeschlagen und ihre Emissionen dementsprechend mit dem o.g. Emissionsfaktor von 3,2 mg/km berechnet. Inwieweit dies zu einer Unterschätzung des Ergebnisses führt, konnte nicht geklärt werden, indes ergeben sich nach Prigent/De Soete aus Ergebnissen für andere (europäische) Testzyklen Hinweise darauf, daß die N_2O-Bildung in Fahrzeugen mit "ungeregeltem" Katalysator im Vergleich zu solchen mit "geregeltem" Katalysator geringer ist.

-- Des weiteren sind gemäß OECD (1991) Angaben für Vergaserfahrzeuge mit "early three-way-catalyst" und elektronischer Regelmöglichkeit ("electronic trim"), wie sie in den USA bei bis Mitte der 80er-Jahre verkauften Fahrzeugen gebräuchlich waren, verfügbar. Für sie gilt ein höherer Wert von 46 mg/km (10,64 l/100 km). Für deutsche Fahrzeuge dürfte dieser Wert aber nicht relevant sein. Die älteren Angaben von Metz liegen zwischen 20 und 100 mg/km. Es geht daraus nicht explizit hervor, ob es sich um Werte für "geregelte" oder "ungeregelte" Katalysatoren handelt, bzw. inwieweit sich die entsprechenden Werte unterscheiden.

- **Diesel-Motor:** Gemäß OECD (1991) gilt in Abhängigkeit vom Emissionsminderungskonzept (keine Maßnahmen, verbrennungstechnische Maßnahmen, elektronische Regelung der Kraftstoffeinspritzung, Abgasrückführung) ein Wert zwischen 7 und 14 mg/km (die höchsten Werte im Falle "uncontrolled"), wobei die Unterschiede aber lediglich aus unterschiedlichen Kraftstoffverbräuchen zwischen 9,43 und 19,61 l/100 km resultieren. In Ermangelung von PKW-spezifischen Meßdaten wurde nämlich ein konstanter, auf den Verbrauch bezogener Wert von 80 mg/kg Kraftstoff angesetzt, der aus Messungen von Dietzmann et al. (1980) für LKW (s.u.) übernommen wurde. Hier wurde mit einem Wert von 5,7 mg/km gerechnet, der einem durchschnittlichen Kraftstoffverbrauch von deutschen PKW und Kombi mit Dieselmotor von 8,35 l/100 km (1987/1990: 8,3/8,4 l/100 km; BMV, 1991) entspricht. Prigent/De Soete ermittelten am Citroen BX 19 TRD deutlich höhere Werte von 31 - 37 mg/km. Die BMW-spezifischen Werte liegen gemäß älteren Angaben von Metz (1984) mit 7 bis 30 mg/km ebenfalls eher höher als die hier angesetzen. Nach IFEU (1990) ergaben sich in neueren Messungen bei BMW aber ähnliche Werte zwischen 5 und 9 mg/km. Inwiefern die älteren Meßwerte durch N_2O-Artefakte verfälscht wurden, konnte hier nicht geklärt werden.

Sonstige Straßenfahrzeuge:

- **LKW, Busse:** Gemäß OECD (1991) wurde hier mit 80 mg/kg Kraftstoff gerechnet, einem Wert der sich nach Dietzmann et al. (1980) als Ergebnis von Messungen an vier schweren Diesel-LKW ("heavy duty trucks") mit einer repräsentativen Auswahl unterschiedlicher Motoren ergab und der mangels entsprechender Daten auch auf leichtere Fahrzeuge übertragen wurde.

- **Krafträder:** Gemäß OECD (1991) wurde in Ermangelung Motorrad-spezifischer Daten der auf den Kraftstoffverbrauch bezogene Emissionsfaktor für Otto-PKW ohne Abgaskatalysator bzw. mit nicht-katalytischen Emissionsminderungseinrichtungen von 40 mg/kg übernommen.

Mit diesen zeitinvariant angesetzten Emissionsfaktoren - Dasch (1992) fand, wie erwähnt, keine signifikante Abhängigkeit der Emission vom Baujahr - sowie den jeweiligen Fahrleistungen und dem Kraftstoffverbrauch (BMV, 1991) ergeben sich für die Jahre 1987 und 1990 die direkten, straßenverkehrsbedingten N_2O-Emissionen im Gebiet der früheren Bundesrepublik gemäß Tabelle II.6-3 zu 2,2 bzw. 3,6 kt/a. Der Anstieg der Fahrleistung und die zunehmende Zahl von Fahrzeugen mit Abgaskatalysatoren sind der Grund für diese - vermutlich zumindest mittelfristig anhaltende - Zunahme.

Emissionsfaktoren für den Fahrzeugbestand der ehemaligen DDR sind nicht verfügbar. Legt man, wie bereits zuvor im Falle der Methanemission, für eine Grobschätzung die westdeutschen Emissionsfaktoren zugrunde und nimmt für das Jahr 1990 ebenfalls den gleichen Anteil an Katalysatorfahrzeugen wie in den alten Bundesländern und einen (rechnerisch) zu vernachlässigenden Anteil an Diesel-PKW an, ergeben sich mit den jeweiligen Fahrleistungen bzw. Kraftstoffverbräuchen (BMV, 1991; keine Angaben für Busse verfügbar) für die beiden Stützjahre in der ehemaligen DDR Gesamtemissionen von rund 0,2 und 0,4 kt/a (s. Tabelle II.6-4).

Fahrzeugart	Emissions-faktor	Fahrleistung bzw. Krst.-verbr. 1987	Fahrleistung bzw. Krst.-verbr. 1990	Emission 1987	Emission 1990
	mg/km bzw. mg/kg Krst.[1]	Mio. km bzw. kt Krst.[1]	Mio km bzw. kt Krst.[1]	kt/a	kt/a
PKW, Kombi					
- Otto-Motor ohne Kat [2]	3,2	285.909	270.638	0,91	0,87
- Otto-Motor mit Kat (US-Norm) [3]	24,0	7.934	59.006	0,19	1,42
- Diesel-Motor	5,7	63.085	71.974	0,36	0,41
LKW, Bus	80,0	9.630	10.938	0,77	0,88
Krafträder	40,0	228	278	0,01	0,01
Summe				**2,2**	**3,6**

[1] Bezugsgröße: bei PKW, Kombi Fahrleistung; bei LKW, Bus und Krafträdern Kraftstoffverbrauch
[2] einschließlich Fahrzeugen mit ungeregeltem Kat.
[3] Anteil Otto-Fahrzeuge mit Kat. entspr. US-Norm 1987: 2,7 %   1990: 17,9 %

Tab. II.6-3: Straßenverkehrsbedingte N_2O-Emissionen 1987 und 1990; Gebiet der früheren Bundesrepublik

Insgesamt betragen die so hergeleiteten straßenverkehrsbedingten N_2O-Emissionen im Gesamtgebiet der früheren Bundesrepublik und der ehemaligen DDR damit rund 2,4 kt im Jahr 1987 bzw. 4,0 kt im Jahr 1990. Auch diese Schätzungen können indes nur erste Anhaltswerte darstellen, wofür drei wesentliche Gründe hervorgehoben seien. Damit wird gleichzeitig der Bedarf an weiterführenden Arbeiten herausgestellt:

- Die Berechnung erfolgte mit Emissionsfaktoren, die für US-Fahrzeuge hergeleitet wurden und deren Übertragbarkeit auf deutsche Verhältnisse im Rahmen dieser Untersuchung nicht oder nur ansatzweise überprüft werden konnte. Insbesondere betrifft dies den Einfluß unterschiedlicher spezifischer Kraftstoffverbräuche in beiden Ländern. Für den Bereich der ehemaligen DDR, wo überdies grundlegend unterschiedliche Motorkonzepte (Zweitakter) gebräuchlich waren, ist diese Vorgehensweise nur wegen der dort insgesamt relativ geringen Fahrleistungen zu rechtfertigen.

- Der Ermittlung der Emissionsfaktoren liegt ein Testzyklus (FTP) zugrunde, der flüssigem Stadtverkehr entspricht. Angesichts der signifikanten Abhängigkeit von der mittleren Fahrgeschwindigkeit (vgl. z. B. Dasch, 1992) stellt dies, auch bei Verwendung verbrauchsbezogener Emissionsfaktoren, eine grobe Vereinfachung dar.

- Ebenso wird mit dem einen Kaltstart enthaltenden FTP-Zyklus der ausgeprägten Temperaturabhängigkeit der N_2O-Bildung im Katalysator wohl nur näherungsweise Rechnung getragen. Die Frage nach repräsentativen Testzyklen ist im Falle der N_2O-Emissionsermittlung somit von besonderer Relevanz.

Fahrzeugart	Emissions-faktor mg/km bzw. mg/kg Krst.[1]	Fahrleistung bzw. Krst.-verbr. 1987 Mio. km bzw. kt Krst.[1]	Fahrleistung bzw. Krst.-verbr. 1990 Mio km bzw. kt Krst.[1]	Emission 1987 kt/a	Emission 1990 kt/a
PKW, Kombi					
- Otto-Motor ohne Kat [2]	3,2	37.600	42.282	0,12	0,14
- Otto-Motor mit Kat (US-Norm) [3]	24,0	--	9.219	--	0,22
- Diesel-Motor	5,7	--	gering	--	gering
LKW	80,0	753	720	0,06	0,06
Krafträder	40,0	k. A.	k. A.	--	--
Summe				0,2	0,4

Grobschätzung mit für den Bereich der früheren Bundesrepublik gültigen Emissionsfaktoren
[1] Bezugsgröße: bei PKW, Kombi Fahrleistung; bei LKW und Krafträdern Kraftstoffverbrauch
[2] einschließlich Fahrzeugen mit ungeregeltem Kat.
[3] Anteil Otto-Fahrzeuge mit Kat. entspr. US-Norm 1990: 17,9 % (entspr. Gebiet der früheren Bundesrepublik)

Tab. II.6-4: Straßenverkehrsbedingte N_2O-Emissionen 1987 und 1990; Gebiet der ehem. DDR

Literatur

Arbeitsgemeinschaft Energiebilanzen: Energiebilanz der Bundesrepublik Deutschland 1990. Essen 1991

BMV (Bundesminister für Verkehr (Hrsg.)): Verkehr in Zahlen 1991. Verantwortlich für den Inhalt: Deutsches Institut für Wirtschaftsforschung (DIW). Bonn/ Berlin 1991

CONCAWE (the oil companies' european organisation for environmental and health protection): Motor vehicle emission regulations and fuel specifications - 1992 update. report no. 2/92, Brüssel 1992

Dasch, J. B.: Nitrous Oxide Emissions from Vehicles. Journal of the Air and Waste Management Association, 42 (1992), p. 63 - 67

Hassel, D./ TÜV Rheinland: persönliche Mitteilung, 1993

IFEU (Institut für Energie- und Umweltforschung, Heidelberg): Emissionsminderung durch rationelle Energienutzung und emissionsmindernde Maßnahmen im Verkehrssektor. In: Energie und Klima, Band 2, S. 409 ff. Herausgegeben von der Enquête-Kommission "Vorsorge zum Schutz der Erdatmosphäre" des Deutschen Bundestages. Economica Verlag Bonn, Verlag C. F. Müller Karlsruhe 1990

May, H.; Plaßmann, E.: Abgasemissionen von Kraftfahrzeugen in Großstädten und industriellen Ballungsgebieten. Verlag TÜV Rheinland, Köln 1973

Metz, N.: Personenwagen-Abgasemissionen im Spurenbereich. Automobiltechnische Zeitschrift 86 (1984) 10, S. 425 - 430

OECD: Estimation of Greenhouse Gas Emissions and Sinks. Final Report From OECD Experts Meeting, 18-21 February 1991. Prepared for Intergovernmental Panel on Climate Change, Revised August 1991

Prigent, M.; De Soete, G.: Nitrous Oxide N_2O in Engines Exhaust Gases - A First Appraisal of Catalyst Impact. SAE (The Engineering Society for Advancing Mobility Land Sea Air and Space, Hrsg:) Paper No. 890492, Warrendale, PA 1989

Robertson, K.: Emissions of N_2O in Sweden - Natural and Anthropogenic Sources. Ambio, Vol. 20, no. 3-4, p. 151 - 155

Sigsby, J. E. Jr.; Tejada, S.; Ray, W.; Lang, J. M.; Duncan, J. W.: Volatile Organic Compound Emissions from 46 In-Use Passenger Cars. Envir. Sci. Technol., Vol. 21, No. 5, 1987, p. 466 - 475

TÜV Rheinland: Das Abgas-Emissionsverhalten von Personenkraftwagen in der Bundesrepublik Deutschland im Bezugsjahr 1980. Umweltbundesamt (Hrsg.): Berichte 9/80. Erich Schmidt Verlag, Berlin 1980

TÜV Rheinland: Das Abgas-Emissionsverhalten von Personenkraftwagen in der Bundesrepublik Deutschland im Bezugsjahr 1975. Umweltbundesamt (Hrsg.): Berichte 3/78. Erich Schmidt Verlag, Berlin 1978

UBA/WABOLU: Zur gesundheitlichen Bewertung von Schadstoffen aus Kraftfahrzeugen mit Abgaskatalysatoren. Gemeinsame Stellungnahme von Umweltbundesamt und Bundesgesundheitsamt (Institut für Wasser-, Boden- und Lufthygiene) - September 1992 - . Sonderteil in: Umwelt. Informationen des Bundesministers für Umwelt, Naturschutz und Reaktorsicherheit, Nr. 2/1993

indirekt zitiert:

Cho, B. K.; Shanks, B. H.; Bailey, J. E.: Kinetics of NO reduction by CO over supported rhodium catalysts: isotopic cycling experiments. J. Catalysis, 115: 486 (1989)

Cho, B. K.; Stock, C. J.: Transient study of NO decomposition over supported noble metal catalysts. General Motors Research Laboratories Publication GMR 5497, 1986

Dietzmann, H. E.; Parness, M. A.; Bradow, R. L.: Emissions from Trucks by Chassis Version of 1983 Transient Procedure. SAE (The Engineering Society for Advancing Mobility Land Sea Air and Space, Hrsg:) Paper No. 801371, Warrendale, PA 1980

EPA (US Environmental Protection Agency): User's Guide to Mobile4 (Mobile Source Emission Model). Emission Control Technology Division. Ann Arbor, MI 1989

EPA (US Environmental Protection Agency): User's Guide to Mobile4.1 (Mobile Source Emission Factor Model). Emission Control Technology Division. Ann Arbor, MI 1991

Ford Motor Company: Annual report to EPA on non-regulated pollutants for Calendar year 1988/1989/1990. Dearborn, MI 1989 - 1991

Lies, K.-H. u. a. (Volkswagen AG): Nicht-limitierte Automobil-Abgaskomponenten. Wolfsburg 1988

Mc.Cabe, R. W.; Wong, C.: Steady-state kinetics of the carbon-monoxide-nitrous oxide reaction over an alumina supported rhodium catalyst. J. Catalysis, 121: 422 (1990)

Perby, H.: Lustgasemission fran vägtrafik. Preliminära emissionsfaktorer och budgetberäkningar. VTI meddelande 629, Swedisch Road and Traffic Research Institute, Linköping 1990

Sjöberg, K.; Lindskog, A.; Rosén, A.; Sundström, L.: N_2O-emission fran motorfordon. TFB meddelande nr 75, Swedish Transport Research Board 1989

Warner-Selph, M. A.; Smith, L. R.: Assessment of Unregulated Emissions from Gasoline Oxygenated Blends. EPA 460/3-91-002. Report under EPA Contract No. 68-C9-0004. Southwest Research Institute, San Antonio, TX 1991

II.7 N$_2$O- und CH$_4$-Emissionen aus industriellen Produktionsprozessen

II.7.1 N$_2$O-Emissionen

II.7.1.1 Allgemeines (Bisheriger Kenntnisstand)

Als N$_2$O-Quellen kommen vor allem in Betracht:

- N$_2$O-Produktion und Verbrauch

- Salpetersäureherstellung

- großtechnische Umsetzungen mit Salpetersäure und anderen Stickstoffverbindungen.

N$_2$O-Emissionen aus industriellen Prozessen sind in der Literatur bisher wenig dokumentiert. Dies ergab eine systematisch durchgeführte Literaturrecherche zu verschiedenen in Frage kommenden Prozessen in unterschiedlichen Datenbanken (ULIDAT, CA, NTIS, DECA, CIN, Environline). Da im deutschen Bundesimmissionsschutzgesetz kein Grenzwert für N$_2$O festgelegt ist, werden N$_2$O-Bestandteile von Prozeßabgasen kaum meßtechnisch erfaßt und sind daher meistens nicht bekannt.

Außer den oben genannten Prozessen werden
- Petrochemische Prozesse
- Aluminiumherstellung
- Kokereien
- Siemens-Martin-Öfen
- Walzwerksöfen
- Stahlkonverter
- Elektrostahlöfen
- Trocknungsprozesse in der Papierindustrie

als mögliche N$_2$O-Emittenten genannt, allerdings ohne Angabe über die Emissionsmengen (OECD, 1991; CITEPA, 1992).

Seit 1991 findet man mehrere Veröffentlichungen, die sich mit N$_2$O-Emissionen aus der Adipinsäureherstellung beschäftigen und diese auch quantitativ ausweisen (Thiemens/Trogler, 1991; GDCh, 1992). Ohne daß Emissionen aus anderen industriellen Prozessen bekannt sind, gilt die Adipinsäureherstellung als die bedeutendste N$_2$O-Quelle im Bereich der industriellen Prozesse. Es wird geschätzt, daß die weltweite Adipinsäureproduktion zu etwa 10 % zur Erhöhung der N$_2$O- Mengen in der Atmosphäre beiträgt (GDCh, 1992).

II.7.1.2 N_2O-Emissionsabschätzung für verschiedene industrielle Prozesse

Die nachfolgend abgeschätzten N_2O-Emissionen beziehen sich überwiegend auf die alten Bundesländer und das Basisjahr 1990. Die Zahlen für die Adipinsäureherstellung und die (industrielle) N_2O-Produktion lassen sich vermutlich in etwa auf das Jahr 1987 übertragen. Für die Salpetersäureherstellung ließ sich anhand der verfügbaren Produktionszahlen und Literaturangaben auch ein Emissionswert für 1987 berechnen. Entsprechende Zahlen für die neuen Bundesländer sowie für das Basisjahr 1987 ließen sich im Rahmen von Phase I des Forschungsvorhabens nicht ermitteln (Ausnahme: Adipinsäureherstellung in der ehemaligen DDR; vglw. geringe Emission).

II.7.1.2.1 N_2O-Produktion und Verbrauch

Produktionsmenge (alte Bundesländer), 1990: Produktionszahlen für N_2O werden vom statistischen Bundesamt nicht veröffentlicht. Ein bedeutender N_2O-Produzent schätzt die Produktionsmenge in der BRD auf maximal 4000- 5000 t/a (pers. Mitteilung, 1992).

Herstellung: Die großtechnische Herstellung erfolgt durch Zersetzen von Ammoniumnitrat. Ammoniumnitrat, hergestellt durch Umsetzung von Ammoniak mit Salpetersäure, zerfällt unter Freisetzung großer Wärmemengen nach

$$NH_3 + HNO_3 \longrightarrow NH_4NO_3$$
$$2\,NH_4NO_3 \longrightarrow 2\,N_2 + O_2 + 4\,H_2O$$
$$NH_4NO_3 \longrightarrow N_2O + 2\,H_2O$$

Die letztere Reaktion wird kontrolliert zur Herstellung von N_2O benutzt.

Nach einem neueren Verfahren wird das Gas durch Zersetzen von Ammoniumnitrat in wässriger Lösung zwischen 100 und 160 °C (Hoechst bei 120 °C) gewonnen. Ohne Ammoniumnitrat zu isolieren, wird N_2O direkt im Reaktionsgefäß aus Salpetersäure und Ammoniak gewonnen (pers. Mitteilung der Industrie, 1992).

Emissionen treten beim Reinigen des anfallenden Rohgases auf. Das Rohgas enthält Ammoniak, nitrose Gase u. a., die durch Strippen und Destillation bei 50 bar und 20 °C abgetrennt werden (Hoechst AG). Dabei gelangt auch wenig N_2O mit ins Abgas.

Verwendung: 80 - 90 % der N_2O-Produktion wird als Narkosemittel eingesetzt; der Rest findet hauptsächlich als Treibmittel Anwendung.

Emissionsabschätzung:

Berechnung nach Angaben der Industrie (pers. Mitteilung, 1992):

Annahme:	- Produktion N_2O (alte Bundesländer): 5.000 t
	- genehmigte N_2O- Emission: 2 kg/h
	- Produktionsdauer: 8.280 h/a
Ergebnis:	Die N_2O-Emissionen bei der Herstellung von N_2O betrugen im Jahr 1990 < 16 t bzw. 3 kg N_2O / t N_2O-Produktion.

Die durch die Anwendung von Distickstoffmonoxid als Narkosemittel verursachten N_2O-Emissionen sind nicht bekannt. Geht man davon aus, daß auch die N_2O-Mengen, die als Narkosemittel verbraucht werden, emittiert werden, wäre die produzierte Menge zur Ermittlung der Gesamtemission nur durch die Export-/Importmengen zu korrigieren. Diese Mengen werden nicht veröffentlicht.

II.7.1.2.2 Salpetersäureproduktion

Produktionsmenge (alte Bundesländer): Die Salpetersäureproduktion ist stark rückläufig. Die Produktion wurde von 3,2 Mio t im Jahr 1980 auf 1,75 Mio t (einschließlich Nitriersäure) im Jahr 1990 reduziert (Statistisches Bundesamt, div. Jge.).

Herstellung: Die Herstellung von Salpetersäure erfolgt in der Bundesrepublik nach dem Ostwald-Verfahren aus Ammoniak nach

1) $4\,NH_3 + 5\,O_2 \longrightarrow 4\,NO + 6\,H_2O$
2) $2\,NO + O_2 \longrightarrow 2\,NO_2$
   $2\,NO_2 \rightleftharpoons N_2O_4$
3) $3\,NO_2 + H_2O \longrightarrow 2\,HNO_3 + NO$

Hinsichtlich möglicher N_2O-Bildung ist der Reaktionsschritt 1 von Bedeutung. Unter Verwendung eines geeigneten Katalysators wird 93 - 98 % (in der BRD heute 96 - 96,5 % (pers. Mitteilung der Industrie, 1992)) des eingesetzten Ammoniaks in NO umgesetzt. Der Rest wird in Nebenreaktionen hauptsächlich in Stickstoff, daneben aber auch in N_2O umgewandelt:

$4\,NH_3 + 3\,O_2 \longrightarrow 2\,N_2 + 6\,H_2O$
$4\,NH_3 + 4\,O_2 \longrightarrow 2\,N_2O + 6\,H_2O$

Verwendung: Salpetersäure zählt zu den wichtigsten Basischemikalien der chemischen Industrie. Haupteinsatzgebiet ist die Düngemittelindustrie. Sie wird zum Aufschluß von Rohphosphaten und zur Herstellung von Ammoniumnitrat benötigt. Weitere große Anwendungsgebiete sind Nitrierungen (Herstellung von Nitroaromaten und Nitroalkanen) und die Adipinsäureherstellung. Auch in der Metallindustrie werden bedeutende Salpetersäuremengen eingesetzt.

Emissionsabschätzung:

Eigene Berechnung auf der Grundlage von Literaturangaben:

Annahme:
- Produktion HNO_3 (alte Bundesländer): 1987: 2,12 Mio. t; 1990: 1,75 Mio t
- ca. 1,5 % des eingesetzten Ammoniaks wird in N_2O umgesetzt
- heutige Verfahren benötigen etwa 283 kg NH_3 / t HNO_3 (Winnacker/ Küchler, Band 2)

Ergebnis: Die N_2O-Emissionen bei der Salpetersäureherstellung betrugen im Jahr 1987 ca. 11.650 t und 1990 ca. 9.600 t bzw. 5,5 kg N_2O / t HNO_3-Produktion.

Berechnung nach Angaben der Industrie (pers. Mitteilung, 1992):

Annahme:
- Produktion HNO_3: 1,75 Mio t
- pro t HNO_3 entstehen 3.120 m^3 Abgas
- das Abgas enthält 500 - 1.000 ppm N_2O

Ergebnis: Im Jahr 1990 wurden bei der Salpetersäureproduktion 5.400 - 11.000 t N_2O bzw. 3,1 - 6,2 kg N_2O / t HNO_3 emittiert.

II.7.1.2.3 Adipinsäureherstellung

Produktionsmenge (alte Bundesländer): Produktionszahlen von Adipinsäure werden vom statistischen Bundesamt nicht veröffentlicht. Nach Angaben der Industrie betragen die jährlichen Produktionsmengen 230.000 bis 255.000 t (pers. Mitteilung, 1992).

Herstellung: Die Herstellung von Adipinsäure erfolgt aus einem Gemisch von 93 % Cyclohexanol und ca. 7 % Cyclohexanon durch oxidative Ringöffnung mittels konzentrierter Salpetersäure oder durch oxidative, katalytische Spaltung (Ringöffnung) von Cyclohexan. Die als Oxidationsmittel verwendete Salpetersäure wird dabei vorwiegend zu N_2O reduziert, das bisher emittiert wird. Seitens der Hersteller sind nun technische Maßnahmen geplant (katalytische Verfahren), um die N_2O-Emissionen zu verringern (GDCh, 1992).

Die Bildung von N_2O erfolgt durch die Hydrolyse gebildeter Nitrolsäure. Für jedes produzierte Mol Adipinsäure werden etwa 2 Mol der eingesetzten Salpetersäure in N_2O umgewandelt.

[Reaktionsschemata: Cyclohexanol/Cyclohexanon + HNO₃ → HOOC(CH₂)₄COOH]

[Mechanismus:
Cyclohexanol —HNO₃/−HNO₂→ Cyclohexanon —NO⁺→ 2-Nitrosocyclohexanon —+Cu²⁺/+HNO₃→ 2-Nitro-2-nitrosocyclohexanon —H₂O→ HOOC–(CH₂)₃–C(=NOH)–NO₂ —H₂O/−N₂O→ HOOC(CH₂)₄COOH]

Verwendung: Adipinsäure ist die bedeutendste technisch hergestellte aliphatische Dicarbonsäure und zählt ebenfalls zu den wichtigsten industriellen Chemikalien. Sie wird großtechnisch u. a. eingesetzt zur Herstellung von

- Polyamid (Nylon)
- Polyestern und Polyurethanen
- Hexandiol-1,6
- Weichmachern, Farbstoffen, Pharmaka, Insektiziden, Klebstoffen
- Lederhilfsmitteln
- und als Parfümfixateur, diätetischer Lebensmittelzusatzstoff, Säuerungsmittel für Gelantine und Konfitüren, Neutralisationsmittel und Puffer bei anderen Lebensmitteln (GDCh, 1992).

Emissionsabschätzung (alte Bundesländer):

Eigene Berechnung auf der Grundlage von Literaturangaben:

Annahme:	- Produktion Adipinsäure 255.000 t
	- pro Mol Adipinsäure wird etwa 1 Mol N_2O gebildet
Ergebnis:	Im Jahr 1990 wurden ca. 77.000 t N_2O emittiert.

Literaturangaben (Angaben der Industrie)

Im BUA Stoffbericht Nr. 68 (GDCh, 1992) werden die N_2O-Emissionen bei einer Produktion von 230.000 - 255.000 t Adipinsäure auf 85.000 t geschätzt. Dies entspricht einer spezifischen Emission von 333 kg N_2O / t Adipinsäure.

Emissionsabschätzung (neue Bundesländer):

Produktionsmenge: In der ehemaligen DDR wurden 1987 und 1990 in einer Anlage jeweils 1.800 t Adipinsäure hergestellt (Strogies, 1993).

Emissionsabschätzung: Unter Zugrundelegung des für die alten Bundesländer geltenden Emissionsfaktors von 333 kg N_2O / t Adipinsäure lassen sich die N_2O-Emissionen für 1987 und 1990 auf jeweils etwa 600 t/a abschätzen.

II.7.1.3 Zusammenfassung

Insgesamt ergeben sich für die untersuchten drei Prozesse folgende Emmissionsmengen:

Prozeß	Emission in kg N_2O / t Produkt	Produktionsmenge Prozessprodukt 1990 in t	Emission N_2O 1990 in t
N_2O-Herstellung	< 3	ca. 4.000-5.000	ca. 5.000 ?
HNO_3-Herstellung	3-6	1,75 Mio	5.500-11.000
Adipinsäureherstellung	333	230.000-255.000	85.600

Tab. II.7-1: N_2O-Emissionen ausgewählter Prozesse in der Bundesrepublik Deutschland

II.7.1.4 Ausblick auf weiterführende Arbeiten

Für die weiterführenden Arbeiten in Phase II des Vorhabens stellen sich folgende Aufgaben:

- Klärung, ob die in Publikationen der OECD (1991) und CITEPA (1992) genannten Prozesse **Acrylnitrilsäureherstellung, Petrochemische Prozesse, Blausäureherstellung, Harnstoffsynthese, Aluminiumherstellung und Trocknungsprozesse in der Papierindustrie** tatsächlich potentielle N_2O-Emissionsquellen darstellen (bisher wurden weder aus der weiteren Fachliteratur bzw. aus Gesprächen mit Fachleuten konkrete Hinweise darauf erhalten) und ggf. Ermittlung der Emissionsmengen.

- Ermittlung der Emissionsmengen aus der **Eisen- und Stahlindustrie**. Dem Betriebsforschungsinstitut des VDEh sind N_2O-Emissionen aus Kokereien, Walzwerköfen, Stahlkonvertern und aus Elektro-Lichtbogenöfen bisher nicht bekannt, allenfalls lassen sich Vermutungen über potentielle Bildungsmechanismen anstellen (BFI, 1992):

-- N_2O-Emissionen aus Stahlkonvertern werden, falls sie überhaupt auftreten, als nicht relevant eingeschätzt. Stickstoff wurde früher durch Frischen mit Luft eingetragen (Thomas-Stahl), heute wird aber mit fast reinem Sauerstoff geblasen. Es gibt Konverter, bei denen Stickstoff zum Aufsticken von Stahl eingeblasen wird. Dieser eingeblasene Stickstoff soll jedoch im Stahl verbleiben, die Emissionen dürften daher gering sein.

-- N_2O-Emissionen aus Elektrostahlöfen könnten eventuell durch den Eintrag von Schrott verursacht werden, der mit Stickstoffverbindungen (z. B. Ölbestandteile) verunreinigt ist.

-- Siemens-Martin-Öfen (als potentielle Emittenten) werden in den alten Bundesländern seit 1982 nicht mehr betrieben, inzwischen sind auch die Siemens-Martin-Öfen in den neuen Bundesländern nicht mehr in Betrieb; Anmerkung der Autoren);

- allerdings sind Herdöfen vergleichbarer Bauart wie Siemens-Martin-Öfen als Wannenöfen in der **Glasindustrie** im Einsatz und wären hinsichtlich ihrer Emissionsrelevanz zu überprüfen.

- Abschätzung der Emissionen aus der **Herstellung von Ammoniumnitrat**. N_2O-Emissionen wären hier denkbar. Nach Aussagen der Industrie dürften diese Emissionen jedoch gegenüber den Emissionen aus der Salpetersäureproduktion wesentlich kleiner sein.

- Ermittlung der Emissionen aus der **Herstellung von Hydroxylamin**.

- Detaillierte Beschreibung und Beurteilung der **Emissionsminderungstechniken bei der Adipinsäureherstellung**.

II.7.2 CH_4-Emissionen

II.7.2.1 Allgemeines

Methanemissionen aus industriellen Prozessen sind in der Literatur kaum ausgewiesen. Die Emissionen dieses nicht luftfremden Stoffes sind bisher nicht gesetzlich geregelt. Emittierte Methanmengen werden aus diesem Grund quantitativ nicht erfaßt und sind überwiegend nicht bekannt.

Folgende mögliche Methanquellen werden in aktuellen Auflistungen von Emissionsquellen klimarelevanter Gase ohne Angabe über Emissionsmengen genannt (Zusammenfassung der Ergebnisse eines von der OECD durchgeführten Expertenmeetings für das IPCC in OECD, 1991; CITEPA, 1992):

- Petrochemische Prozesse

- Kokereien

- Sinteranlagen

- Stahlherstellung

- Walzwerksöfen

- Ammoniaksynthese.

Im Rahmen des vorliegenden Vorhabens befragte Fachleute stimmen darin überein, daß bei einer genauen Bilanzierung von CH_4-Emissionen aus industriellen Prozessen eine Vielzahl von Anlagen und Verfahren zu betrachten wären. In Frage kommen Prozesse insbesondere auf Basis von Synthesegas, petrochemische Prozesse sowie prinzipiell sämtliche Prozesse, an denen C_1-C_4- Kohlenwasserstoffe beteiligt sind (pers. Mitteilung der Industrie, 1992). Methan ist bei den Synthesegasprozessen ein unerwünschtes Spurengas. Die heutigen Technologien sind darauf ausgerichtet, dieses Gas auszutreiben. Zusammen mit anderen Restgasen wird es unterfeuert und verbrannt.

II.7.2.2 CH_4-Emissionsabschätzung für verschiedene Prozesse

Die nachfolgend abgeschätzten CH_4-Emissionen gelten für die alten Bundesländer und das Basisjahr 1990 (Ausnahme: Mineralölverarbeitung). Entsprechende Zahlen für die neuen Bundesländer sowie vollständige Daten für das Basisjahr 1987 konnten im Rahmen von Phase I des Forschungsvorhabens nicht ermittelt werden.

II.7.2.2.1   Synthesegasprozesse

Synthesegas, das überwiegend aus Kohlenmonoxid CO und Wasserstoff H_2 besteht, ist die Rohstoffbasis für die folgenden großtechnischen Prozesse:

- Ammoniaksynthese
- Methanolsynthese
- Oxo-Synthese
- Wasserstoffsynthese
- Kohlenmonoxid-Herstellung
- Methanherstellung (SNG)
- Essigsäureherstellung
- Erzreduktion.

Ammoniak- und Methanolsynthese sind die Hauptanwendungsgebiete von Synthesegas.

Ursprünglich wurde Synthesegas durch Vergasung von Kohle hergestellt, zur Zeit werden Erdölfraktionen (Naphtha, Vakuumdestillationsrückstände) und Erdgas eingesetzt. Haupteinsatzmaterial ist Erdgas. Die Synthesegaserzeugung aus petrochemischen Rohstoffen erfolgt entweder durch Steam-Reforming oder durch partielle Oxidation. Nach Angaben des VCI wurden in den alten Bundesländern im Jahr 1990 1,6 Mrd m³ Erdgas in Steam-Reforming Prozessen und ca. 600.000 t schweres Heizöl in Druckvergasungsanlagen zur Synthesegaserzeugung eingesetzt. 99,5 - 99,8 % des darin enthaltenen Methans wird als Produkt ausgebracht, der Rest wird nahezu vollständig verwertet (VCI, 1992).

a) Steam-Reforming

Bei der allothermen oder autothermen katalytischen Spaltung mit Wasserdampf werden Erdgas oder auch Erdölfraktionen mit einem Siedebereich bis 200 °C nach

$$CH_4 + H_2O \rightleftharpoons CO + 3H_2$$
$$-CH_2- + H_2O \rightleftharpoons CO + 2H_2$$

in Synthesegas gespalten. Gleichzeitig stellt sich das Konvertierungsgleichgewicht

$$CO + H_2O \rightleftharpoons CO_2 + H_2$$

ein. Das Verfahren wird je nach Weiterverarbeitung des Synthesegases ein- oder zweistufig durchgeführt.

Bei der Ammoniaksynthese erfolgt die Umsetzung beispielsweise zunächst im Röhrenspaltofen (Primärreformer). Dabei verbleibt ein Restmethangehalt von bis zu 7 % im Reaktionsgemisch, der für die weitere Umsetzung des Synthesegases unerwünscht ist. Das Gasgemisch wird daher in einem nachgeschalteten Schachtofen (Sekundärreformer) zur Methanentfernung mit Luft und Sauerstoff umgesetzt. Ein Teil des Gases wird dabei verbrannt, wobei sich das Gasgemisch auf ca. 1200 °C erhitzt

$$CH_4 + 2\,O_2 \longrightarrow CO_2 + 2\,H_2O$$

Bei dieser Temperatur setzt sich das Methan mit Wasserdampf bis auf einen nicht mehr störenden Restgehalt von 0,2 - 0,3 Vol % um.

Nach Industrieangaben werden beim einstufigen Reforming (z. B. zur Methanolsynthese, Oxosynthese) die Drücke und Temperaturen so eingestellt, daß der Methanrestgehalt etwa 0,5 - 0,7 Vol % im Synthesegas beträgt (pers. Mitteilung, 1992).

b) Partielle Oxidation

Als Einsatzmaterialien eignen sich prinzipiell beliebige Kohlenwasserstoffe. In der Praxis werden jedoch hauptsächlich Schweröle mit einer zur vollständigen Verbrennung unzureichenden Menge an Sauerstoff verbrannt:

$$-CH_2- + 0{,}5\,O_2 \longrightarrow CO + H_2$$
$$-CH_2- + 1{,}5\,O_2 \longrightarrow CO_2 + H_2O$$

Die Reaktion erfolgt dreistufig. In der dritten Phase findet die Umsetzung von gebildetem Methan statt:

$$CH_4 + H_2O \rightleftharpoons CO + 3\,H_2$$
$$CH_4 + CO_2 \rightleftharpoons 2\,CO + 2\,H_2$$

Diese Reaktionen sind relativ langsam, das Gleichgewicht wird nicht erreicht. Die Methanbildung ist jeweils abhängig vom Druck; der Restmethangehalt beträgt etwa 0,3 - 0,6 Vol %.

II.7.2.2.1.1 Ammoniaksynthese

Produktionsmenge alte Bundesländer, 1987: 1.930.926 t Ammoniak (ber. auf N); 1990: 1.671.444 t (Statistisches Bundesamt, div. Jge.).

Herstellung: Die Ammoniaksynthese erfolgt nach dem Haber/Bosch-Verfahren aus den Elementen:

$$3 H_2 + N_2 \rightleftharpoons 2 NH_3$$

Wichtigster Rohstoff für die Synthesegaserzeugung ist heute Erdgas, das nach dem Steam-Reforming-Verfahren verarbeitet wird. Die Ammoniaksynthese fordert einen möglichst geringen CH_4-Restgehalt im Synthesegas; Methan und Argon bilden die unerwünschten Inertgase (nicht an der Reaktion beteiligte Gase) der Ammoniaksynthese. Der Anteil der Inertgase beeinflußt die Umsetzungsrate bei der Ammoniaksynthese wesentlich, daher erfolgt die Herstellung des Synthesegases aus Erdgas durch das Steam-Reforming (Primärreformer, dem ein Sekundärreformer nachgeschaltet ist). Ein vereinfachtes Fließbild des Verfahrens zeigt Abb. 1.

Das Produkt der Röhrenspaltung enthält einen Methanrest von bis zu 8 - 12 %. Im Sekundärreformer wird es weitergespalten bis auf einen Methangehalt von bis zu 0,3 %. Anschließend erfolgt die CO-Konvertierung. Verbleibende Reste an CO und CO_2 werden in der Methanisierung umgesetzt. Nach der Methanisierung enthält das Synthesegas etwa 0,9 % CH_4.

Da im Katalysatorraum der Ammoniaksynthese immer nur ein kleiner Teil des Wasserstoffs und Stickstoffs in Ammoniak umgesetzt wird, erfolgt die Synthese in einem Kreislaufverfahren. Die Inertgase Methan und Argon reichern sich im Kreislauf an und müssen ausgeschleust werden. Die ausgeschleuste Menge wird als Restgas bezeichnet. Beide Gase können in einer Wasserwäsche von Ammoniak befreit werden. Methan ist dann z. B. als Heizgas einsetzbar.

Verwendung: Ammoniak ist ein Grundprodukt der chemischen Industrie, das die Ausgangsbasis für eine Vielzahl von Synthesen bildet. Große Mengen fließen beispielsweise in die Düngemittelindustrie (Herstellung von Ammoniumnitrat, Harnstoff).

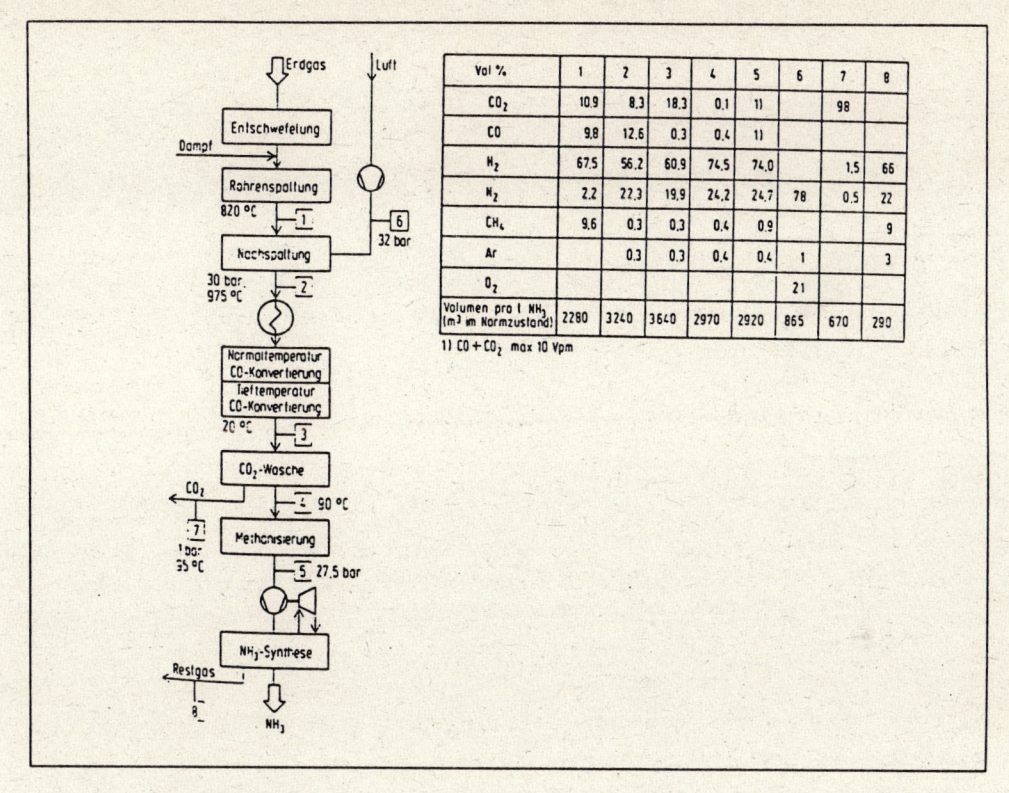

Vol %	1	2	3	4	5	6	7	8
CO_2	10,9	8,3	18,3	0,1	1)		98	
CO	9,8	12,6	0,3	0,4	1)			
H_2	67,5	56,2	60,9	74,5	74,0		1,5	66
N_2	2,2	22,3	19,9	24,2	24,7	78	0,5	22
CH_4	9,6	0,3	0,3	0,4	0,9			9
Ar		0,3	0,3	0,4	0,4	1		3
O_2						21		
Volumen pro t NH_3 (m^3 im Normzustand)	2280	3240	3640	2970	2920	865	670	290

1) $CO + CO_2$ max 10 Vpm

Abb. II.7-1: Grundfließbild einer Ammoniakanlage mit Erdgasspaltung. Quelle: Winnacker/ Küchler, Band 2

Emissionsabschätzung:

Eigene Berechnung auf der Grundlage von Literaturangaben:

Annahme:
- Produktion NH_3 (alte Bundesländer): 1987: 2,4 Mio. t; 1990: 2,1 Mio t
- Produktion erfolgt auf der Basis von Synthesegas (Steam-Reforming)
- pro t NH_3 wird ein Gasvolumen von 2.920 m^3 benötigt (Winnacker/ Küchler, Band 2)
- der Methan-Gehalt darin beträgt 0,9 Vol. % (Litergew. CH_4 = 0,72 g)
- die anfallenden Methanmengen werden vollständig emittiert

Ergebnis: Die Methanemissionen aus der Ammoniaksynthese berechnen sich für die Jahre 1987 auf ca. 46.000 t und 1990 auf ca. 40.000 t bzw. 19 kg CH_4 / t Ammoniak.

Berechnung nach aktuellen Angaben der Industrie (pers. Mitteilung, 1992):

Annahme:
- Produktion NH_3: 2,1 Mio t (1990)
- Produktion erfolgt auf der Basis von Synthesegas
- pro t NH_3 wird ein Gasvolumen von 2.500 - 2.600 m^3 benötigt

- der Methan-Gehalt darin beträgt 0,5 - 0,6 Vol %

Ergebnis: Die Methan-Restmengen im Prozeß der Ammoniaksynthese berechnen sich für das Jahr 1990 auf 21.300 t bzw. 10,1 kg CH_4 / t Ammoniak. Diese gebildeten Methanmengen werden jedoch überwiegend zu Heizzwecken bzw. zur Unterfeuerung eingesetzt. Es ergeben sich daher nur geringe Methanemissionen.

II.7.2.2.1.2 Methanolsynthese

Produktionsmenge (alte Bundesländer), 1986: 461.898 t; 1987: k.A.; 1990: 751.083 t Methanol (Statistisches Bundesamt, div. Jge.).

Herstellung: Die Methanolsynthese erfolgt heute überwiegend im Niederdruckverfahren nach

$$CO + 2H_2 \rightleftharpoons CH_3OH$$
$$CO_2 + 3H_2 \rightleftharpoons CH_3OH + H_2O$$

In der Bundesrepublik ist Schweröl das wichtigste Einsatzmaterial, das durch die partielle Oxidation nach dem Shell-Prozeß zu Synthesegas verarbeitet wird. Es gibt allerdings auch noch Anlagen auf der Basis von Steam-Reforming.

Um einen hohen Gesamtumsatz zu erreichen, wird das Reaktionsgas im Kreislauf gefahren. Zu diesem Kreislaufgas wird jeweils Frischgas zugeführt. Damit sich die Inertgase Methan und Stickstoff nicht im Kreislauf anreichern, wird eine bestimmte Gasmenge durch Entspannen aus dem Kreislauf entfernt. Dieses Gas kann als Heizgas eingesetzt werden.

Verwendung: Etwa 50 % der Basischemikalie wird zur Formaldehydproduktion verwendet.

Emissionsabschätzung:

Eigene Berechnung auf der Basis von Literaturangaben:

Annahme: - Produktion CH_3OH (alte Bundesländer): 1986: 461.898 t; 1990: 751.083 t
- Produktion erfolgt auf der Basis von Synthesegas aus Schwerölen (partielle Oxidation)
- pro t CH_3OH wird ein Gasvolumen von 2.520 m^3 Synthesegas erforderlich (Ullmann)
- der Methangehalt beträgt 0,5 Vol. %

Ergebnis: Die Methanemissionen berechnen sich für 1986 (dieses Bezugsjahr gewählt, da für das Basisjahr 1987 keine Produktionszahl verfügbar ist) auf ca. 4.200 t und für 1990 auf 6.800 t bzw. 9,1 kg CH_4 / t CH_3OH.

Industrieangaben (pers. Mitteilung, 1992):

Die im Prozeß der Methanolsynthese anfallenden Methan-Restmengen werden überwiegend zu Heizzwecken o.ä. eingesetzt. Es ergeben sich damit nur geringe bzw. keine Methanemissionen.

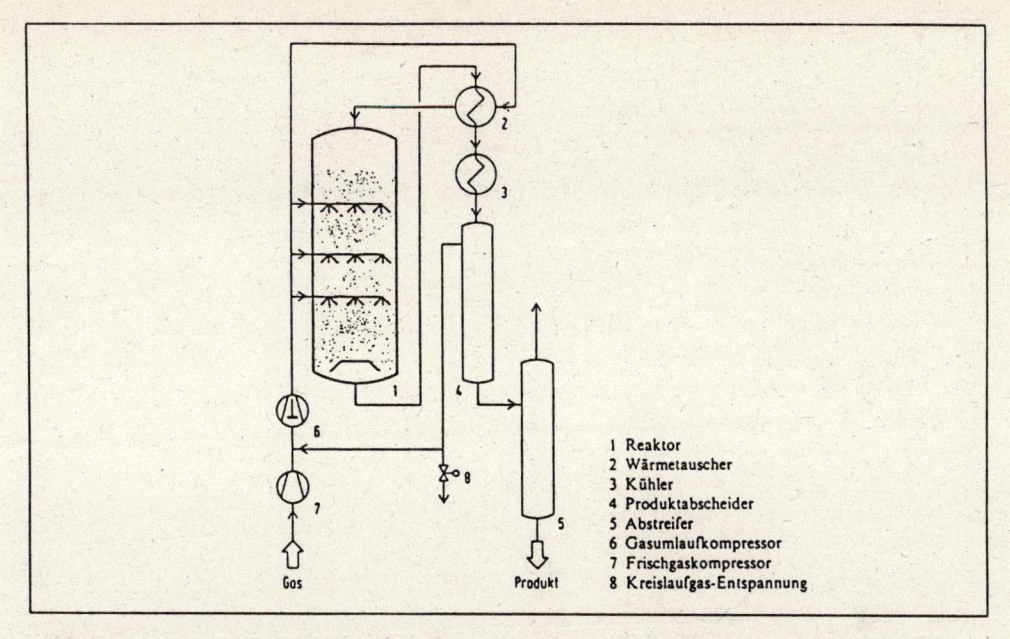

Abb. II.7-2: Methanol-Synthese/ Niederdruck-Verfahren. Quelle: Winnacker/ Küchler, Band 5

1 Reaktor
2 Wärmetauscher
3 Kühler
4 Produktabscheider
5 Abstreifer
6 Gasumlaufkompressor
7 Frischgaskompressor
8 Kreislaufgas-Entspannung

II.7.2.2.1.3 Oxosynthese

Produktionsmenge (alte Bundesländer), 1990: unbekannt. Kapazität 1989: 1,17 Mio. t (Ullmann).

Herstellung: Bei der Oxo-Synthese werden ungesättigte Verbindungen mit Synthesegas zu einem um ein C-Atom reicheren Aldehyd umgesetzt. Aus dem Aldehyd werden anschließend die Oxo-Alkohole hergestellt.

$$R\text{-}CH=CH_2 + Kat./CO + H_2 \longrightarrow R\text{-}CH_2\text{-}CH_2\text{-}CHO + R\text{-}CH(CH_3)\text{-}CHO$$

Emissionsabschätzung:

Berechnung nach Angaben der Industrie (pers. Mitteilung, 1992):

Annahme:
- Produktion: 1,17 Mio t Oxo-Produkte
- Eine Anlage mit einer Kapazität von 100.000 t Oxo-Produkt/a benötigt etwa
- 6.500 m^3 Synthesegas /h.
- darin enthalten sind etwa 50 m^3 CH_4 (= 0,77 Vol. %) (diese Angaben gelten für Synthesegas mit einem CO/H_2-Verhältnis von 1:1)
- eine Anlage ist etwa 345 d/a in Betrieb; dies entspricht 8280 h/a

Berechnung: Die Methanrestmengen im Prozeß der Oxo-Synthese berechnen sich für das Jahr 1990 auf 3.500 t bzw. 3 kg CH_4 / t Oxo-Produkt.

II.7.2.2.1.4 Essigsäuresynthese

Produktionsmenge (alte Bundesländer), 1987: 319.868 t; 1990: 323.267 t Essigsäure (Statistisches Bundesamt, div. Jge.).

Herstellung: Im Jahr 1985 wurden 47 % der gesamten Essigsäureproduktion durch Carbonylierung von Methanol hergestellt. Dieser Anteil steigt.

$$CH_3OH + CO \longrightarrow CH_3COOH$$

Die Herstellung kann nach dem Hochdruck- (BASF) oder dem Niederdruckverfahren erfolgen. Als Nebenprodukte der Synthese entsteht unter anderem auch Methan.

Emissionsabschätzung:

Eigene Berechnung auf der Basis von Literaturangaben:

Annahme:
- Produktion CH_3COOH: 1987: 319.868 t; 1990: 323.267 t
- 100 % der Essigsäureproduktion erfolgt durch Carbonylierung von Methanol nach dem Hochdruckverfahren
- es werden für die Produktion 170.667 t (1987) bzw. 172.481 t (1990) Methanol benötigt.
- etwa 3,5 % der Methanolkomponente verläßt das System als Methan (Nebenprodukt)

Ergebnis: Unter diesen Voraussetzungen ergäben sich maximale Methanemissionsmengen für 1987 und 1990 von jeweils ca. 3.000 t bzw 9 kg CH_4 / t CH_3COOH.

Anmerkung: Die CH_4-Bildung wird hierbei durch die Methanolkomponente verursacht (Nebenproduktbildung) und nicht durch den Methangehalt des Synthesegases. Dieser Methaneintrag dürfte vergleichsweise unbedeutend sein.

II.7.2.2.2 Raffinerie-Prozesse

Nach (Altmann, 1991) läßt sich der Weg des Rohöls und seiner Produkte innerhalb der Raffinerien wie folgt schematisch darstellen:
- Rohöllagerung
- Trennanlagen
- Umwandlungsanlagen
- Nachbehandlung
- Produktlagerung
- Produktauslieferung.

Mögliche Emissionsquellen treten auf bei
- Rohöllagerung
- Lecks des Heizgassystems
- dem Fackelsystem
- den Produktionstanks
- der Verladung von Ölprodukten.

Die Energieconsulting Heidelberg beziffert die Methanemissionen aus dem Eigenverbrauch von Energie für die Mineralölverarbeitung für 1987 auf 22.600 t/a (zitiert von Grassl u. a., 1991).

II.7.2.3 Zusammenfassung (alte Bundesländer)

Prozeß	CH_4-Restmengen in kg/t Produkt	Produktion 1987/90 in t	CH_4-Restmenge 1987/90 in t	CH_4-Emission 1987 bzw. 1990 [1]) in t
NH_3-Synthese	10	2,4 / 2,1 Mio.	ca. 24.000 / 21.300	vernachlässigbar (1990)
Methanolsynthese [2])	9	461.898 / 751.083	4.200 / 6.800	vernachlässigbar (1990)
Oxo-Synthese [3])	3	< 1,17 Mio.	< 3.500	vernachlässigbar (1990)
Essigsäuresynthese	9	319.868 / 323.267	< 3.000	k. A.
Mineralölverarbeitung				22.600 [4]) (1987)

[1]) bei Synthesegasprodukten keine Information über Verwertung von CH_4-Restmengen im Jahr 1987 verfügbar;
   bei Essigsäuresynthese keine Information über Verwertung von CH_4-Restmengen verfügbar;
   bei Mineralölverarbeitung nur Angaben für 1987 verfügbar
[2]) keine Methanol-Produktionszahlen für 1987 verfügbar, Angaben beziehen sich daher auf 1986 / 1990
[3]) keine Produktionszahlen verfügbar, Zahlenwerte daher aus Produktions-Kapazitäten von 1989 ermittelt
[4]) aus Energieeigenverbrauch

Tab.: II.7-1: CH_4-Emissionen aus ausgewählten Industrieprozessen in den alten Bundesländern

Die produktionsbedingten Methanemissionen konnten im Rahmen von Phase I nicht ermittelt werden und sind Gegenstand von Phase II.

II.7.2.4 Ausblick auf weiterführende Arbeiten

Neben den bereits angesprochenen vertiefenden Untersuchungen sollten in weiterführenden Arbeiten unter anderem die Emissionen der Eisen- und Stahlindustrie eingehend untersucht werden. So sollte eine

- Überprüfung der Emissionsrelevanz der **Direktreduktion von Eisenerz** erfolgen. In der Bundesrepublik ist eine Anlage in Betrieb, die Eisenerze nach dem MIDREX-Verfahren verarbeitet. Synthesegas auf der Basis von Erdgas dient hier als Reduktionsmittel.

Zu möglichen weiteren Emissionsquellen innerhalb dieses Industriesektors macht das Betriebsforschungsinstitut des Vereins Deutscher Eisenhüttenleute (VDEh) folgende Angaben (BFI, 1992):

- Ursache für Methanemissionen bei **Walzwerksöfen** könnte eine unvollständige Erdgasverbrennung sein. Quantitative Angaben sind hier kaum möglich, die Emissionen dürften jedoch eher unbedeutend sein.

- Größere Methanemissionen könnten im Vergleich dazu bei **Kokereien** auftreten. So hat die **Unterfeuerung** der Koksöfen ausgedehnte Heizzüge mit stufenweiser Verbrennung. Bei Einsatz von Erdgas könnte Methan unverbrannt entweichen. In der Bundesrepublik wird in Kokereien jedoch kein (bzw., nach vorliegenden Informationen der Autoren dieser Studie, in geringem Umfang) Erdgas verfeuert. Von größerer Bedeutung bei Koksöfen dürften die **Leckageverluste** von Koksofengas sein, das zwischen 23 und 30 % Methan enthält (Bandbreite älterer Meßwerte von 9 Kokereien; zitiert aus VDEh, 1968).

- Bei **Sinteranlagen** sind die möglichen Methanemissionen abhängig vom Einsatzmaterial. Ursache könnte z. B. der Einsatz von verunreinigtem Material, z. B. von Walzzunder, sein. Dabei könnte es zu Crackprozessen kommen, bei denen Methan entsteht. Üblicherweise werden bei Sinteranlagen jedoch nur die Gesamt-Kohlenstoffemissionen quantitativ erfaßt; Methan-Meßwerte sind nicht verfügbar.

Literatur

Altmann, B.-R.: Methanemission bei der Mineralölverarbeitung sowie bei Umschlag, Lagerung und Verteilung von Mineralölprodukten in der Bundesrepublik Deutschland im Jahre 1988. Erdöl, Erdgas, Kohle, 105 Heft 11 (1991), S. 464 - 466

BFI: Betriebsforschungsinstitut des VDEh: Persönliche Mitteilung, Oktober 1992

CITEPA: SNAP 90 Selected Nomenclature for Air Pollution (last release 29/02/92), Paris 1992

Energieconsulting Heidelberg: Emissionsminderung durch rationelle Energienutzung im Umwandlungssektor, in: Enquête-Kommission "Vorsorge zum Schutz der Erdatmosphäre" (Hrsg), Energie und Klima, Bd. 2, S. 743 - 819

GDCh: BUA (Beratergremium für umweltrelevante Altstoffe) -Stoffberichte 68 - 70. VCH-Verlag 1992

Grassl, H.; Hinrichsen, K.; Jahnen, W.; Englisch, G.; Hendel; S.: Methanquellen in der industrialisierten Gesellschaft. Max- Planck-Institut für Meteorologie, Hamburg und Meteorologisches Institut der Universität Hamburg Mai 1991

OECD: Estimation of Greenhouse Gas Emissions and Sinks. OECD, Final report from OECD Experts Meeting, 18-21 Feb 1991, Prepared For Intergovernmental Panel On Climate Change 1991

Persönliche Mitteilungen der Industrie

Statistisches Bundesamt: Produzierendes Gewerbe. Fachserie 4, Reihe 3.1, verschiedene Jahrgänge

Strogies, M. (Umweltbundesamt): persönliche Mitteilung 1993

Thiemens, M.H.; W.C. Trogler: Nylon Production: An Unknown Source of Atmospheric Nitrous Oxide. Science 251 (1991), S. 932 - 934

Ullmann's Encyclopedia of Industrial Chemistry. Fifth, completely revised edition. VCH- Verlag

VCI: Persönliche Mitteilung, Oktober 1992

VDEh (Hrsg.): Anhaltszahlen für die Wärmewirtschaft. Verlag Stahl Eisen, Düsseldorf 1968

Winnacker/ Küchler: Chemische Technologie, 4. Auflage, 7 Bände. Carl Hanser Verlag München/ Wien 1981 - 1986

II.8 CH_4-Emissionen aus Abfalldeponien

II.8.1 Deponierung und biochemische Mineralisierung von Siedlungsabfällen

Bei der Ablagerung von Abfällen, die biochemisch abbaubare organische Kohlenstoffverbindungen enthalten, entsteht Methan. Organische Kohlenstoffverbindungen finden sich im Hausmüll, Sperrmüll, hausmüllähnlichen Gewerbeabfällen, Marktabfällen, Straßenkehricht, Klärschlämmen und Baggergut aus Sedimenten von Gewässern. In der Bundesrepublik wurden im Jahre 1987 29,7 Mio t an derartigen Abfällen deponiert, wovon 25,5 Mio t auf die alten Bundesländer und 4,2 Mio t auf das Beitrittsgebiet entfielen (Tabelle II.8-1).

Nr.	Abfallart	Alte Länder	Neue Länder	BRD
1	Hausmüll, Sperrmüll, Marktabfälle, hausmüllähnliche Gewerbeabfälle, Straßenkehricht	22,1	3,6	25,7
2	Klärschlamm aus kommunalen Kläranlagen, auf öffentlichen Deponien abgelagert	2,6	0,6	3,1
3	Klärschlamm aus Industrie und Gewerbe, auf öffenlichen Deponien abgelagert	0,3	unbedeutend	0,3
4	Klärschlamm aus Industrie und Gewerbe, auf betriebseigenen Deponien abgelagert	0,1	unbedeutend	0,1
5	Baggergut an Land deponiert	0,4	unbekannt	0,4
6	Insgesamt deponiert	25,5	4,2	29,7

Tab. II.8-1: In Deutschland 1987 abgelagerte Menge an Abfällen mit organischen Kohlenstoffverbindungen. Quelle: (Stat. Bundesamt, 1991; UBA, 1990/91)

Die statistischen Daten für die neuen Bundesländer sind noch unbefriedigend. Die bestehenden Unsicherheiten schlagen allerdings auf die Abschätzung der Methanemissionen nur wenig durch.

Entscheidend für die Gesamtmenge an Methan, die sich bei der Mineralisierung des Abfalls bildet, ist die enthaltene organische Kohlenstoffmenge. Diese hängt von der Abfallart und dessen Vorbehandlung ab. So wird bei der heute praktizierten anaeroben Klärschlammstabilisierung ein Teil des Kohlenstoffs schon vor der Deponierung abgebaut. Der Gehalt an biochemisch abbaubarem Kohlenstoff im Müll wird hauptsächlich durch Papier und Pappe, die Vegetabilien (einschließlich Kohlenhydrate), Fette und Proteine bestimmt. Dagegen ist das Lignin von Holz nur schwer und der Kohlenstoffgehalt von Kunststoffen und anderen synthetischen Stoffen fast überhaupt nicht biochemisch abbaubar. Die Entfrachtung des Hausmülls von Papier, Pappe und Vegetabilien durch die getrennte Wertstofferfassung und private oder kommunale Kompostierung vermindert die Methanbildung in den Deponien. In der Literatur finden sich für deutschen Müll Werte für den biochemisch abbaubarer Kohlenstoffgehalt von 195 - 200 kg C/t Müll (Hoins, 1989; Bingemer, Crutzen, 1987; Rettenberger, 1988). Diese Angabe basiert allerdings auf schon recht alten Analysen von Tabasaran (1982) und Stegmann (1978). In der Zwischenzeit wurde die Wertstoffsammlung und in geringem Ausmaß auch die Kompostierung ausgebaut.

Die Gasbildung in Deponien verläuft in vier Phasen.

Aerobe Phase: Der aerobe mikrobielle Abbau des Mülls beginnt schon vor der Ablagerung und setzt sich an der Oberfläche der Deponie fort. In dieser Phase werden insbesondere leicht abbaubare Verbindungen umgesetzt. Da in den Deponiekörper kaum Luft eindringen kann, kommt der aerobe Abbau dann schnell zum Stillstand, wenn die Ablagerung durch frischen Müll überdeckt wird. Die aerobe Phase dauert einige Tage bis Wochen.

Saure Gärung: Nach der Aufzehrung des eingeschlossenen Sauerstoffs werden im anaeroben Milieu Fette, Kohlenhydrate und Proteine in niedermolekulare Bestandteile, vor allem Fettsäuren, Aminosäuren und Glukose umgesetzt und schließlich zu Carbonsäuren (Essigsäure, Ameisensäure, Buttersäuren etc.), Alkoholen sowie Wasserstoff und Kohlendioxid abgebaut. Dabei fällt der pH-Wert des Sickerwassers auf bis zu 5 ab. Ein Teil des Kohlenstoffs wird mit dem Sickerwasser ausgetragen, das BSB_5-Werte von bis zu 25 g O_2/l erreicht. Die saure Gärung dauert einige Monate.

Instabile Methangärung: Mit dem Abschluß der sauren Gärung setzt die Methanbildung ein. Die methanbildenden Bakterien spalten die gebildeten Carbonsäuren, Alkohole und Gase in CO_2 und CH_4. Durch den Säurenabbau steigt der pH-Wert des Sickerwassers wieder auf etwa 7 an, gleichzeitig nimmt dessen Belastung mit organischen Stoffen ab. Die instabile Methangärung ist gekennzeichnet durch eine stetige Zunahme des Methangehalts im Deponiegas.

Stabile Methangärung: Hat der Methangehalt seine Gleichgewichtskonzentration erreicht, spricht man von der Phase stabiler Methanbildung. Dabei bleibt der Methangehalt weitgehend konstant und liegt typischerweise um 55 Volumen %. Die stabile Methanbildung wird 0,5 bis 1 Jahr nach der Ablagerung erreicht. Je nach Mächtigkeit des Deponiekörpers können die Methanemissionen Jahrzehnte anhalten. Bei der Auslegung von Anlagen zur Deponiegasverwertung geht man derzeit von einer wirtschaftlich nutzbaren Gasproduktion von 10 Jahren aus (Stegmann, 1990).

Durch den mikrobiellen Abbau der organischen Bestandteile des Mülls entsteht ein stabiles mineralisches Endprodukt. Der Verlauf der Gasbildung auf Deponien ist in Abbildung II.8-1 qualitativ dargestellt.

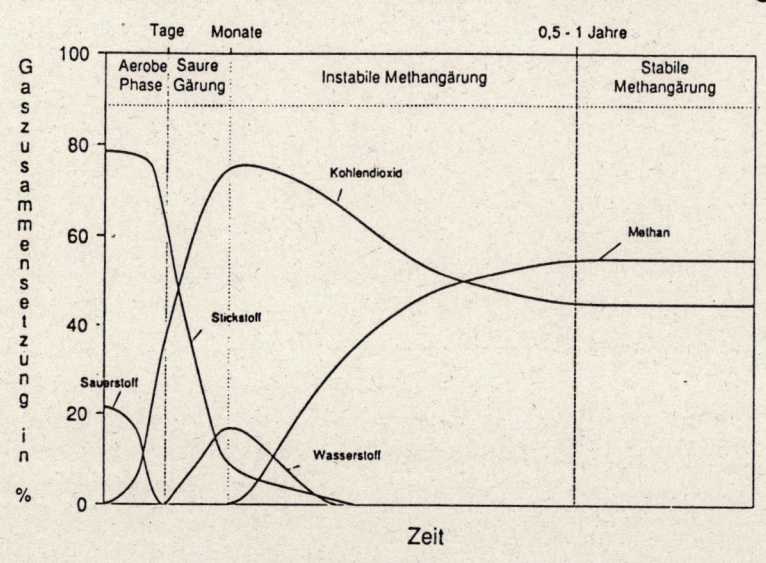

Abb. II.8-1: Qualitativer Verlauf der Gasbildung auf Hausmülldeponien. Quelle: (Poller, 1990).

II.8.2 Gasbildung und Gaspotential

Der zeitliche Verlauf der Gasbildung wird üblicherweise wie folgt angesetzt (Poller, 1990; Rettenberger, Stegmann(Hrsg.), 1991; Stegmann, 1990):

(1) $G(t) = G_e \cdot (1 - e^{-\ln2 \, t/H})$

$G(t)$ Gesamte bis zum Zeitpunkt t anfallende Gasmenge in Nm^3/t Müll
t Zeit in Jahren, die seit der Ablagerung vergangen ist
G_e Gaspotential in Nm^3/t Müll
H Halbwertszeit in Jahren

Die Halbwertszeiten der Müllkomponenten sind sehr unterschiedlich. Sie beträgt für Vegetabilien, Fette und Proteine 1 - 5 Jahre, für Papier 5 - 20 Jahre und für die Ligninanteile des Holzes 20 - 100 Jahre (Bingemer, Crutzen, 1987). Für Hausmüll wird meist mit mittleren Halbwertszeiten von 6 - 12 Jahren gerechnet (Hoins, 1989).

Es finden sich auch Ansätze in der Literatur, die berücksichtigen, daß die Methanbildung nicht mit der Ablagerung, sondern verzögert einsetzt. Dies ist aber hier ohne Belang.

Poller (1990) hat experimentell nachgewiesen, daß die Anwesenheit von halogenierten Kohlenwasserstoffen die Deponiegasbildung hemmt, da diese Schadstoffe vermutlich den Stoffwechsel der Bakterien beeinflussen. Halogenierte Kohlenwasserstoffe werden über organische Lösungsmitteln, FCKW-geschäumte PUR-Kunststoffe, Kältemittel und Spraydosen in die Deponie eingetragen. Im Ergebnis führt dies zu einer Abnahme der jährlichen Freisetzungsrate und zu einer Verlängerung der Freisetzungsdauer. Für die hier vorzunehmende Abschätzung der Emissionen ist dies nur von geringer Bedeutung.

Für das Gaspotential G_e, das ist die pro Tonne Müll durch biochemischen Abbau insgesamt entstehende Gasmenge, wird der Ansatz verwendet:

(2) $G_e = 1,868 \cdot C_b \cdot (0,014 \cdot T + 0,28)$

C_b biochemisch abbaubarer Kohlenstoffgehalt in kg/t Müll
T Temperatur in °C

Die bei der Methangärung im Deponiekörper entstehenden Temperaturen liegen bei 25 - 35 °C und können bei abgedeckten Deponien auf über 50 °C ansteigen (Hoins, 1989). Die jahreszeitlichen Temperaturschwankungen im Deponiekörper in Tiefen über 2 Meter sind gering.

Legt man einen Gehalt an biochemisch abbaubarem Kohlenstoff von 195 kg/t Müll zugrunde und eine mittlere Temperatur bei der Methangärung von 30 °C, dann errechnet sich aus Gleichung (2) ein Gaspotential von

255 Nm^3/t Müll.

Der Term $(0,014 \cdot T + 0,28)$ in Gleichung (2) wurde aus Faulversuchen mit Klärschlamm abgeleitet. $1 - (0,014 \cdot T + 0,28)$ gibt den Kohlenstoffanteil an, den die Bakterien inkorporieren. Ehrig (Rettenberger, 1991) bezweifelt, daß dieser Term auch bei der biochemischen Umsetzung in Deponien angesetzt werden kann, da dort, anders als im Faulbehälter, die Bakterien nicht mit dem Faulgut ausgetragen werden, sondern der inkorporierte Kohlenstoff langfristig ebenfalls für die Gasbildung zur Verfügung steht. Auch bei Bingemer und Crutzen findet sich diese Überlegung (Bingemer, Crutzen, 1987). Danach erhält man das Gaspotential

(2a) $G_e = 1,868 \cdot C_b$.

Wird der biochemisch abbaubare Kohlenstoff von 195 kg/t Müll vollständig in Deponiegas umgesetzt, entsteht nach Gleichung (2a) eine Gasmenge von

365 Nm^3/t Müll.

Es ist allerdings zu berücksichtigen, daß ein Teil des Kohlenstoffs mit dem Sickerwasser ausgetragen wird und für die Gasbildung verloren geht, wenn es nicht wieder auf der Deponie verrieselt wird.

Autor	Jahr	Deponiegas-potential in m^3 CO_2+CH_4 pro t Müll	Anmerkungen
1 Stegmann und Dernbach	1982	105-140	150-200 m^3/t Mülltrocken-substanz experimentell bestimmt
2 Ehrig	1991	100-180	50 % des C-Gehalts umge-setzt (experimentell be-stimmt)
3 Rettenberger	1988	277	aus Gehalt an organischen Kohlenstoff von 200 kg C/t Müll berechnet
4 Poller	1990	120	nach Stegmann
5 Bingemer und Crutzen	1987	300	aus C-Gehalt brechnet; CO_2:CH_4=1:1 angenommen
6 Grassl et al.	1991	150-200	bezogen auf Müll feucht
7 Selzer und Zittel	1990	200-300	Für BRD mit 120, für Welt mit 200 m^3/t Müll feucht gerechnet
8 Hoins	1989	229-280	aus C-Gehalt berechnet
9 Berechnung		365	bei vollständiger Umsetzung von 195 kg C/t Müll in Gas

Tab. II.8-2: Literaturangaben zum Deponiegaspotential

Wie Tabelle II.8-2 zeigt, liegen die experimentell bestimmten Werte weit unter jenen, die sich aus der Berechnung des Kohlenstoffumsatzes ergeben. Dies mag daran liegen, daß die Experimente Auslegungsbasis für Deponiegasanlagen waren. Deponiegasanlagen können nur während der Zeit intensiver Methanbildung, das sind etwa 10 Jahre, wirtschaftlich betrieben werden. Der danach einsetzende Abbau der schwerer abbaubaren Kohlenstoffverbindungen wird nicht erfaßt. Diese Abklingphase trägt allerdings zu den Emissionen bei und muß bei der Abschätzung der Methanemissionen berücksichtigt werden.

Diese Interpretation wird durch Ehrig gestützt (Ehrig, 1991), der festgestellt hat, daß in seinen Experimenten selbst bei einer reinen Vegetabilienfraktion nur etwa 50 % des Kohlenstoffs biologisch umgesetzt wurde, gleichzeitig aber eine weitere Gasbildung nach Abklingen der intensiven anaeroben Methanbildung zu beobachten ist. Er führt aus: "Dies deutet darauf hin, daß sehr langfristig die eigentliche Vielzahl der sonstigen organischen Verbindungen noch umgesetzt werden kann, deren Gasbildung für eine aktuelle Entgasung dann allerdings ohne Belang ist".

Wenn dem so ist, und der gegenwärtige Kenntnisstand legt dies nahe, dann wurden von den bisherigen Studien die Methanemissionen aus Deponien erheblich unterschätzt. Die dort verwendeten Gaspotentiale liegen zwischen 80 und 200 m³/t Müll, wobei die Zahlen des Umweltbundesamtes an der unteren Grenze (BMU, 1992) und die der neueren Studien (Grassl u. a., 1991) an der oberen Grenze liegen.

Für die Abschätzung des Gasanfalls wird im folgenden ein Gaspotential von

250 Nm³/t Müll

angesetzt. Angesichts der noch bestehenden erheblichen Unsicherheiten über den Wert des Gaspotentials wurde in der vorliegenden Abschätzung für Hausmüll und abgelagerten stabilisierten Klärschlamm das gleiche Gaspotential angesetzt. Die im folgenden Abschnitt berechneten Emissionen werden hierdurch geringfügig überschätzt.

In Phase II der Studie ist der Ansatz des Gaspotentials abzusichern. Dabei wird insbesondere der Abschätzung der mit dem Sickerwasser ausgetragenen Kohlenstoffmenge und dem nicht abgebauten Restgehalt an organischem Kohlenstoff Augenmerk gewidmet. Nach dem gegenwärtigen Kenntnisstand ist der hier gewählte vorsichtige Ansatz eher nach oben zu korrigieren.

II.8.3 Emissionen

Die im Verlaufe eines Kalenderjahres J (z. B. J=1990) anfallende Deponiegasmenge F_J in Nm³/a ergibt sich zu

$$(3) \quad F_J = M_{J-1} \cdot [G_{J-1}(1) - G_{J-1}(0)] + M_{J-2} \cdot [G_{J-2}(2) - G_{J-2}(1)] +$$
$$+ M_{J-3} \cdot [G_{J-3}(3) - G_{J-3}(2)] + \ldots$$

$$= S_i \, M_{J-i} \cdot [G_{J-i}(i) - G_{J-i}(i-1)];$$

$$i = 1, 2, 3, \ldots$$

Dabei ist M_{J-i} die im Kalenderjahr J-i abgelagerte Müllmenge in Tonnen. $G_{J-i}(i)$ ist die von dieser Ablagerung ausgehende, bis zum Ende des Kalenderjahrs J insgesamt anfallende Gasmenge einer Tonne Müll in Nm³ (Gaspotential). Demnach ist $M_{J-i} \cdot [G_{J-i}(i) - G_{J-i}(i-1)]$ die innerhalb des Kalenderjahres J anfallende Gasmenge der im Jahr J-i abgelagerten Müllmenge M_{J-i}. Eine zeitliche Verzögerung zwischen Ablagerung und Einsetzen der Methanbildung ist in diesem Ansatz berücksichtigt. Das Gaspotential $G_{J-i}(i)$ errechnet sich nach Gleichung (1) zu

$$G_{J-i}(i) = G_{eJ-i} \cdot (1-e^{-\ln 2 \, i/H}).$$

Die Müllzusammensetzung hat sich über die Jahre, die zur heutigen Deponiegasbildung beitragen, nicht wesentlich geändert. Das heißt, das Gaspotential G_e blieb etwa konstant, $G_{eJ-i}=G_e=$const. Geht man ferner für die hier vorzunehmende Abschätzung in ausreichender Näherung von einer konstanten jährlich abgelagerten Müllmenge aus, $M_{J-i}=M=$const, dann vereinfacht sich die Abschätzung der anfallenden Deponiegasmenge erheblich. Mit diesen Annahmen ergibt sich aus Gleichung (3)

$$\begin{aligned} F_J &= S_i \, M_{J-i} \cdot [G(i) - G(i-1)] \\ &= M \cdot \Sigma_i \, [G(i) - G(i-1)] \\ &= M \cdot G(\infty) = M \cdot G_e. \end{aligned}$$

Das heißt, die jährlich anfallende Deponiegasmenge F_J entspricht in guter Näherung dem Produkt aus der jährlich abgelagerten Müllmenge und dem Gaspotential:

(4) $F_J \approx M \cdot G_e.$

    F_J Jährlich anfallende Gasmenge in Nm^3/a
    M Jährlich abgelagerte Müllmenge in t/a
    G_e Gaspotential in Nm^3/t Müll

Da die jüngeren Ablagerungen zur Gasbildung stärker beitragen als die älteren, ist es zweckmäßig, auf das letzte statistisch verfügbare Jahr für die abgelagerte Müllmenge zurückzugreifen.

Mit dem im vorhergehenden Kapitel angesetzten Gaspotential von 250 Nm^3/t Müll und einer 1987 abgelagerten Müllmenge nach Tabelle 1 von 29,7 Mio Tonnen ergibt sich eine jährlich anfallende Deponiegasmenge von

   7.425 Mio Nm^3 CO_2+CH_4.

Bei einem Volumenanteil von 55 % sind darin

   4.080 Mio Nm^3 oder   2,9 Mio t Methan

enthalten. Bei den noch bestehenden Unsicherheiten im Gaspotential, ist nach Tabelle II.8-3 die in den deutschen Abfalldeponien anfallende Methanmenge zwischen 2,3 und gut 4 Mio Tonnen einzugrenzen.

Ein Teil des Methans wird mit Anlagen zur Gasfassung abgesaugt. Nach Angaben des Umweltbundesamts verfügen 62 % der Deponien über eine Gasfassung (UBA, 1990/91). Dabei sind die großen Deponien eher mit einer Gasfassung ausgerüstet als die kleineren. Der Anteil der abgelagerten **Menge** mit Gasfassung liegt daher über diesem Wert.

Nr.	Parameter	Einheit	Emissionen Richtwert	Emissionen Schwankungsbreite	Bemerkungen
1	Gaspotential	$Nm^3\ CO_2+CH_4/t$ Müll	250	200 - 350	bezogen auf Müll feucht
2	Abfallmenge	Mio t Müll	29,7	29,7	
3	Gasanfall	Mio $Nm^3\ CO_2+CH_4/a$	7.425	5.940 - 10.400	
4	Methananteil	Vol. %	55	55	
5	Methananfall Volumen	Mio $Nm^3\ CH_4/a$	4.080	3.270 - 5.720	
6	Methananfall Masse	Mio t CH_4/a	2,92	2,34 - 4,09	Dichte 0,716 kg/$Nm^3\ CH_4$
7	Anteil mit Gasfassung	%	66	66	bezogen auf abgelagerte Menge,
8	Erfassungsgrad	%	35	35	bezogen auf Deponien mit Gasfassung
9	Gefaßte Methanmenge	Mio t CH_4/a	0,68	0,54 - 3,15	
10	Methanemissionen	Mio t CH_4/a	2,25	1,80 - 3,15	
11	Energetisch genutzte Methanmenge	Mio t CH_4/a	0,10	0,10	Quelle: [PROGNOS 1991] 1990: 245 Mio m^3 CO_2+CH_4/a
12	Abgefackelte Methanmenge	Mio t CH_4/a	0,58	0,44 - 0,85	
13	CO_2-Emissionen der Fackel	Mio t CO_2/a	1,58	1,21 - 2,33	*FhG-ISI*

Tab. II.8-3: CH_4-Emissionen aus den deutschen Abfalldeponien im Jahre 1990

Ein Teil des gefaßten Gases wird in Motor- oder Feuerungsanlagen energetisch genutzt, ein Teil wird abgefackelt. Die energetische Nutzung substituiert Erdgas. Die dabei entstehenden CO_2-Emissionen werden durch die vermiedenen Emissionen der Erdgasnutzung kompensiert. Die **methanbürtigen CO_2-Emissionen** der Fackel müssen jedoch berücksichtigt werden. Da aus jedem Mol an abgefackeltem Methan ein Mol CO_2 entsteht, werden jährlich 1,5 Mio Tonnen CO_2 über die Fackel emittiert (Schwankungsbreite 1,2 - 2,2 Mio t CO_2).

Nach Tabelle II.8-3 ergeben sich **Methanemissionen** aus den west- und ostdeutschen Abfalldeponien von zusammen **2,2 Mio Tonnen jährlich**, wobei dieser **Richtwert** gegenwärtig nicht genauer als innerhalb der **Schwankungsbreite** von **1,8 bis 3,1 Mio Tonnen** einzugrenzen ist. Wenn man mit der 5-fachen effektiven Klimawirksamkeit eines Mols Methan gegenüber einem Mol CO_2 (siehe Kap. II.3 "*Kohlenbergbau*") rechnet, entsprechen dem abgeschätzten Richtwert für die Methanemissionen somit, zusammen mit den CO_2-Emissionen der Fackel, klimaäquivalente Emissionen von 32,5 Mio Tonnen CO_2 jährlich.

Angesichts der bestehenden großen Unsicherheiten beim Gaspotential wurde bei der Emissionsschätzung auf die Variation der ebenfalls unsicheren Parameter "Anteil mit Gasfassung" und "Erfassungsgrad" verzichtet. In Phase II dieser Studie sind diese Unsicherheiten einzuengen. Dort soll auch die Bedeutung der innerhalb des Deponiekörpers auftretenden Oxidation von CH_4 zu CO_2 abgeschätzt werden. Insbesondere wird aber das Gaspotential zu überprüfen sein.

Tabelle II.8-4 vergleicht die Methanemissionen aus den deutschen Abfalldeponien mit den globalen Emissionen. Die Literaturangaben über die globalen Emissionen schwanken erheblich. In Tabelle 4 sind nur Mittelwerte angegeben.

Methanemissionen	Emissionen in Mio t/a	Anteil in %
Weltweit, alle anthropogenen Quellen	500	100
Weltweit, aus Abfalldeponien	40	8
Deutsche Abfalldeponien	1,8 - 3,1	0,36 - 0,63

Tab. II.8-4: Anthropogene CH_4-Emissionen

II.8.4 Emissionsminderung

Die technischen Maßnahmen zur Emissionsminderung können hier nur allgemein diskutiert werden. Die auf die deutsche Situation abgestellte Prüfung der Minderungsmöglichkeiten muß Phase II dieser Studie vorbehalten bleiben.

Bei **neu anzulegenden Deponien** sieht die vom Kabinett bereits verabschiedete TA Siedlungsabfall eine drastische Verminderung des Kohlenstoffgehalts der abzulagernden Abfälle vor. Je nach Art der Deponie sind Glühverluste unter 1 - 3 bzw. 10 Gew. % einzuhalten, die gegenwärtig nur durch eine thermische Vorbehandlung erreichbar sind. Bei diesen künftigen Deponien wird die Gasbildung gering sein. Unter Berücksichtigung der geplanten Übergangsregelungen der TA Siedlungsabfall ist zusammen mit den Emissionen aus Altdeponien aber noch 30 - 40 Jahre mit nennenswertem Deponiegasanfall zu rechnen.

Ziel von Maßnahmen zur Verminderung der von **bestehenden Deponien** ausgehenden Methanemissionen ist es zum einen, einen möglichst hohen Anteil des austretenden Gasses zu erfassen, zum anderen, das erfaßte Gas energetisch zu nutzen.

Bei jungen Deponien gehören Entgasungsanlagen zur Standardausrüstung. Dabei werden Gasbrunnen vertikal niedergebracht. Die dafür meist verwendeten HDPE-Rohre sind im unteren Teil für den Gaseintritt geschlitzt und werden im oberen Teil gegen die Oberfläche abgedichtet. Horizontale HDPE-Leitungen verbinden die Gasbrunnen mit dem Maschinenhaus. Bei der Gasabsaugung ist darauf zu achten, daß nicht übersaugt wird, da an den Stellen, in denen Luft in den Deponiekörper eintritt, der anaerobe Abbau zum Erliegen kommt. Außerdem ist Stickstoff im Deponiegas nur mit hohem Aufwand abtrennbar. Eine Nachrüstung älterer Deponien mit Entgasungsanlagen ist möglich und wird praktiziert.

Durch eine Abdeckung der Deponie läßt sich der Gaserfassungsgrad steigern. Allerdings muß dabei auf den Wasserhaushalt geachtet werden, da beim Austrocknen der Deponie der biochemische Abbau gebremst wird.

Soll das Deponiegas im Heizwert angehoben werden, beispielsweise für die Einspeisung in ein Erdgasnetz, wird das CO_2 abgetrennt. Dies kann in einer Membrananlage erfolgen. Außer CO_2 und CH_4 sind im Deponiegas Spuren von Schwefelverbindungen, hauptsächlich als H_2S, und eine ganze Palette von halogenierten Kohlenwasserstoffen zu finden. Diese Verunreinigungen müssen vor der Gasnutzung zum Beispiel durch mehrstufige Aktivkohlefilter abgetrennt werden. Insbesondere Verbrennungsmotoren reagieren auf die genannten Verunreinigungen empfindlich.

Energetisch und für die Emissionsbilanz besonders günstig ist die Deponiegasnutzung für die gekoppelte Produktion von Wärme und Strom in Blockheizkraftwerken. Aber selbst das reine Abfackeln des Gases setzt die Klimawirksamkeit der Emissionen auf ein Fünftel herab.

II.8.5 Ausblick auf Phase II

Für die weiteren Arbeiten der Studie stellen sich folgende Aufgaben:

- Aktualisierung der Abfallmengen nach Vorliegen der Abfallstatistik für das Jahr 1990.

- Absicherung des Gaspotentials für Siedlungsabfälle. Abschätzung des Kohlenstoffaustrags mit dem Deponiesickerwasser und des nicht zu Methan umgesetzten Rests an organischem Kohlenstoff. Einengung der bestehenden Unsicherheiten über den Zahlenwert des Gaspotentials.

- Abschätzung der Bedeutung der innerhalb des Deponiekörpers auftretenden Oxidation von Methan

- Verbesserung der Datenlage über den gegenwärtigen Stand der Entgasung bestehender Deponien (Anteil mit Gasfassung, erreichte Erfassungsgrade, Deponien mit Abdeckung etc.).

- Abschätzung des Potentials für den Ausbau der Deponiegasfassung und -nutzung und der damit erzielbaren Emissionsminderung.

Literatur

BMFT: Abfallwirtschaft und Altlasten. Förderkonzept des BMFT

BMU: Bericht der Bundesregierung an die EG über das nationale Programm zur Reduzierung der energiebedingten CO_2-Emissionen und anderer ... Umwelt (6) (1992)

Bingemer, H.G.; Crutzen, P.J.: The production of methane from solid-wastes. Journal of Geophys. Research 93 (D2) S. 2181-2187 (1987)

Bouwman, A.F.; Van den Born, G.J.; Swart, A.J.: Land-Use Related Sources of CO_2, CH_4 and N_2O. Current global emissions and projections for the period 1990-2100. National Institute Of Public Health And Environmental Protection Bilthoven Netherlands, Report 222901004 May (1992)

Dernbach, H.: Möglichkeiten der Deponiegasverwertung. Entsorgungspraxis 9 (11) S. 702-706 (1991)

Deutscher Bundestag: Methan. Drucksache 11/8030, Kapitel 1.4.3 S. 99-101

Eckerle, K.; Hofer, P.; Masuhr, K.P.: Die energiewirtschaftliche Entwicklung in der BRD bis zum Jahre 2010 unter Einbeziehung der fünf neuen Bundesländer. PROGNOS-Bericht Dez. (1991)

Ehrig, H.J.: Gasprognose bei Restmülldeponien. Trierer Berichte zur Abfallwirtschaft 2 S. 61-87 (1991)

Garber, W.D. et al: Verzicht aus Verantwortung: Maßnahmen zur Rettung der Ozonschicht. UBA-Berichte 7/89 (1989)

Grassl, H.; Hinrichsen, K.; Jahnen, W.; Englisch, G., Hendel, S.: Methanquellen in der industrialisierten Gesellschaft. Max-Planck-Institut für Meteorologie Hamburg und Meteorologisches Institut der Universität Hamburg Mai (1991)

Hartje, V.J.: Verteilung der Reduktionspflichten. Inst. für Landschaftsökonomie TU-Berlin.

Hogan, K.B. et al: Methan on the greenhouse agenda. Nature 354 (11) S. 181-182 (1991)

Hoins, H.: Stand der Technik bei der Entgasung einer Hausmülldeponie. Entgasung von Mülldeponien. Müll- und Abfall 21 (6) S. 299-300, 302-308 (1989)

Masuhr, K.P. et al.: Die energiewirtschaftliche Entwicklung in der Bundesrepublik Deutschland bis zum Jahr 2010. PROGNOS-Bericht, Okt. (1989)

N.N.: Beiheft zu Müll und Abfall - Heft 19 (1982)

N.N.: Deponiegas in Erdgasqualität kann wirtschaftlich interessant werden. Versuchsanlage auf der Hausmülldeponie Neuss-Holzheim erfolgreich / Zweistufiges Verfahren trennt auch Schadstoffe ab. Blick durch die Wirtschaft Band 33 (1990) Heft 111, 12.06.90, S. 8 (1990)

N.N.: Deponiegasnutzung - Emissionsminderung, Sicherheitstechnik und Technologien. Beiheft zu Müll und Abfall - Heft 26 (1987)

N.N.: Methane Emissions and Opportunities for Control - Workshop Results of IPCC. EPA-Report Dec. (1990)

Poller, T.: Hausmüllbürtige LCKW/FCKW. Economia Verlag (1990)

Rehfeldt, M.; Nießer, H. Hausmülldeponien in der Bundesrepublik Deutschland. UBA-Bericht, März (1991)

Rettenberger, G.: Gashaushalt von Deponien. Entsorgungspraxis Spezial Nr. 2 S. 89-93 (1988)

Rettenberger/Stegmann (Hrsg.): Deponiegasnutzung - Emissionsminderung, neue Planungen und Technologien. Trierer Bericht zur Abfallwirtschaft Band 2 Tagung 6.-8. März 1991 (1991)

Schneider, J.: Deponiegaserfassung und -aufbereitung. Entsorgungspraxis 7 (11) S. 612, 614, 616-617 (1989)

Selzer, H.; Zittel, W.: Klimarelevante Emissionen von Methangas. Ludwig-Bölkow-Systemtechnik GmbH Bericht Juni (1990)

Statistisches Bundesamt: Statistisches Jahrbuch 1991. Wiesbaden Sep. (1991)

Stegmann, R.: Beschreibung eines Verfahrens zur Untersuchung anaerober Umsetzungsprozesse von festen Abfallstoffen im Labormaßstab. Müll und Abfall 2/81, S. 35-39

Stegmann, R.: Deponiegasfassung und -entgasung. Entsorgungspraxis Spezial Nr. 4 S. 38-43 (1990)

Stegmann, R.; Dernbach, H.: Deponieentgasung mittels Gasbrunnen zum Zwecke optimaler Gasnutzung am Beispiel der Deponie Braunschweig. Beihefte zu Müll und Abfall, Heft 19 S. 39-46 (1982)

UBA: Daten zur Umwelt 1990/1991. Erich Schmidt Verlag, Berlin (1992)

Zittel, W.; Selzer, H.: Die Klimawirksamkeit von Methan. Erdöl Erdgas Kohle 106 (6) S. 364-367 Sep (1990)

II.9 N$_2$O- und CH$_4$-Emissionen aus Biomasseverbrennung

Jürgen M. Lobert

National Oceanic and Atmospheric Administration, Climate Monitoring and Diagnostics Laboratory, Nitrous Oxide and Halocarbons Division, Boulder, CO, USA

Dieter H. Scharffe

Max Planck Institut für Chemie, Abteilung Luftchemie, Mainz

II.9.1 Einleitung

Während die Biomasseverbrennung weltweit eine bedeutende Rolle in der Produktion von Umweltschadstoffen spielt, können auf nationalen Ebenen sehr große Unterschiede in der Art, Menge und Fläche der Verbrennungen auftreten. Während in tropischen Ländern vorwiegend Savannenbrände und die Brandrodung tropischer Regenwälder dominiert, spielen in Ländern der gemäßigten Klimazonen unkontrollierte Naturbrände meist eine untergeordnete Rolle oder beschränken sich zumindest auf zeitlich weit entfernte Einzelereignisse. Beispielsweise weicht die gesamte Waldbrandfläche der alten Bundesrepublik im Jahre 1984 um einem Faktor von zwei nach oben vom langjährigen Mittelwert ab [BM für Ernährung 1992]. Legt man die vorhandenen Daten für jede Art der Biomasseverbrennung in Deutschland während der letzten Jahre zugrunde, so sind die Emissionen aus diesen Verbrennungen vernachlässigbar verglichen mit Emissionen aus tropischer Biomasseverbrennung, die weltweit etwa 90 % zur Gesamtbiomasseverbrennung beitragen (siehe auch Übersichtstabelle II.9-5).

Im folgenden wird versucht, eine Bilanz für die Emissionen von Methan und Distickstoffmonoxid aus der Verbrennung von Biomasse in der Bundesrepublik Deutschland zu erstellen und abzuschätzen, inwieweit die Biomasseverbrennung zur deutschen Gesamtemission dieser Gase beiträgt. Den eigentlichen Abschätzungen vorangestellt ist eine Zusammenfassung der für die akkurate Bestimmung von N$_2$O notwendigen Analysentechnik sowie eine sehr kurze Skizzierung der Analysentechnik für Methan.

II.9.2 Analysetechniken für N$_2$O und CH$_4$

II.9.2.1 Probenahme und Analyse von N$_2$O aus Verbrennungsquellen

II.9.2.1.1 Wissenschaftlicher Hintergrund

Distickstoffmonoxid oder Lachgas ist ein atmosphärischer Spurenstoff mit einem Volumenmischungsverhältnis von derzeit etwa 310 parts per billion (ppbV oder 10^{-9}), das für die Atmosphärenchemie von immer größerer Bedeutung wird aufgrund seiner Fähigkeit, infrarote Strahlung zu absorbieren und damit zum sogenannten Treibhauseffekt beizutragen (Wang et al, 1976, Ramanathan et al., 1985), als auch an der Zerstörung des stratosphärischen Ozons teilzunehmen (Crutzen, 1974, McElroy and McConnell, 1971). Bis 1988 erschien der globale Haushalt von N_2O ausgeglichen zu sein, und die jährliche Zunahme des Gases von etwa 0,2 bis 0,3 % in der Atmosphäre wurde, aufgrund der Arbeiten von Pierotti and Rasmussen [1976], Weiss and Craig [1976] oder Hao et al. [1987], hauptsächlich den Emissionen aus fossiler und Biomasseverbrennung zugeschrieben.

Muzio und Kramlich fanden 1988, daß die meisten der veröffentlichten Daten über N_2O Emissionen aufgrund eines Artefaktes in der Probenahme, bei dem N_2O während der Lagerung in den Sammelbehältern gebildet wurde, viel zu hoch sind. Nach diesen Experimenten reagiert Stickoxid (NO) innerhalb weniger Minuten nach Probenahme mit Schwefeldioxid in Gegenwart von Wasser und bildet N_2O bis zu einer Konzentration, die dem Stickstoff in der ursprünglichen NO- Menge entsprechen kann, wobei die Reaktionsrate von den Konzentrationen an Schwefeldioxid und Wasser abhängt. Dieser Effekt ist besonders stark in Gasproben aus Kraftwerken zu beobachten, deren Abgase sehr hohe Konzentrationen an SO_2 und Wasserdampf enthalten. Ein ähnlicher Effekt kann aber, wenn auch mit stark verminderter Reaktionsrate, ebenso in Proben aus Biomasseverbrennung beobachtet werden. Der Grund für die verminderte Reaktionsrate liegt in den SO_2 Konzentrationen, die etwa zwei Größenordnungen niedriger liegen als in Kraftwerksemissionen. Bingemer et al. [1991] berichten von maximalen Schwefeldioxidemissionen um 20 bis 30 ppm in unmittelbarer Umgebung der Flamme bei Experimenten offener Biomasseverbrennung verglichen zu Emissionen aus Kraftwerken, die bei etwa 2000 ppm liegen [EPA 1990]. Obwohl die N_2O Produktion erst stark ansteigt, sobald SO_2 Konzentrationen um 500 ppm erreicht werden, konnten Hao et al. [1991] für Biomasseverbrennungsproben immer noch einen Anstieg der N_2O Mengen in Edelstahlbehältern von 3 % bis 19 % innerhalb 24 Stunden und bis zu 60 % nach 20 Tagen beobachten.

Die Ergebnisse von Muzio und Kramlich legten die Entfernung von Schwefeldioxid und/oder Wasser aus der Gasprobe während der Probennahme nahe. Die Entfernung von Wasser alleine reduziert die Lachgasproduktion schon um einen Faktor 10 (Muzio et al. 1989), die Entfernung von Wasser und Schwefeldioxid eliminiert die N_2O Nachbildung vollständig.

Der folgende Abschnitt beschreibt eine experimentelle Vorgehensweise für die Bestimmung von Distickstoffmonoxid in Verbrennungsgasen. Hier beinhaltet sind sowohl Richtlinien, die von der amerikanischen Umweltbehörde EPA veröffentlicht wurden [EPA 1990], als auch einige zusätzliche Empfehlungen, die aus dem *European N_2O-Workshop* von 1990 und eigenen Arbeiten der Autoren stammen (Lobert et al. 1991).

II.9.2.1.2   Empfehlungen für die Bestimmung von N_2O aus Verbrennungsquellen

Standardgemäß wird N_2O sehr empfindlich mit Hilfe eines Elektroneneinfangdetektors (ECD) bestimmt, nachdem eine gaschromatographische (GC) Auftrennung von anderen Gasen erfolgte. Eine sehr kurze Einleitung in die Funktionsweise eines GC/ECD Systems ist in EPA [1990] gegeben.

II.9.2.1.2.1   EPA Richtlinien

Probenahme: Für das Trocknen der Gasprobe vor der Probenahme empfiehlt die EPA eine Kombination von Eisbad und Trocknungsrohr, welches P_2O_5 enthält; eine Längenangabe für das Trockenrohr wird jedoch nicht gegeben.

Injektion: Die Überführung der gasförmigen Probe vom Sammelbehälter zur Sammelschleife des GC's sollte laut EPA mittels gasdichter Spritzen erfolgen, die Injektion in das GC- System mittels eines 10-port Injektionsventils. Die Funktionsweise und Anschlußbelegung eines solchen Ventils ist in Abb. II.9-1 dargestellt und ermöglicht die Abtrennung von Verbindungen, die möglicherweise nach N_2O eluieren und die nachfolgenden Analysen stören können.

Konfiguration:

Sammelschleife: 1 cm³ festes Volumen, durchspült mit 5 cm³ der Probe aus der Spritze

Vorsäule: 1,8 m x 3,2 mm gepackt mit Hayesep D (Alltech), es wird keine Durchflußrate angegeben.

Hauptsäule: 3,7 m x 3,2 mm mit Porapak Super Q gepackt (Alltech)

Trägergas: Argon/Methan Mischung (90-95 % / 10-5 %) vorgereinigt mit 5 Å Molekularsieb und einem Katalysator zur Sauerstoffentfernung.

Ofentemperatur: 50°C, 100° to 200° um Trennsäulen zu reinigen.

ECD: ^{63}Ni Konstantstrom- Typ, beheizt auf 300 bis 350°C.

Methode: 3,5 Minuten nach der Injektion wird das 10-port-Ventil in den Rückspülmodus (backflush mode) geschaltet, sodaß N_2O auf die Hauptsäule gelangt und alle höheren Verbindungen von der Vorsäule zurückgespült werden (siehe Graphik 1). N_2O eluiert nach 6,5 Minuten, die Analyse sollte insgesamt acht Minuten dauern.

Eichung: EPA empfiehlt den Gebrauch von vier zertifizierten Eichgasen in den Arbeitsbereichen 0,5-5 ppm, 5-40 ppm, 40-200 ppm, wobei drei aufeinanderfolgende Injektionen für jeden Eichpunkt verlangt werden. Die detaillierte Methode ist in EPA (1990) beschrieben und bezieht sich nur auf Analysen für Verbrennungsgase.

II.9.2.1.2.2 Zusätzliche Empfehlungen

Probenahme: Muzio et al. [1988, 1989] verwendeten Eisbäder und wässrige NaOH Lösungen, um Wasser und SO_2 bei der Probenahme zu entfernen. Während Eisbäder eine gute Methode darstellen, um sicherzugehen, daß die Probe nicht verändert oder adsorbiert wird, sind Vorsäulen mit Trocknungsmitteln i.A. einfacher zu handhaben. Calciumchlorid ($CaCl_2$), Magnesiumperchlorat ($Mg(ClO_4)_2$) oder Phosphorpentoxid (P_2O_5), normalerweise auf einer Trägersubstanz wie Aktivkohle verwendet, sind die gebräuchlichsten Trocknungsmittel. Silicagel, das auch sehr oft als Trocknungsmittel verwendet wird, ist nicht zu empfehlen, da es retentiv auf N_2O wirkt [EPA 1989]. Für die Entfernung von Schwefeldioxid ist Natriumhydroxid (NaOH) sehr gut geeignet, das normalerweise in flüssiger Form oder aber auf einem Trägermaterial angeboten wird. Dieses Material entfernt allerdings auch Kohlendioxid und kann u.U. auch andere Komponenten beeinflussen. Derartige Effekte müssen berücksichtigt werden, wenn andere Spurenstoffe aus der gleichen Probe bestimmt werden sollen. In jedem Fall ist es notwendig, diese Vorsäulen ausreichend mit (etwa ihrem zehnfachen Eigenvolumen an) Probengas zu durchspülen, um die in ihr enthaltene Luft zu verdrängen. Die Verwendung von innen elektropolierten Edelstahlbehältern wurde von Lobert et al. (1991 für Biomasseverbrennungsproben) und Thompson et al. (1985 für Umgebungsluftproben) als geeignet beschrieben. Generell gilt, daß eine Verminderung der Lagerzeit von Probenbehältern jede Art von Einfluß auf die Probe vermindert.

Injektion: Im Vergleich zum Gebrauch von Gasspritzen sind drei weitere Methoden der Injektion als adäquat oder besser befunden worden. Die erste Methode ist ein permanentes Durchspülen der Probeschleife mit Probengas mittels einer Pumpe, die hinter der Probenschleife angebracht ist, und stellt sicherlich die beste Methode dar, da eine in situ Analyse jede Lagerzeit vermeidet.

Die zweite Methode ist ein Füllen der Probenbehälter mit einem Überdruck an Gasprobe, der direkten Verbindung dieses Behälters mit der Probenschleife und einem Expandieren des Gases durch die Probenschleife gegen Außendruck.

Die dritte Methode erfordert ein Evakuieren der Probenschleife, die auf der anderen Seite mit dem Behälter verbunden ist. Durch die Evakuierung wird ermöglicht, den Inhalt des Behälters auch dann durch die Probenschleife fließen zu lassen, wenn der Behälter keinen Überdruck hat. Nachdem die Probe den evakuierten Raum ausgefüllt hat, bestimmt man den absoluten Druck in der Probenschleife und kann damit die Menge an injiziertem Gas berechnen. Alle drei Methoden vermindern die Wahrscheinlichkeit der Kontamination durch unsachgemäße Handhabung von Gasspritzen und werden seit einigen Jahrzehnten im Bereich der Außenluftbestimmung von N_2O verwendet [Thompson et al.].

Konfiguration:

Probenschleife: Um ein analytisches System flexibel zu halten, sollte die Verwendung von Probenschleifen mit verschiedenen Volumina in Betracht gezogen werden. Typische Volumina bewegen sich zwischen 0,1 cm^3 für sehr hohe Mischungsverhältnisse und 5 cm^3 für weniger als Außenluftkonzentration an N_2O.

Trennsäulen: Für beide Trennsäulen kann das gleiche Packungsmaterial *Porapak Q* verwendet werden, es besteht kein Grund, Hayesep D für die Vorsäule zu verwenden. In der Tat wird *Porapak Q* in den meisten Publikationen als einziges Packungsmaterial beschrieben. *Porasil* Packungsmaterial, das während der frühen 80er Jahre Verwendung fand, sollte hingegen nicht verwendet werden, da in derartigen Trennsäulen Kohlendioxid zusammen mit Lachgas eluiert und eine Auftrennung nicht möglich ist.

Zusätzlich kann Restwasser mittels einer gekühlten (-40°C) Edelstahlrohrkapillare entfernt werden. Das Vorschalten einer weiteren Vorsäule, gepackt mit NaOH auf Trägermaterial, entfernt Spuren von SO_2 und jegliches CO_2. Die Länge dieser Vorsäulen hängt sehr stark von der Menge der zu entfernenden Komponenten ab. Eine praktische Länge für die Vorsäule mit NaOH auf Trägermaterial ist etwa 30 cm (0,64 cm Außendurchmesser, Edelstahl). Für die Entfernung von Restwasser empfiehlt sich ein dünnes (2mm AD) Edelstahlrohr, das als Spirale aufgewickelt und vor der NaOH-Säule installiert wurde. Eine derartige Kühlfalle ist jedoch sehr schnell gesättigt und es sollte, wenn möglich, eine andere Trocknungsmethode verwendet werden. Die Verwendung von *NAFION* Trocknungsschläuchen beispielsweise ist empfehlenswert, wenn es sich um nicht allzu verunreinigte Proben handelt.

Trägergas: Eine Mischung aus Stickstoff/Methan ist ebenso geeignet wie eine Argon/Methan Mischung. Letztere wird in Amerika nur deshalb vorgezogen, da sie aufgrund ihres Einsatzes in Strahlungsmonitoren der Nuklearindustrie billiger ist. Typische Durchflußraten sind 30 bis 50 cm^3/min und sollten in der Vorsäule gleich oder höher sein als in der Hauptsäule, um eine gründliche Reinigung der Vorsäule zu garantieren.

Ofentemperatur: Die gebräuchlichste GC- Temperatur liegt zwischen 60° und 65°C.

ECD- Temperatur: Im allgemeinen steigt die Empfindlichkeit des ECD's für die Bestimmung von N_2O mit der Betriebstemperatur, die von den meisten Autoren mit 350°C angegeben wird.

Eichung: Wie schon im EPA Bericht angegeben, zeigt das ECD Signal einen nichtlinearen Verlauf, der für die verschiedenen, kommerziell erhältlichen ECDs mehr oder weniger stark zutage tritt. Je nach Umfang des Arbeitsbereiches sollte die Verwendung mehrerer Eichgase in Betracht gezogen werden. Bei kleinen Konzentrationbereichen ist eine Eichung mittels zweier Eichgase, die in ihrer Konzentration nicht mehr als 10 % höher und niedriger liegen als die Probe, ausreichend. Wenn ein größerer Konzentrationbereich abgedeckt werden soll, ist die Verwendung mehrerer Eichgase oder eines dynamischen Mischungssystems zu empfehlen. Für Bestimmungen der Außenluftkonzentration an N_2O sind Eichgase im niedrigen Konzentrationsbereich um 0,3 ppm erforderlich.

Unabhängig davon, welcher analytische Aufbau letztendlich gewählt wird, ist es unabdingbar, ein 10-port Injektionsventil (vgl. Abb. II.9-1) zu verwenden und mindestens Wasser, bevorzugt jedoch sowohl Wasser als auch Schwefeldioxid, aus der Probe zu entfernen um eine zuverlässige Bestimmung von Distickstoffmonoxid zu gewährleisten.

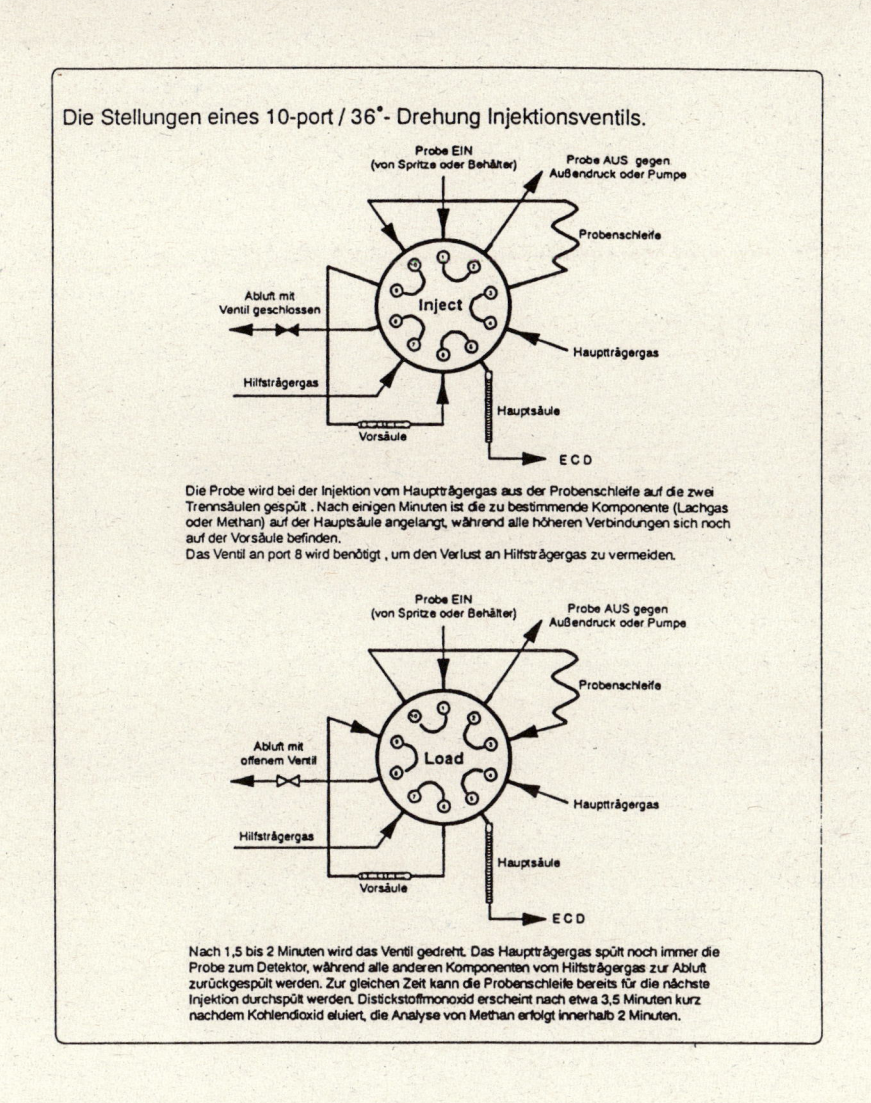

Die Stellungen eines 10-port / 36°- Drehung Injektionsventils.

Die Probe wird bei der Injektion vom Hauptträgergas aus der Probenschleife auf die zwei Trennsäulen gespült. Nach einigen Minuten ist die zu bestimmende Komponente (Lachgas oder Methan) auf der Hauptsäule angelangt, während alle höheren Verbindungen sich noch auf der Vorsäule befinden.
Das Ventil an port 8 wird benötigt, um den Verlust an Hilfsträgergas zu vermeiden.

Nach 1,5 bis 2 Minuten wird das Ventil gedreht. Das Hauptträgergas spült noch immer die Probe zum Detektor, während alle anderen Komponenten vom Hilfsträgergas zur Abluft zurückgespült werden. Zur gleichen Zeit kann die Probenschleife bereits für die nächste Injektion durchspült werden. Distickstoffmonoxid erscheint nach etwa 3,5 Minuten kurz nachdem Kohlendioxid eluiert, die Analyse von Methan erfolgt innerhalb 2 Minuten.

Abb. II.9-1: Übersicht über ein 10-port Injektionsventil

II.9.2.2 Probenahme und Bestimmung von CH_4 aus Verbrennungsquellen

Die Bestimmung von Methan erfolgt gaschromatographisch mit einer Molekularsiebsäule und einem Flammenionisationsdetektor (FID). Obwohl die Konzentration an Methan in einer Probe nicht durch die Anwesenheit von Wasser oder Schwefeldioxid beeinflußt wird, sollten einige der Empfehlungen des vorherigen Abschnitts auch für die Methananalyse berücksichtigt werden. Dabei hat die Verwendung eines 10- port Ventils die gleiche Bedeutung, insbesonders wenn hohe Gehalte an Kohlenwasserstoffen erwartet werden. Diese Verbindungen zeigen ein ähnlich großes oder größeres Signal im FID und eluieren nach Methan, können also dessen Bestimmung in aufeinanderfolgenden Injektionen beeinflussen.

Speziell für Methan ist auch zu berücksichtigen, daß gefettete Verschlüsse an Glasbehältern im allgemeinen Kohlenwasserstoffe produzieren, die sich wiederum zu Methan zersetzen und dessen Analyse beeinflußen können.

II.9.3 Abschätzung des Umfangs an Biomasseverbrennung in Deutschland

Unter biogenen Brennstoffen versteht man im allgemeinen die Summe aus Holz, landwirtschaftlichen Abfällen, Biogas, Torf, Müll und anderen nichtfossilen und außergewöhnlichen Brennstoffen. Mit Biomasseverbrennung hingegen ist in der wissenschaftlichen Literatur meist die Verbrennung von Holz und landwirtschaftlichen Stoffen gemeint. Der vorliegende Teilbericht beschränkt sich daher auf diese Definition und die Emissionen aus Wald-, Brennholz- und landwirtschaftlichen Bränden. Aufgrund ihrer Herkunft wurde auch die Verbrennung von Holzkohle berücksichtigt.

Im allgemeinen läßt sich sagen, daß die Art und Ausführlichkeit der Literaturangaben über jede Art der Biomasseverbrennung in Deutschland einer exakten Abschätzung entgegensteht. Gründe hierfür sind sowohl eine unzureichende statistische Erfassung von verbrannten Mengen als auch die spärliche Aufgliederung der verschiedenen Biomassen an sich, sehr oft sind kleinere Mengen unter der Bezeichnung "verschiedene" oder "unbekannte" zusammengefaßt und führen zu einer ungenaueren Abschätzung.

Besonders erschwert war die Suche nach Datenmaterial über die neuen Bundesländer, die oftmals negativ verlief, so daß Mengen deshalb aus allgemeinen Überlegungen abgeleitet werden mußten.

Im folgenden sind die verfügbaren Daten über Brennstoffmengen in drei Hauptbereiche untergliedert worden. Der Bereich Waldbrände umfaßt alle Arten von Bränden in geschlossenen und offenen Wäldern, der Bereich Landwirtschaft beinhaltet die Verbrennung von Stroh sowie die mögliche Verbrennung von Weingerten. Der Bereich Brennholz schließlich ist untergliedert in die Teilbereiche Brennholz und Holzkohle. Der Übersichtlichkeit wegen wurde die gleiche

Einteilung in Kapitel II.9.4 für die Abschätzung der Emissionen von Methan und Stickstoffmonoxid verwendet.

II.9.3.1 Waldbrände

Die gesamte Waldfläche in Deutschland belief sich im Jahre 1989 auf insgesamt 10,4 Mio ha, davon entfielen auf die alten Bundesländer 7,4 Mio ha im Vergleich zu 2,98 Mio ha in den neuen Bundesländern (BM für Ernährung). Die oberirdische, trockene Biomasse wurde der Enquête Kommission (1992) entnommen zu 618 bzw. 249 Mio t Trockensubstanz. Das ist die Menge an Biomasse, die einem Waldbrand ausgesetzt ist, enthält also keine Wurzel- oder sonstige unterirdische Biomasse. Aus diesen Angaben ergibt sich eine mittlere, oberirdische Biomassendichte von 83,5 bzw 83,6 t/ha. Die Zusammensetzung der Wälder (AID 1992) in den alten Bundesländern bestimmt sich zu 31 % Laub und 69 % Nadelholz verglichen mit 24 % Laub und 76 % Nadelholz in den neuen Bundesländern. Beide Angaben indizieren eine sehr ähnliche Waldbeschaffenheit in ganz Deutschland.

Brandflächen für Deutschland wurden dem Statistischen Jahrbuch (BM für Ernährung 1992) zu 920 ha für Gesamtdeutschland in 1991 entnommen und mit der Brandfläche von 571 ha für die NBL in 1991 (AID 1992) verglichen, woraus sich eine Fläche von 349 ha für die alten Bundesländer in 1991 berechnet. Dieser Wert stimmt gut mit dem langjährigen Mittel der alten Bundesländer von 390 ha/a für die Jahre 1984 bis 1990 überein. Dabei ist die Tendenz gleichbleibend mit Ausnahmejahren, während die Tendenz in den neuen Bundesländern von 1221 ha/a zwischen 1981 und 1988 bis auf 570 ha/a in 1991 abnimmt (ECE/FAO 1989).

Aus einer angenommenen, mittleren Brandfläche von 900 ha pro Jahr für Gesamtdeutschland läßt sich mit der obigen Angabe von 83,5 t Trockensubstanz pro ha eine Gesamtmenge von 75200 t trockene Biomasse berechnen, die pro Jahr Waldbränden ausgesetzt ist. Da Waldbrände überwiegend nichtkontrollierter Art sind (BM für Ernährung 1992), d.h. die Biomasse verbrannt wird wie sie ursprünglich vorliegt, muß man davon ausgehen, daß maximal 30 % der oberirdischen Biomasse tatsächlich vom Brand konsumiert werden, da dicke Holzstämme im allgemeinen überhaupt nicht brennen, also nur Zweige, Nadeln, Laub, junge Bäume und Bodenstreu verbrennen (Goldammer 1993). Damit ergibt sich eine **verbrannte Waldbiomasse von 23000 t/a**, die für Emissionen berücksichtigt werden muß. Der Trend dürfte hier im langjährigen Mittel konstant bleiben, da in der Bundesrepublik ein sehr hoher Standard an Forstpflege und Waldbrandverhütung besteht und daher wilde natürliche Feuer also auch in Zukunft einen sehr geringen Anteil spielen werden (derzeit 0,4 % durch Blitzschlag verglichen mit 60 % durch Brandstiftung, Fahrlässigkeit und unbekannte Ursachen, BM für Ernährung).

II.9.3.2 Landwirtschaft

Landwirtschaftliche Verbrennungen beinhalten, wie oben schon erwähnt, sowohl Strohverbrennungen, Abbrand von Stoppelfeldern und Weingerterückständen als auch Verbrennung an Dung und anderen Materialien. Letztere wurden in dieser Teilstudie nicht berücksichtigt, da zum einen keine statistischen Angaben gefunden wurden und zum anderen die Mengen vernachlässigbar sein dürften. Darüber hinaus ist es in der Landwirtschaft allgemein unüblich, das unkontrollierte Brennen im größeren Maßstab durchzuführen. In Rheinland Pfalz beispielsweise ist jegliches Brennen anzeigepflichtig (Hoesel: Landesverordnung), sehr restriktiv gehandhabt und in Weingärten sogar genehmigungspflichtig. Einheitliche Richtlinien für ganz Deutschland sind hier jedoch nicht vorhanden, und aufgrund der sehr dezentralen, polizeibehördlichen Erfassung von Genehmigungen / Anzeigen ist eine statistische Erfassung nicht einmal auf Landesebene gegeben.

Der Abbrand von Gartenabfällen im privaten Bereich ist innerhalb geschlossener Ortschaften untersagt und außerhalb geschlossener Ortschaften bei Mengen über 3 m^3 genehmigungspflichtig. Eine telefonische Anfrage bei Landesämtern und Polizeibehörden ergab, daß pro Jahr nur sehr wenige solcher Genehmigungen erteilt werden, möglicherweise aufgrund nur geringer Anfrage, da auch in der Bevölkerung ein Trend zu mehr Umweltbewußtsein und erhöhter Wiederverwertung von Gartenabfällen vorhanden ist. In jedem Fall sind derartige Emissionen hier nicht berücksichtigt, da die Gesamtmengen sehr klein sein dürften im Vergleich zu den folgenden Abschätzungen. Die höchsten Emissionen an Schadstoffen dürften aus der Verbrennung von Stroh resultieren, das auch bundesweit ein gewisses Potential für Energiegewinnung besitzt.

II.9.3.2.1 Stroh

Die landwirtschaftlich genutzte Gesamtfläche in Deutschland beträgt etwa 19,7 Mio ha, wobei 13,5 Mio ha auf die alten Bundesländer entfallen und 6,2 Mio ha auf die neuen Bundesländer und ist derzeit rückläufig (AID 1992). Für die Verbrennung geeignet sind lediglich Weizen-, Gersten- und Rapsstroh aufgrund der Mengen, Energiegehalte und jahreszeitlichen Ernte, da eine gewisse Trocknung des Strohs vor dem Abbrennen notwendig ist. Etwa 55 % (mit fallendem Trend) des anfallenden Strohs wird derzeit für Einstreu- und Fütterungszwecke genutzt, etwa 45 % bleiben auf den Feldern, wobei die Enquête Kommission (1990) abschätzt, daß etwa 4 % verbrannt und 41 % für Düngezwecke untergepflügt werden. Diese Mengenangaben beinhalten auf jeden Fall das Stoppelstroh.

Der Trend zur Energiegewinnung aus Stroh ist indifferent niedrig, da die gewonnene Energie derzeit ökonomisch nicht mit Öl oder Gas konkurrieren kann und sowohl Umwelt- als auch technische Anforderungen (Schlackebildung) recht hoch sind. Der Trend zur offenen Verbrennung auf dem Felde ist laut Enquête Kommission (1990) rückläufig, vermutlich wegen der Anzeigepflicht und einem allgemeinen Willen zur Reduktion, sobald Alternativen angeboten werden. Mit steigendem Ölpreis kann aber davon ausgegangen werden, daß die Verbrennung von Stroh zur Energiegewinnung auf das im folgenden aufgezeigte Maximalpotential zunehmen wird.

Der gesamte Strohertrag (incl. Stoppelfeldern) in den alten Bundesländern betrug 1987 27,1 Mio t aus Getreide (24,6) und Raps (2,5). Dies steht im guten Vergleich zu 26 Mio t/a für die 70er Jahre aus Angaben vom Rat der Sachverständigen (1985), der für die 90er Jahre einen Ertrag von 30 Mio t projeziert hatte.

Für die neuen Bundesländer konnten keine Angaben über Strohertrag ausfindig gemacht werden. Legt man die pflanzliche Nahrungsmittelproduktion in 1989/90 von etwa 24,2 bzw. 8,7 Mio t/a (alte bzw. neue Bundesländer, BM für Ernährung 1992) für eine Abschätzung zugrunde, kann man davon ausgehen, daß der Wert für Gesamtdeutschland bei 136 % des Wertes der alten Bundesländer von 1989/90 liegen sollte, vermutlich gleichbleibend für 1991/92 aufgrund der o.a. rückläufigen Flächentendenz. Damit berechnet sich der gesamtdeutsche Strohertrag auf 36,9 Mio t/a. Multipliziert mit 4 % Abbrandmenge (Enquête Kommission 1990) kommt man auf eine **jährliche, verbrannte Strohmasse von 1,48 Mio t.**

Der Rat der Sachverständigen (1985) geht, wie erwähnt, von 30 Mio t Stroh pro Jahr aus und schätzt für die 70er Jahre, daß etwa 10 % davon verbrannt und industriell (für Isolierstoffe, Baustoffe etc.) genutzt werden. Nimmt man an, daß etwa die Hälfte dieser 10 % tatsächlich verbrannt werden, kommt man auf den gleichen Wert von etwa 1,5 Mio t Stroh pro Jahr.

II.9.3.2.2 Wein

Das Verbrennen von Rebholzabfällen im Weinberg ist genehmigungspflichtig (Hoesel von Lerchner) und wird, wenn überhaupt, kurz nach der Ernte durchgeführt. Im allgemeinen wird jedoch versucht, das Rebholz kleinzuhäkseln und unterzupflügen, da es reich an Nährstoffen ist, das Herausbringen mit 10 bis 50 Stunden pro Hektar sehr arbeitsintensiv ist und die Rebe außerdem aufgeschichtet und getrocknet werden muß (Feuchte um 40 %, ein Entzünden ist nicht möglich bei einer Feuchte über etwa 20 %). Darüberhinaus wird laut Aussage von Landesämtern nur in Steillagen abgebrannt, wo ein Einbringen mittels Häkseln nicht möglich ist, oder aber wenn die Weinrebe mit Krankheiten befallen und kein anderer Verwendungszweck gegeben ist.

Die gesamte, mit Reben bestockte Fläche in der Bundesrepublik beträgt für 1990 ca 103 000 ha, wovon nur etwa 800 ha auf die neuen Bundesländer entfallen (BM für Ernährung 1992). Nach Aussagen von Landesämtern sind ein bis maximal fünf Prozent dieser Fläche potentielle Brandflächen. Es kann aber davon ausgegangen werden, daß die tatsächlich verbrannte Fläche nur um

1-2 % liegt. Nach Angaben in Hillebrand et al. (1992) trägt ein Weinbaugebiet 1200-1600 kg Rebholztrockenmasse pro Hektar, davon sind etwa 8,5-11,5 kg/ha Stickstoff zu erwarten, was einem Stickstoffgehalt von 0,7 % entspricht. Eigene Messungen (Lobert et al, 1993) ergaben einen Stickstoffanteil von 0,5 %, was in akzeptabler Übereinstimmung steht, wenn man die allgemein hohe Streuung solcher Analysen berücksichtigt. Die Gesamtmasse an Rebenholz in Deutschland wird damit zu 0,12-0,16 Mio t Rebholz/a abgeschätzt. Die Rebholzmasse aus einer Fläche von 2 % der Gesamtfläche als repräsentativen Wert angenommen, ergibt die zu berücksichtigende Fläche von nur 2060 ha/a. Multipliziert mit einem Mittelwert von 1400 kg Rebenholzmasse/ha führt schließlich zu einer **Gesamtmasse verbrannten Rebenholzes von 2880 t/a**.

Aufgrund der erwähnten Genehmigungspflicht und des hohen Aufwandes ist anzunehmen, daß Weinholz auch in Zukunft nur dann verbrannt wird, wenn ein zwingender Grund vorliegt, die damit verbundene Menge an verbranntem Rebholzabschnitt also konstant bleibt.

II.9.3.3 Brennholz und Holzkohle

II.9.3.3.1 Holz

Die Angaben über Brennholz in Deutschland schwanken sehr stark. Sehr oft wird Brennholz nur als Summe zusammen mit anderen ungewöhnlichen Brennstoffen aufgeführt. Für die vorliegende Abschätzung konnten drei Datenquellen ausfindig gemacht werden. Das Statistische Jahrbuch (BM für Ernährung) führt unter der Rubrik "Aufkommen und Verwendung von Laubrohholz" eine Menge von 1,2 Mio m^3/a als Brennholz und sonstige ungeklärte Verwendung für das Jahr 1991 auf, entsprechend einer **Trockenmasse von 1,2 * 0,9 * 0,6 = 0,65 Mio t/a (Dichte=0,9 t/m^3, Feuchte=40 %)**.

Unter der gleichen Rubrik für Nadelholz ist keine Angabe gegeben, allerdings kann man lt. Auskunft der RWE (1990) davon ausgehen, daß in Teilen der Bundesrepublik mit vorwiegend Koniferen auch Nadelholz verbrannt wird. Trotzdem muß die obige Masse hier als obere Abschätzung genommen werden, da "andere" Verwendungen beinhaltet sind.

Die am meisten detaillierte Angabe über Brennholz stammt von der Enquête Kommission (1990), die zwischen verschiedenen Arten Brennholz unterscheidet. Danach besitzt die alte BRD in ihrer Waldfläche von 1989 (7,4 Mio ha) ein nutzbares Potential an *Waldrestholz* von 4-5 Mio t/a (alle Angaben in Trockenmasse). Davon werden jedoch laut Studie nur 2-3 % als Brennstoff ausgenutzt, da die Verwendung wirtschaftlich nicht mit der Ölverbrennung konkurrieren kann. Inwieweit diese Annahme statistisch abgesichert ist, wird nicht angegeben. Damit ergibt sich eine **verbrannte Menge von 0,08 - 0,15 Mio t/a Waldrestholz**.

Eine Prognose für das Jahr 2005 aus der gleichen Studie sagt eine Ausnutzung dieses Potentials von 40 % voraus sowie 60 % für 2050, d. h. es kann in diesem Bereich - ähnlich der Strohverbrennung - mit stark steigenden Mengen gerechnet werden.

Das Aufkommen von *Abfallholz* wird laut Enquête Kommission nur sehr wenig zur Verbrennung ausgenutzt, da normalerweise eine Vielfalt von Fremdstoffen (Lacke, etc) die Verwertbarkeit einschränken. Die Schätzung des Aufkommens aus Sperrmüll, Abbruch und Möbeln wird hier auf 0,8 - 0,9 Mio t/a Altholz beziffert, von denen laut Quelle derzeit maximal **0,05 Mio t/a Abfallholz** verbrannt werden.

Allerdings muß auch hier von einer stark steigenden Tendenz ausgegangen werden, da derartiges Material heute schon in Müllverbrennungsanlagen effektiv konvertiert werden kann.

Der letzte Bereich, den die Enquête Kommission aufführt, berücksichtigt *Industrie- und Gewerbeholz*, das mit 0,33 Mio t/a hauptsächlich aus dem Baugewerbe, Zimmereien, Tischlereien und Möbelfabriken angegeben wird. Zusammen mit gewerblichen Herkünften aus Restholz von Paletten etc. ergibt das ein Potential von 0,5 - 0,8 Mio t/a an Industrieholz. Ein derzeitiger Verbrauch durch Verbrennung wird nicht angegeben, allerdings beläuft sich die Projektion für 2005 auf 33 % des Potentials, so daß man hier von einem aktuellen, tatsächlichen Verbrauch von 20 % oder **0,1 - 0,16 Mio t/a verbranntem Industrieholz** ausgehen sollte. Damit ergibt sich für die drei Bereiche ein maximales Brennholzpotential von 5,2 bis 6,7 Mio t/a und eine **derzeit verbrannte Masse von 0,23 bis 0,36 Mio t Holz pro Jahr**, die einen Faktor von zwei unter den Abschätzungen des *Statistischen Jahrbuchs* liegen.

Eine weitere Information stammt von der Arbeitsgemeinschaft Energiebilanzen [für die RWE 1990], die eine Menge von 1,4 Mio t Steinkohleeinheiten (SKE) pro Jahr in Form von Brennholz für die alten Bundesländer ansetzt. Die Enquête Kommission (1990) gibt einen Umrechnungsfaktor von 0,64 t SKE pro t trockenes Holz an, woraus eine verbrannte Holzmenge von knapp 2,2 Mio t/a resultiert. Obwohl diese Menge im möglichen Bereich der obigen Maximalmengen (5,2-6,7 Mio t/a) liegen, ist die Abschätzung doch erheblich höher als die vorher berechneten Mengen an tatsächlich verbranntem Holz. Die AG Energiebilanzen bezieht ihre Informationen aus internen Untersuchungen von Vertretern der Energiewirtschaft. Interessanterweise wird hier angegeben, daß etwa 84 % dieser Menge im privaten Bereich anzusetzen sind, was bedeuten könnte, daß die Abschätzung der Enquête Kommission über Waldrestholz deutlich unterschätzt ist, da hier das größte Potential vorhanden ist, allerdings nur 2-3 % als tatsächlicher Verbrauch angesetzt wird. Da jedoch offensichtlich keinerlei direkte Erhebungen auf diesem Gebiet im privaten Bereich durchgeführt werden und statistische Erhebungen große Unterschiede aufweisen, können Mengenabschätzungen derzeit nur spekulativen Charakter haben.

Da die Abschätzungen der Enquete Kommission von einer starken Steigerung des Holzverbrauchs in den nächsten Jahren ausgehen, und sowohl das maximale Brennholzpotential als auch die Daten der AG Energiebilanzen recht hoch sind, wird im folgenden von einem möglichen Bereich für Brennholz von 0,3-2 Mio t/a ausgegangen, der sowohl der unteren Grenze der Enquête Kommission und des Statistischen Jahrbuchs Rechnung trägt als auch die obere Grenzen der AG Energiebilanzen berücksichtigt.

Diese Zahlen gelten alle für die alten Bundesländer. Für die neuen Bundesländer konnten keine Angaben ausfindig gemacht werden, deshalb wird der folgende Ansatz vorgeschlagen.

Eine Abschätzung der Energie aus "Brennholz und sonstigen Quellen" aus einer UBA- Studie (1991) beziffert die Menge in den alten Bundesländern für 1989 zu etwa 1,8 % der Gesamtenergiebilanz, verglichen mit 1,1 % für die neuen Bundesländer. Angaben aus "Global Data Manager" (1990) beziffern den Verbrauch an Festbrennstoffen für die alten Bundesländer auf 75 Mio t Ölequivalent, für die neuen Bundesländer auf 68 Mio t ÖE. Obwohl das Verhältnis der Bevölkerung etwa 3,8:1 und das Verhältnis der Holzwirtschaft 6:1 (neue/alte Bundesländer) beträgt, indizieren die beiden obigen Angaben, daß der Holzverbrauch in den neuen Bundesländern einen nur wenig niedrigeren Absolutwert hat als in den alten Bundesländern. Im folgenden wird deshalb davon ausgegangen, daß der derzeitige Brennholzverbrauch Gesamtdeutschlands bei 170 % der alten BRD liegt und damit bei **0,5 - 3,4 Mio t Holz pro Jahr.**

Wie bereits erwähnt, kann hier von einem starken Anstieg in den nächsten Jahrzehnten ausgegangen werden.

II.9.3.3.2 Holzkohle

Angaben für die jährliche Holzkohleproduktion werden in Deutschland vertraulich behandelt. Derzeit gibt es nur einen westdeutschen Hersteller, der aktiv produziert [*Chemviron*] und einen ostdeutschen Hersteller, der momentan nicht oder nur vermindert produziert. Eine telefonische Anfrage bei der *Chemviron GmbH* ergab, daß jährlich etwa 24000 t Holzkohle für Grillzwecke in Deutschland anzusetzen sind. Zusammen mit den Einfuhren von etwa 40000 t/a [Global Data Manager für 1987] ergibt sich eine Gesamtmenge an Holzkohle von 64000 t/a, von denen vermutlich ein Großteil für industrielle Zwecke verwendet wird (laut *Chemviron* z. B. Aktivkohlefilter). Da letztendlich keine Angaben für den tatsächlichen Verbrauch für Brennzwecke gefunden wurden, muß die Annahme der tatsächlich verbrannten Mengen dem Maximalwert nahe kommen. Damit ergibt sich ein für Emissionen zu berücksichtigender Bereich von

30000 bis 60000 t Holzkohle pro Jahr.

Daten über Tendenzen konnten nicht ausfindig gemacht werden. Es kann aber vermutlich von einer mehr oder weniger gleichbleibenden Menge ausgegangen werden.

II.9.4 Berechnung der N_2O und CH_4 Emissionen aus Biomasseverbrennung

II.9.4.1 Waldbrände

Für die Bestimmung der Methan- und Distickstoffmonoxidemissionen legen wir die in Kapitel II.9.3.1 erwähnte oberirdische, trockene Biomasse von 0,023 Mio t/a zugrunde. Multipliziert man diesen Wert mit 0,49 bzw. 0,01 für einen mittleren Kohlenstoffgehalt von 49 % und einen Stickstoffgehalt von 1 % (Larcher, 1984), so erhält man respektive Mengen von $1,1 \times 10^{10}$ gC bzw $2,3 \times 10^8$ gN pro Jahr, die verbrannt werden. Der relativ hohe Stickstoffgehalt entspringt der Tatsache, daß hauptsächlich grünes Material verbrennt, d.h. Nadeln, Bodenstreu (incl. Bakterien und Kleinstlebewesen), Laub, Äste und Rinde, welche alle einen hohen Gehalt an Stickstoff aufweisen.

Der Emissionsfaktor für die beiden Gase für Waldbrände wurde wie folgt bestimmt. Lobert et al. (1993) berechnen einen Mittelwert für Waldbiomasse aus den Einzelwerten für offene Nadel-, Bodenstreu- und Holzbrände von 0,40 % des Kohlenstoffgehalts für CH_4 sowie 0,55 % des Stickstoffgehalts für N_2O unter Berücksichtigung, daß nur wenig reines Holz tatsächlich verbrannt wird.

Multipliziert man die gesamte verbrannte Menge an Kohlenstoff und Stickstoff mit diesen Emissionsfaktoren, so erhält man direkt die emittierten Mengen der Verbindungen von $4,4 \times 10^7$ gC aus CH_4 und $1,2 \times 10^6$ gN aus N_2O.

Gas	Biomasse (trocken) (Mio t/a)	Elementgehalt (% C, % N)	Masse Element (gC/a, gN/a)	Emissionsfaktor % Element)	Masse Emission (gC/a, gN/a)	Masse Emission (t/a CH_4, t/a N_2O)
CH_4	0,0226	49	$1,1 \times 10^{10}$	0,40	$4,4 \times 10^7$	59
N_2O	0,0226	1	$2,3 \times 10^8$	0,55	$1,2 \times 10^6$	2,0

Tab II.9-1: Emissionsberechnungen für N_2O und CH_4 aus Waldbränden.

Da die Gesamtfläche an Wald in Deutschland seit einigen Jahren auf der einen Seite zunimmt, die Biomassendichte sich aber aufgrund von Waldschäden verringert und die jährliche Brandfläche auf der anderen Seite im Mittel recht konstant ist, kann man davon ausgehen, daß sich die oben berechneten Mengen an Emissionen im Mittel der nächsten Jahre nicht sehr stark verändern werden.

II.9.4.2 Landwirtschaft

II.9.4.2.1 Stroh

Lobert et al. [1991] bestimmten den Elementargehalt des Strohs zu 46,1 % C und 0,34 % N. Multipliziert mit der Gesamtmenge an verbranntem Stroh von 1,48 Mio t/a, ergeben sich emittierte Mengen von ca. $6,8 \times 10^{11}$ gC/a sowie $5,0 \times 10^9$ g N/a. Die Emissionsfaktoren sind nach Lobert et al. [1993] 0,4 % vom Kohlenstoff für Methan und 0,72 % vom Stickstoff für N_2O. Daraus ergeben sich jährliche Mengen emittierter Gase zu $2,7 \times 10^9$ gC und $3,6 \times 10^7$ gN.

Gas	Biomasse (trocken) (Mio t/a)	Elementgehalt (% C, % N)	Masse Element (gC/a, gN/a)	Emissionsfaktor % Element)	Masse Emission (gC/a, gN/a)	Masse Emission (t/a CH_4, t/a N_2O)
CH_4	1,48	46,1	$6,8 \times 10^{11}$	0,40	$2,7 \times 10^9$	3640
N_2O	1,48	0,34	$5,0 \times 10^9$	0,72	$3,6 \times 10^7$	57

Tab. II.9-2: Emissionsberechnungen für N_2O und CH_4 aus Strohverbrennung.

Dies sind deutlich größere Mengen als aus Waldbränden. Dabei ist anzumerken, daß die von Lobert et al. (1993) erarbeiteten Emissionsfaktoren für eine *offene* Verbrennung gelten. Für technisch ausgereifte Anlagenverbrennungen oder eine optimierte Ofenverbrennung des Strohs - und das wird für den größeren Anteil der gegebenen Mengen zutreffen - gelten vermutlich niedrigere Methanwerte, da die Konvertierung deutlich vollständiger stattfinden wird als bei offener Verbrennung. Für N_2O würden damit höhere Emissionsfaktoren gelten, allerdings ist anzunehmen, daß industrielle Anlagen in Zukunft eine stickoxidmindernde Rauchgasentsorgung aufweisen müssen, was zu verminderten N_2O Emissionen führen kann.

II.9.4.2.2 Wein

Rebholzschnitt besteht hauptsächlich aus Holzzweigen mit nur dünner Rinde, das Blattwerk wird vor der Ernte abgeschnitten und meist verfüttert [Hillebrand et al.1992]. Man kann daher von einem für Holz gültigen Kohlenstoffgehalt von etwa 48 % ausgehen und einem aus den oben erwähnten Angaben hergeleiteten Mittelwert für Stickstoff von 0,6 %. Aus diesen Angaben ergeben sich bei einer verbrennbaren Menge von 2880 t/a unmittelbar die Gesamtmengen verbrannter Elemente von $1,4 \times 10^9$ gC/a und $1,7 \times 10^7$ gN/a unter der Annahme, daß das Material vollständig verbrennt, was sicher nur dann zutrifft, wenn das Rebholz gründlich getrocknet wurde. Für die Emissionsberechnung adaptieren wir die Emissionsfaktoren aus Lobert et al. [1993] für Methan von 0,40 % des Gesamtkohlenstoffs sowie 0,49 % des Gesamtstickstoffs für N_2O. Damit ergeben sich schließlich die Emissionsmengen von $5,5 \times 10^6$ gC/a aus Methan sowie $8,5 \times 10^4$ gN/a aus N_2O.

Gas	Biomasse (trocken) (Mio t/a)	Elementgehalt (% C, % N)	Masse Element (gC/a,gN/a)	Emissionsfaktor % Element)	Masse Emission (gC/a,gN/a)	Masse Emission (t/aCH$_4$,t/aN$_2$O)
CH$_4$	0,00288	48	$1,4 \times 10^9$	0,40	$5,5 \times 10^6$	7,3
N$_2$O	0,00288	0,6	$1,7 \times 10^6$	0,49	$8,5 \times 10^4$	0,13

Tab. II.9-3: Emissionsberechnungen für N$_2$O und CH$_4$ aus der Verbrennung in Weingärten.

Die errechneten Mengen sind damit verschwindend gering im Vergleich zu den verbleibenden Quellen und liegen damit noch einen Faktor zehn unter den Emissionen aus Waldbränden. Dieses Ergebnis würde sich auch dann nicht signifikant ändern, wenn 5 % der gesamten Weinflächen verbrannt würden, was definitiv eine oberste, unrealistische Grenze darstellt.

II.9.4.3 Brennholz und Holzkohle

II.9.4.3.1 Holz

Mit einem Kohlenstoff- bzw. Stickstoffgehalt in Holz von 48,3 % bzw. 0,23 % (Lobert et al. 1991) ergeben sich mit der obigen Angabe von 0,5-3,4 Mio t Holz/a die Mengen an verbrannten Elementen zu $(0,2-1,6) \times 10^{12}$ gC/a bzw. $(1,1-7,8) \times 10^9$ gN/a. Die Vollständigkeit der Verbrennung von Holz kann als konstant angesehen werden, da trockenes Holz i.A. sehr gut verbrennt, also sowohl in Ofenfeuern als auch in offenen Bränden. Der Emissionfaktor für Methan ist sehr niedrig und beträgt nach Lobert et al. (1993) 0,14 % des Gesamtkohlenstoffs, der Faktor für N$_2$O 0,49 % des Stickstoffs, was aufgrund der vollständigen Verbrennung recht hoch ist. Damit errechnen sich die Emissionen zu $(0,3-2,2) \times 10^9$ gC/a aus Methan sowie $(5,4-38,2) \times 10^6$ gN/a aus N$_2$O. Die hohen Abschätzungen sind, wie erwähnt, derzeit als Maximalemission anzusehen.

II.9.4.3.2 Holzkohle

Der Kohlenstoff- bzw. Stickstoffgehalt von Holzkohle wurde in eigenen Experimenten [Lobert et al.1993] zu 84,1 % und kleiner als 0,1 % bestimmt. Daraus und aus dem o.a. Bereich für Holzkohle von 30000 bis 60000 t/a berechnen sich die emittierte Gesamtmenge an Kohlenstoff zu $(2,5-5,0) \times 10^{10}$ gC/a und die Stickstoffmenge zu $(3,0-6,0) \times 10^7$ gN/a. Die Emissionsfaktoren wurden in diesen Versuchen zu 0,79 % für Methan sowie 0,37 % für N$_2$O bestimmt. Damit ergeben sich die Maximalabschätzungen für Holzkohle von 2×10^8 bis 4×10^8 gC und $1,1 \times 10^5$ bis $2,2 \times 10^5$ gN. Die berechnete Methanemission ist erwartungsgemäß recht hoch aufgrund eines hohen Kohlenstoffgehalts der Holzkohle und eines hohen Emissionsfaktors von Methan aufgrund unvollständiger Verbrennung duch Glühen (im Gegensatz zu Holzverbrennung mit offener Flamme). Die N$_2$O Emission dagegen ist sehr gering, da Holzkohle einen sehr geringen Stickstoffanteil enthält und eine unvollständige Verbrennung den Emissionsfaktor verringert. Bei dieser Betrachtung muß allerdings berücksichtigt werden, daß die Methanemissionen durch die Verkokung von Holz die bei der Verbrennung entstehenden Mengen wahrscheinlich um ein Vielfaches übersteigen. Angaben von 1951 (Ullmann) gehen von der 10-fachen Menge an Methanemission aus verglichen mit den hier vorgestellten Emissionen. Die gleiche Überlegung gilt auch für N_2O aufgrund des höheren Stickstoffgehaltes von Holz.

Gas	Biomasse (trocken) (Mio t/a)	Elementgehalt (% C, % N)	Masse Element (gC/a,gN/a)	Emissionsfaktor % Element)	Masse Emission (gC/a,gN/a)	Masse Emission (t/aCH_4,t/aN_2O)
Brennholz						
CH_4	0,5-3,4	48,3	$0,2-1,6 \times 10^{12}$	0,14	$0,3-2,2 \times 10^9$	400-2933
N_2O	0,5-3,4	0,23	$1,1-7,8 \times 10^9$	0,49	$5,4-38,2 \times 10^6$	8,5-60
Holzkohle						
CH_4	0,03-0,06	84,1	$2,5-5,0 \times 10^{10}$	0,79	$2-4 \times 10^8$	260-530
N_2O	0,03-0,06	0,1	$3-6 \times 10^7$	0,37	$1,2-2,2 \times 10^5$	0,17-0,34

Tab. II.9-4: Emissionsberechnungen für N_2O und CH_4 aus der Verbrennung von Brennholz und Holzkohle

II.9.5   Schlußbetrachtung und Handlungsempfehlungen

II.9.5.1 CH_4

Für Methan ergibt sich das folgende Bild: Die höchsten Methanemissionen in der Höhe von 3600 Tonnen Methan pro Jahr sind aus der Verbrennung von Stroh zu erwarten, insbesonders wenn dessen Verbrauch zu Energiegewinnungszwecken in den nächsten Jahren ökonomisch lukrativer wird. Eine Emission von ähnlicher Bedeutung ist der Konversion von Brennholz zuzuschreiben, deren Bereich derzeit auf 400 bis 3000 t/a berechnet wird. Allerdings ist das Potential an Brennstroh 25 mal höher als derzeit genutzt wird, im Vergleich zu einem Brennholzpotential, das nach unseren Abschätzungen bereits bis zu 30 % ausgeschöpft wird. Damit könnten in den kommenden Jahren die möglichen Methanemissionen aus Brennstroh die weitaus dominierende Rolle in der deutschen Biomasseverbrennung spielen.

Eine etwas geringere Rolle spielen vermutlich die Methanemissionen aus Holzkohle in der Höhe von 260 bis 530 t/a, deren Absolutmengen im unteren Bereich der Brennholzabschätzungen liegen. Hier sollte allerdings berücksichtigt werden, daß Methanemissionen aus der Herstellung der Holzkohle noch wesentlich zu diesem Bereich beitragen können. Die zusätzlichen Mengen könnten hier etwa 2100 Tonnen Methan pro Jahr beitragen, wenn man von 24000 t/a Holzkohleproduktion in Deutschland ausgeht und einen Faktor 10 für die dabei entstehenden Methanmengen annimmt. Trifft diese Abschätzung zu, so wäre dies die dritte bedeutende Quelle für Methan aus Biomasseverbrennung.

Von weitaus untergeordneter Bedeutung für die vorgestellte Bilanz sind Methanmengen, die aus Waldbränden und Weinbaufeuern zu insgesamt etwa 67 t/a abgeschätzt wurden und damit nur etwa 1 % bis 1,5 % zur gesamten, deutschen Biomasseemissionen an Methan beitragen.

Wir berechnen eine Gesamtmenge an Methan in der Höhe von 4700 bis 6700 Tonnen, die aus der Verbrennung verschiedener Biomassen in Deutschland pro Jahr emittiert werden. Aufgrund der wenigen und teilweise widersprüchlichen Quellen über die Verbrennung von Biomasse in Deutschland und der wenigen Bestimmungen von Emissionsfaktoren der verschiedenen Arten der Verbrennung (Kraftwerke, Öfen, Feuerstellen), müssen wir derzeit von einer Gesamtgenauigkeit von nicht besser als einem Faktor zwei der dargestellten Zahlen ausgehen.

Ein Vergleich dieser Methanemissionen mit der weltweiten Emission aus Biomasseverbrennung von etwa 20 Millionen Tonnen pro Jahr macht deutlich, daß die deutsche Verbrennung von Biomasse global keinerlei Bedeutung hat. Darüberhinaus ist zu beachten, daß im Falle der kurzfristig regenerierbaren Brennstoffe wie Stroh eine Wiederaufnahme von Kohlenstoff durch den Wachstumszyklus erfolgt und die Nettoemission dementsprechend gering oder sogar gleich Null sein kann. Im Falle des Brennholzes oder der Holzkohle muß man die Bruttoemission berücksichtigen, da das Nachwachsen von Holz mehrere (Nadelholz) bis viele (Laubholz) Jahre in Anspruch nimmt und im Jahresmittel damit eine nur geringe Wiederaufnahme erfolgt.

II.9.5.2 N_2O

Für N_2O ergibt sich folgende Emissionsmatrix. Die zwei größten Quellen für N_2O- Emissionen sind, wie bei Methan, ebenso die Stroh- und Holzverbrennung, wobei hier die Verwendung von Brennholz eine größere Bedeutung haben kann als die Konversion von Stroh durch den etwas höheren N_2O- Emissionsfaktor verglichen mit dem sehr niedrigen Methanemissionfaktor für Holz. Auch hier gilt, daß in den kommenden Jahren eine möglicherweise stark erhöhte Nutzung der Potentiale an Holz und Stroh zu berücksichtigen ist. Allerdings werden die Emissionen von N_2O durch eine industrielle oder Kraftwerksverbrennung vermutlich nicht steigen, da heute schon Vorkehrungen getroffen werden, die Gesamtemission von N_2O in Rauchgasreinigsstufen zu vermindern. Möglicherweise werden umweltpolitische Auflagen diesen Trend festsetzen.

Waldbrände spielen bei N_2O eine etwas größere Rolle als für Methan aufgrund des hohen mittleren Stickstoffgehaltes der Waldbiomasse, jedoch liegen diese Mengen auch nur um 2 % der Gesamtemission aus Biomasseverbrennung.

Weinbau- und Holzkohlefeuer haben nur eine untergeordnete Bedeutung aufgrund der geringen Mengen verbrannter Biomasse im Weinbau und des extrem niedrigen Stickstoffgehaltes in der Holzkohle. Jedoch gilt für Letztere die gleiche Überlegung der stark erhöhten N_2O Emission durch den Verkokungsprozess. Auch hier ist vermutlich ausschlaggebend, ob die Holzkohle letztendlich im traditionellen Stil in offenen Meilern oder in industriellen Anlagen hergestellt wird. Für eine Anlagenverkokung werden sicherlich ähnliche Emissionsbestimmungen gelten wie für Kraftwerke. Für Entwicklungsländer allerdings, in denen vorwiegend nach altem Köhlerstil produziert wird, könnte dies eine signifikante Quelle für N_2O Emissionen sein.

Was die Nutzung von kurzfristig regenerierbaren Brennstoffen angeht, muß man im Falle des N_2O die Bruttoemission als Gesamtemission betrachten, da N_2O zum einen nicht durch Regen oder andere Prozesse in den Kreislauf zurückdeponiert wird, und der Getreidewuchs zum anderen im allgemeinen durch sehr starke Stickstoffdüngung unterstützt wird, welches ja eine der anderen, sehr wichtigen N_2O Quellen darstellt.

Wir berechnen eine Gesamtemission für N_2O aus Biomasseverbrennung in Deutschland von 68 bis 119 Tonnen N_2O pro Jahr, die im Vergleich zur globalen Biomasseverbrennung eine etwas größere Bedeutung als Methan besitzt, allerdings dennoch sehr gering um 0,1 % liegt. Ein Vergleich mit der Gesamtemission an N_2O in Deutschland ist aufgrund der Vielzahl verschiedener N_2O-Quellen nicht einfach, wird jedoch im Rahmen dieses Gesamtberichts erfolgen (vgl. Teil III). Für die Genauigkeit der Daten sind die gleichen Überlegungen wie für Methan anzusetzen, wir gehen von einem Faktor von zwei aus.

II.9.5.3 Handlungsbedarf

Da die Emissionen von Methan und N_2O aus der Verbrennung von Biomasse in Deutschland nur von untergeordneter Bedeutung sein dürften im Vergleich zu den Emissionen aus anderen Quellen, ist ein direkter Handlungsbedarf, d.h. eine direkte Restriktion der Verbrennung von Biomassen, derzeit vermutlich nicht notwendig.

Dennoch sollte im Hinblick auf den allgemein zunehmenden Trend von Spurengasen in der Erdatmosphäre die Emission an Schmutzstoffen gering gehalten werden. Für die Biomasseverbrennung heißt das, daß jede Art der offenen, unkontrollierten Verbrennung vom Gesetzgeber auf ein Mindestmaß einzuschränken ist und die energetische Nutzung der Biomassenpotentiale, die ja im Hinblick auf eine Reduzierung fossiler und nuklearer Energiequellen durchaus angebracht erscheint, in technisch hochentwickelten Anlagen erfolgt. Der technische Standard heutiger Anlagen ist sicherlich ausreichend um ein Mindestmaß an Emissionen zu gewährleisten, der großflächigen, dezentralen Nutzung steht derzeit wohl nur deren ökonomischer Nachteil entgegen.

An dieser Stelle muß aber nochmals hervorgehoben werden, daß die Genauigkeit der in diesem Teilbericht abgeschätzten Emissionen nicht sehr befriedigend ist und einer exakten Berechnung der Gesamtmengen an deutschen Methan- und N_2O- Emissionen entgegensteht. Um bessere Abschätzungen für den Bereich Biomasseverbrennung zu erlangen, ist ein besseres, statistisches

Datenmaterial erforderlich. Während die Mengen und Flächen der Waldbrände recht gut belegt sind, und hier wegen der forstwirtschaftlichen Bedeutung auch für frühere Jahre eine gute Erfassung besteht, ist die Dokumentation für Art, Mengen und Verwendung der verschiedenen Brennholzarten absolut ungenügend, dies wurde in Abschnitt 3.3.1 deutlich dargestellt. Auch wenn die derzeitigen Abschätzungen der Mengen an Brennholz möglicherweise ausreichend sind, ist eine genaue Dokumentation über tatsächliche Verwendung des Holzes und die Art der Brennstellen nicht existent.

Darüberhinaus gibt es nur sehr wenige direkte Messungen von Spurengasemissionen aus den verschiedenen Arten der Verbrennung von Biomasse. Die in diesem Bericht verwendeten Emissionsfaktoren decken nur einen geringen Teil der Möglichkeiten der Konversion ab, einige der Faktoren mußten berechnet werden, da es beispielsweise unmöglich ist, im Rahmen einer Studie wie dieser, die Emissionen eines typischen Waldbrandes zu bestimmen. Auch ist momentan das Datenmaterial für die neuen Bundesländer sehr gering, insbesonders für den privaten Bereich.

Im speziellen können folgende Empfehlungen festgehalten werden, um zukünftige Abschätzungen der Emissionen aus Biomasseverbrennung in Deutschland zu verbessern.

- Eine bessere statistische Erfassung der potentiellen Brennstoffmengen. Dies kann im Rahmen insbesonders forstwirtschaftlicher und landwirtschaftlicher Zuständigkeiten erfolgen. Darunter fallen die drei wichtigsten Biomassekategorien Stroh, Holz und Wald.

- Eine bessere statistische Erfassung der tatsächlich verbrannten Mengen in den einzelnen Bereichen inclusive Privathaushalte. Da die Biomasseverbrennung im offenen Maßstab ohnehin meist anzeige- oder genehmigungspflichtig ist, kann eine derartige Erfassung durchaus weiterhin im Landkreismaßstab erfolgen, sofern eine zentrale Sammlung dieser Ergebnisse erfolgt.

- Eine detaillierte Berücksichtigung der Biomassen in Energiebilanzen. Derartige Bilanzen sind sehr gebräuchlich und werden mindestens jährlich erneuert. Besonders im Hinblick auf eine erhöhte Nutzung der Biomassen in der Energiegewinnung in den kommenden Jahren sollte deren Anteil zumindest getrennt aufgeführt werden.

- Genauere Untersuchungen zum Energiegehalt der einzelnen Biomassen und der Emissionen, die durch verschiedenartige Konversionsmethoden, auch im privaten Bereich, entstehen. Dies kann durch dezentrale Forschungsaufträge an Universitäten und Forschungseinrichtungen erreicht werden. Dies gilt auch für Waldbrände, bei denen bislang sehr unsicher ist, welche Anteile der vielfältigen Biomasse verbrennt. Auch sollte man bedenken, daß die Verbrennung von Biomasse andere Schadstoffe produziert, beispielsweise polyaromatische Kohlenwasserstoffe, Aerosole und Asche, die nicht nur von globaler, sondern auch von lokaler Bedeutung sein können.

- Ein Angleichen und Ausbauen der vorhandenen Statistiken der neuen Bundesländer. Dies muß vermutlich meist auf bundesbehördlicher Ebene erfolgen.

Gas	potentielle Biomasse (trocken) (Mio t/a)	verbrannte Biomasse (trocken) (Mio t/a)	Element gehalt (%C, %N)	Masse Element (gC/a, gN/a)	Emissions faktor (% Element)	Masse Emission (gC/a, gN/a)	Masse Emission (t/a CH_4, t/a N_2O)
	Wald	brände					
CH_4	0,075	0,023	49	$1,1 \times 10^{10}$	0,40	$4,4 \times 10^7$	59
N_2O	0,075	0,023	1	$2,3 \times 10^8$	0,55	$1,2 \times 10^6$	2,0
	Stroh						
CH_4	36,9	1,48	46,1	$6,8 \times 10^{11}$	0,40	$2,7 \times 10^9$	3640
N_2O	36,9	1,48	0,34	$5,0 \times 10^9$	0,72	$3,6 \times 10^7$	57
	Wein	bau					
CH_4	0,00072	0,000288	48	$1,4 \times 10^9$	0,40	$5,5 \times 10^6$	7,4
N_2O	0,00072	0,000288	0,6	$1,7 \times 10^6$	0,49	$8,5 \times 10^4$	0,13
	Brenn	holz					
CH_4	5,2-6,7	0,5-3,4	48,3	$0,2-1,6 \times 10^{12}$	0,14	$0,3-2,2 \times 10^9$	400-2933
N_2O	5,2-6,7	0,5-3,4	0,23	$1,1-7,8 \times 10^9$	0,49	$5,4-38 \times 10^6$	8,5-60
	Holz	kohle					
CH_4	0,065	0,03-0,06	84,1	$2,5-5,0 \times 10^{10}$	0,79	$2-4 \times 10^8$	260-530
N_2O	0,065	0,03-0,06	0,1	$3-6 \times 10^7$	0,37	$1,1-2,2 \times 10^5$	0,17-0,34
	Summe	BRD					
CH_4	42,2-43,7	1,9-3,3		$0,9-1,5 \times 10^{12}$		$3,1-4,3 \times 10^9$	4356-6669
N_2O				$6,1-9,2 \times 10^9$		$4,1-5,7 \times 10^7$	67,8-119
	Summe	Welt					
CH_4						$1,5 \times 10^{13}$	20,4 Mio
N_2O						$4,3 \times 10^{11}$	96081

Tab II.9-5: Übersicht: Emissionsberechnungen für N_2O und CH_4 aus allen Biomasseverbrennungsquellen. Hier enthalten sind auch die potentiellen Mengen an verbrennbarer Biomasse in Spalte 2 sowie eine Abschätzung weltweiter Biomasseverbrennung am Ende der Tabelle [aus Lobert et al. 1991].

Literatur

AID Auswertungs- und Informationsdienst für Ernährung, Landwirtschaft und Forsten e.V., *HOLZ 1992, FORST 1992 Bundesrepublik Deutschland*, Postfach 200153 5300 Bonn 2 (1992).

Bingemer, H.G., J.M. Lobert, G. Schebeske, D.H. Scharffe, and M.O. Andreae, *Sulfur Emissions From Biomass Burning*. EOS 72 Supplement October 29, 86 (1991).

Bundesministerium für Ernährung, Landwirtschaft und Forsten, *Statistisches Jahrbuch über Ernährung, Landwirtschaft und Forsten*. Landesumweltschutzverlag GmbH Münster/Hiltrup, (1989, 1992).

Crutzen, P.J., *Estimates of Possible Variations in Total Ozone due to Natural Causes and Human Activities*. Ambio 3, S. 201-210 (1974)

ECE/FAO Agriculture and Timber Division, *International Forest Fire News No 2*, Palais des Nations CH-1211 GENEVA 10, (December 1989).

Enquête Kommission "Vorsorge zum Schutz der Erdatmosphäre" des Deutschen Bundestags, *Energie und Klima Band 3: Erneuerbare Energien*, Economica Verlag Verlag C.F. Müller (1990).

Enquête Kommission "Schutz der Erdatmosphäre" des Deutschen Bundestags (Hrsg.). *Klimaänderung gefährdet globale Entwicklung*, Economica Vlg Verlag C.F. Müller, Bonn, (1992).

EPA, United States Environmental Protection Agency, Research and Development Series: *EPA/IFP European Workshop on the Emissions of Nitrous Oxide From Fossil Fuel Combustion*, Rueil- Malmaison, France, June 1-2, 1988. EPA paper number EPA-600/9-89-089. Erhältlich durch National Technical Information Service NTIS, Springfield, VA 22161, USA.

EPA, United States Environmental Protection Agency, Research and Development Series: *Recommended Operating Procedure No. 45: Analysis of Nitrous Oxide From Combustion Sources*. J.S. Ford (edt), EPA paper number: EPA-600/8-90-053, June 1990. Erhältlich durch National Technical Information Service NTIS, Springfield, VA 22161, USA.

Global Data Manager, World Game Institute, University City Science Center, Philadelphia, PA 19104, USA (1990).

Goldammer, J,G. Department of Forestry, Freiburg Universität, unveröffentlichte Daten (1993).

Hao, W.M., S.C. Wofsy, M.B. McElroy, J.M. Beer, and M.A. Togan, *Sources of Atmospheric Nitrous Oxide From Combustion*. J. Geophys. Res. 92D, S. 3098-3104 (1987).

Hao, W.M., D. Scharffe, J.M. Lobert and P.J. Crutzen, *Emissions of Nitrous Oxide From the Burning of Biomass in an Experimental System*. Geophys. Res. Letters 18, S. 999-1002 (1991).

Hillebrand, W., G. Schulze und O. Walg, *Weinbau- Taschenbuch*, Fachverlag Dr. Fraund GmbH Mainz (1992).

Hoesel von Lerfner, *Recht der Abfallbeseitigung (Rheinland Pfalz) Band II, Erste Landesverordnung zur Durchführung des Abfallbeseitigungsgesetztes*.

Larcher, W., *Ökologie der Pflanzen*, UTB 232, Verlag Eugen Ulmer, Stuttgart (1984).

Lobert, J.M., D.H. Scharffe, W.M. Hao, T.A. Kuhlbusch, R. Seuwen, P. Warneck & P.J. Crutzen, *Experimental Evaluation of Biomass Burning Emissions: Nitrogen and Carbon Containing Compounds*. In: J.S. Levine (edt.), "Global Biomass Burning: Atmospheric, Climatic and Biospheric Implications", MIT Press, Cambridge, MA, S. 289-304 (1991).

Lobert, J.M., D.H. Scharffe und P.J. Crutzen, *Experimente und Berechnungen zum Projekt "Anthropogene N_2O und CH_4- Emission in der Bundesrepublik, Identifikation von Forschungs- und Handlungsbedarf sowie Erarbeitung von Handlungsempfehlungen"* des Fraunhofer Instituts für Systemtechnik und Innovationsforschung im Auftrag des UBA. Enthält Daten aus Lobert et al. (1991), nach einzelnen Biomassen getrennt, sowie neue Versuche zum vorliegenden Projekt. Unveröffentlicht (1993).

McElroy, M.B. and J.C. McConnell, Nitrous Oxide: *A Natural Source of Stratospheric NO*. J. Atmos. Chem. **28**, S. 1095-1098 (1971).

Muzio, L.J. and J.C. Kramlich, *An Artifact in the Measurement of N_2O From Combustion Sources*. Geophys. Res. Lett. **15**, S. 1369-1372 (1988).

Muzio, L.J., M.E. Teague, J.C. Kramlich, J.A. Cole, J.M. McCarthy, and R.K. Lyon, *Errors in Grab Sample Measurements of N_2O from Combustion Sources*. JAPCA **39**, S. 287-293 (1989).

Pierotti, D. and R.A. Rasmussen, *Combustion as a Source of Nitrous Oxide in the Atmosphere*. Geophys. Res. Lett. **3**, S. 265-267 (1976).

Der Rat der Sachverständigen für Umweltfragen, *Umweltprobleme der Landwirtschaft*, Sondergutachten (März 1985).

RWE, Rheinisch Westfälische Energie AG, telefonische Anfrage und Material der AG Energiebilanzen, Friedrichstr. 1, 4000 Essen (1990).

Thompson, T.M., W.D. Komhyr und E.G. Dutton, *Chlorofluorocarbon-11, -12, and Nitrous Oxide Measurements at the NOAA/GMCC Baseline Stations*, NOAA Technical Report ERL 428-ARL 8, US Department of Commerce (1985).

UBA Umweltbundesamt, *Daten zur Umwelt 1990/91*, Erich Schmidt Verlag (1991).

Ullmann Enzyklopädie, 3. Auflage, Foerst Verlag Berlin (1951).

Weiss, R.F. and H. Craig, *Production of Atmospheric Nitrous Oxide by Combustion*. Geophys. Res. Lett. **3**, S. 751-753 (1976).

II.10 N$_2$O-Emissionen bei der Kompostierung organischer Abfälle

Heinz Bingemer, Institut für Meteorologie und Geophysik, Johann Wolfgang Goethe Universität, Frankfurt am Main

II.10.1 Bildung und Emission von N$_2$O

N$_2$O wird in der Biosphäre im wesentlichen als intermediäres Produkt der bakteriellen Denitrifikation, der Nitrifikation, und der Nitratammonifikation in Böden und in N-kontaminierten Grundwasserkörpern und Oberflächenwasser gebildet. Von dort wird es an die Atmosphäre abgegeben.

Denitrifikation

Denitrifizierende Bakterien leben von der Oxidation organischer Substrate mit Nitrat oder anderen Stickstoffverbindungen (Nitrit, NO, N$_2$O) als Oxidationsmittel. Dabei wird Nitrat sequentiell über Nitrit, NO und N$_2$O zu N$_2$ reduziert. Die in allen Biotopen vorkommenden Denitrifikanten schließen über die Bildung von molekularen Stickstoff den biogeochemischen Stickstoff-Kreislauf. In der Prozessabfolge treten N$_2$O-Emissionen als Leckagen auf. In der Reihenfolge der Bedeutung beeinflussen (1) Abwesenheit von O$_2$, (2) Verfügbarkeit von Nitrat und (3) organischen Substraten die Denitrifikation (Andreae 1991). PH Werte um 6-8 und Temperaturen um 28-30°C sind optimal. Der relative Anteil des N$_2$O an den Gesamt- (N$_2$-N plus N$_2$O-N) Denitrifikationsverlusten von Ackerland und Weideland wird mit 10 % bzw. 8.5 % angegeben (Delwiche 1983, Ottow 1990).

Nitrifikation

Die Nitrifikation erfolgt durch Bakterien, die Ammonium und Nitrit zu Nitrat oxidieren. Die für die N$_2$O-Bildung bedeutenden Bakterien oxidieren Ammonium zu Nitrit. Bei Sauerstoffmangel sind sie in der Lage, Nitrit zu N$_2$O und NO zu reduzieren, das emittiert werden kann. Die Nitrifikationsrate hängt von der Verfügbarkeit von Ammonium und O$_2$, Temperatur und pH ab.

II.10.2 N$_2$O aus dem Abfallbereich

Haushalte, Gewerbe und vor allem Landwirtschaft erzeugen jährlich bedeutende Mengen an organischen Abfällen. Bei ihrer Gewinnung, Lagerung und Behandlung existieren teilweise Milieubedingungen (Verfügbarkeit von N in den benötigten Formen, O$_2$, pH, Temperatur etc.), unter denen Denitrifikanten und Nitrifikanten Stickstoff unter N$_2$O-Bildung und -Emission umsetzen können.

Die im wesentlichen auf die Möglichkeit einer N_2O-Emission zu untersuchenden Abfallbehandlungsmethoden sind hier:

- Kompostierung von organischen Bestandteilen des Hausmülls,

- Gewinnung, Lagerung und ggf. Ausbringung von landwirtschaftlichen Abfällen (Wirtschaftsdünger).

II.10.3 Kompostierung von Hausmüll und hausmüllähnlichen Gewerbeabfällen

Die Kompostierung ist ein Verfahren zur Wiederverwendung organischer Abfälle. Bei der Kompostierung von Hausmüll/Klärschlamm werden dessen organische Bestandteile unter Luftzufuhr in feuchtem Milieu mikrobiell zu einem humusähnlichen Produkt verarbeitet, das als Nährstoffträger und zur Verbesserung der Bodentextur in den natürlichen Kreislauf zurückgeführt werden kann. Der Anteil kompostierbarer Bestandteile an den ca. 23×10^6 t Hausmüll, hausmüllähnlicher Gewerbeabfälle und Sperrmüll der Bundesrepublik Deutschland für 1987 (Umweltbundesamt 1992) beträgt ca. 50 Gew.- % (Bilitewski et al. 1991). Kompostierbar sind weiter Garten- und Parkabfälle, organische Rückstände der Nahrungsmittelindustrie und Klärschlamm. Die in der Bundesrepublik gegenwärtig kompostierten Abfallmengen werden mit 575 000 t/a (Koch et al. 1992) bis 700 000 t/a (Bilitwski et al. 1991) oder ca. 2-3 % des Abfallaufkommens angegeben. Dabei werden ca. 220 000 t/a Kompost erzeugt (Koch et al. 1992). In der Bundesrepublik sind zur Zeit 27 Kompostwerke in Betrieb, wobei 14 Anlagen gemischten Hausmüll und 13 Anlagen separat gesammelte organische Abfälle verarbeiten (Bilitewski et al. 1991). Kompost aus Biomüll hat aufgrund geringerer Schwermetall-Kontamination bessere Absatzchancen als Kompost aus gemischtem Hausmüll/Klärschlamm. Daher ist mit einer zunehmenden Umstellung hin zur Kompostierung von getrennt gesammeltem biolgischen Abfall zu rechnen. Insgesamt kann von einer Ausweitung der Kompostierung als Abfallbeseitigungsverfahren ausgegangen werden.

II.10.4 N_2O-Emission bei der Kompostierung von Hausmüll und hausmüllähnlichen Gewerbeabfällen/Klärschlamm

Die Kompostierung von Bioabfall der öffentlichen Abfallentsorgung ist ein vorwiegend aerobes Verfahren. Diese Verfahrensbedingung wird durch ausreichende Luftzufuhr durch häufiges Wenden des Kompost gewährleistet. Sie schränkt die Einwirkung von Denitrifikationsprozessen ein. Bei der Lagerung kann es aber zur Ausbildung anaerober Mikronischen und Denitrifikation kommen. Die vorwiegend aeroben Bedingungen gestatten die Bildung und Emission von N_2O durch Nitrifikationsprozesse.

Bildung und Emission von N_2O bei der Kompostierung von Hausmüll/Klärschlamm wurden bisher nicht experimentell untersucht. Es existieren keine Veröffentlichungen zu diesem Thema.

Dabei ist allein auf Grund der verarbeiteten Mengenströme das Potential der N_2O-Bildung bei der Kompostierung von Abfällen im Rahmen der öffentlichen Abfall-Entsorgung (0.6 x 10^6 t/a (Koch et al. 1992) gegenüber dem aus der Behandlung landwirtschaftlicher Abfälle (ca. 144 x 10^6 t/a (Bilitewski et al. 1991)) gering.

Aus einem Stickstoffgehalt der 0.57 x 10^6 t/a kompostiertem Material von ca. 0.4 % des Frischgewichts (Stegmann 1978) und einem Stickstoff-Gehalt der 0.22 x 10^6 t/a Kompost von 0.7-1.5 % des Frischgewichts (Bidlingmaier et al., 1992) berechnen sich Stickstoff-Verluste von 650-1500 t N/a, von denen nur ein geringer Teil in N_2O bestehen dürfte.

II.10.5 Landwirtschaftliche Abfälle (Wirtschaftsdünger)

Die Kompostierung von organischem Material (tierischen Ausscheidungen, pflanzlichen Rückständen) hat in der Landwirtschaft einen von der Kompostierung als öffentlicher Abfallentsorgung grundsätzlich verschiedenen Hintergrund. Die Kompostierung von Material aus Haushalten dient primär der Deponieraum sparenden, umweltverträglichen Beseitigung des Substrates "Abfall". Die Landwirtschaft dagegen verwendet das Produkt aus der Kompostierung tierischer und pflanzlicher Rückstände traditionell als "Wirtschaftsdünger" in ihrem Stoffkreislauf weiter. Die Kompostierungsprozesse sind dabei weniger strikt durch aerobe Bedingungen dominiert als dies bei der Kompostierung organischen Hausmülls der Fall ist. Während der Lagerung und Behandlung des Abfalls (z. B. Stapelmist) treten anaerobe und aerobe Bedingungen sowohl in zeitlicher Abfolge wie auch in räumlichem Nebeneinander auf.

Verluste des Nährstoffes Stickstoff an die Atmosphäre (NH_3, N_2O, NO, N_2) und Hydrosphäre (NO_3^-) während der Gewinnung, Lagerung, und Anwendung des Wirtschaftsdüngers sind - selbst vor dem Hintergrund des gestiegenen Einsatzes von industriell fixierten Stickstoff-Düngern - ökonomisch unerwünscht.

Stickstoffverluste wurden somit lange Zeit vorrangig unter dem Aspekt des Verlustes von Dünger und seiner Minimierung, erst seit kurzem jedoch unter dem aus der Sicht Atmosphärenchemie, Klimapolitik und Gewässerreinhaltung relevanten Aspekt der Emission spezifischer Spurenstoffe in die Atmosphäre (NH_3, NO, N_2O,) und Hydrosphäre (NO_3^-) betrachtet. So existiert eine zumindest hinreichende Beschreibung der gasförmigen Stickstoffverluste der Landwirtschaft durch die Verflüchtigung von NH_3 bei Viehhaltung und Handhabung von Wirtschaftsdünger, sowie einige Untersuchungen über die Denitrifikationsverluste bei der **Anwendung** von Wirtschaftsdüngern und mineralischen Düngern (für eine Übersicht siehe z. B. Isermann 1990b).

Der seit Beginn der siebziger Jahre erkannten Bedeutung des N_2O für die Ozonchemie der Stratosphäre und den Treibhauseffekt steht jedoch eine noch unbefriedigende Kenntnis der landwirtschaftlichen Quellen dieses Spurengases gegenüber.

Die N_2O-Emissionsraten aus **landwirtschaftlich genutzten Flächen** variieren abhängig von Nutzungsart, Art des Düngers und Ausbringung, Umweltbedingungen und anderen Faktoren in einem weiten Bereich zwischen 0.01 %-3 % des eingesetzten N-Dünger (Conrad et al. 1983, Bremner et al. 1981, IPCC 1990). In einer N-Bilanz für die Landwirtschaft der Bundesrepublik Deutschland für das Jahr 1986 berechnet Isermann (1990a) Denitrifikationsverluste landwirtschaftlich genutzter Flächen von 300 000 t N_2-N + N_2O-N/a, von denen ca. 8.5 % (Ottow 1990), entsprechend 25.500 t N_2O-N/a, als N_2O emittiert werden.

Es existieren keine Veröffentlichungen über die Emission von N_2O bei der **Gewinnung** und **Lagerung** von Wirtschaftsdüngern. Isermann (1992) weist explizit auf das Fehlen von Informationen über die N_2O-Emission aus der Behandlung landwirtschaftlicher Abfälle und Abwässer hin.

Das N_2O-Emissionspotential der Landwirtschaft ist nicht auf die direkte Emission von N_2O aus gedüngten Flächen, während der Behandlung von Wirtschaftsdünger, oder aus Abwasser beschränkt. NH_3, das durch landwirtschaftliche Aktivitäten in die Atmosphäre emittiert wurde, reagiert dort zu partikelgebundenem NH_4^+. Es wird in Niederschlag zur Erdoberfläche zurückgeführt (Warneck 1988), und letzten Endes teilweise als Produkt der Denitrifikation in Form von N_2 und N_2O in die Atmosphäre emittiert. Auch die N_2O-Bildung in Grundwasserkörpern, die durch landwirtschaftliche Sickerwässer Nitrat-Kontaminiert sind, muß berücksichtigt werden (Ronen et al. 1988, vgl. Kap. II.2).

Eine NH_3-Emission aus der Tierhaltung (incl. Wirtschaftsdünger) von ca. 700 000 t/a für das vereinigte Deutschland (Isermann 1990b) zusammen mit einem N_2O-Denitrifikationsverlust von 1 % des durch Deposition aus der Atmosphäre abgelagerten NH_4-N Düngers resultiert in einer Emission von ca. 7000 t N_2O-N/a, die zu einem Teil indirekt aus dem Bereich landwirtschaftlicher Abfälle (ca. 25 % aus Lagerungsverlusten, (Isermann 1990b)) stammt.

II.10.6 Gewinnung und Behandlung landwirtschaftlicher Abfälle

Abfallmengen aus der Landwirtschaft der alten Bundesrepublik werden für das Jahr 1983 angegeben (Bilitewski et al. 1991) mit:

Gülle	96 x 10^6 t/a
Stroh	33 x 10^6 t/a
Grünpflanzen	14 x 10^6 t/a

Der hier relevante Bereich landwirtschaftlicher Abfallwirtschaft betrifft die Tierhaltung, die zugehörige Gewinnung, Lagerung, und Ausbringung von Flüssig- und Festmist, sowie die Weidewirtschaft.

Tierhaltungsformen und Abfallbehandlungsweisen können unterschieden werden in:

- Rottenmistwirtschaft

- Tiefstallmistwirtschaft

- Güllewirtschaft

- Weidewirtschaft.

In der Bundesrepublik werden auf N-Basis ca. 60 % der Wirtschaftsdünger als Flüssig- und ca. 40 % als Festmist ausgebracht (Krüll 1987).

Rottenmistwirtschaft: Tierische Exkremente werden mit Stroh vermischt außerhalb des Stallbereichs im Freien gelagert.

Es existiert eine Vielzahl unterschiedlicher Methoden der Lagerung und Behandlung des Mists mit entsprechend vielen Möglichkeiten der Milieubildung für Denitrifikanten und Nitrifikanten.

Mögliche Lagerungs-/Kompostierungsformen (für eine Zusammenstellung siehe Gottschall 1984) sind z. B.:

- **Kaltstapelmist:** geordnete, hohe Aufstapelung unter starker Durchnässung, anaerob, Temperaturen: meist nur Außentemperatur, hoher Arbeitsaufwand, oft nur in kleineren Betrieben angewandt,

- **Kompostierung:** aerobe, gesteuerte Umsetzung v. organischem Material, z. B. in Mieten, teilweise Temperaturen bis 50 - 80 °C,

teilweise ungeordnete Lagerung ("wilde Mieten") am Hof oder am Feldrand abgekippt, oder als "Oberflächenkompostierung" auf dem Feld verteilt, inhomogen in Bezug auf Zusammensetzung und Durchlüftung. In mittleren und großen Betrieben wird auf Grund maschineller Ausführung vorwiegend ungeordnete Stapelung als reine Lagerungsmethode ausgeführt.

Tiefstallmistwirtschaft: Mistgewinnung und -Lagerung erfolgen im Stall, reiche Stroheinstreu ermöglicht aerobe Anfangsrotte des oberflächennahen Materials, während Anfangsrotte Temperaturen bis 60 °C, durch Tiertritt allmähliche Verfestigung und teilweise Luftabschluss.

Güllewirtschaft: Tierische Abfälle werden mit Wasser in offene, abgedeckte oder geschlossene Lagerbehälter gespült, bei der Aufbereitung belüftet.

Weidewirtschaft: vorwiegend mit Wiederkäuern, Tierische Ausscheidungen (Harn, Kot) werden während des Weideganges auf dem Untergrund deponiert sowie als Wirtschaftsdünger ausgebracht. Stickstoff-Dünger, die Ammonium enthalten oder im Boden zu solchem umgewandelt werden (wie z. B. Harnstoff), verursachen höhere N_2O-Emissionen als solche auf NO_3^--Basis, da N_2O während Nitrifikation und Denitifikation freigesetzt wird.

II.10.7 Stickstoffverluste der verschiedenen Wirtschaftsarten:

Die möglichen Stickstoffverluste aus Wirtschaftsdüngern - unabhängig von der Behandlungsart angegeben von Sauerbeck (1985) - schwanken über einen weiten Bereich:

Stickstoff-Verluste aus Wirtschaftsdünger (Sauerbeck 1985)			
Vorgang:	Lagerung Aufbereitung Stabilisierung	Ausbringung Verteilung	im Boden Auswaschung Denitrifikation
Verlust:	30-90	0-50	0-50
Form:	NH_3, N_2	NH_3	NO_3^-, N_2, N_2O

Quelle: Sauerbeck 1985

Es ist davon auszugehen, daß bei allen Entsorgungsverfahren die gasförmigen N-Verluste zum allergrößten Teil als NH_3 in die Atmosphäre emittiert werden. Isermann (1990b) weist in einem Vergleich der Entsorgungsarten darauf hin, daß die NH_3-Emissionswerte bei Rottemist-, Tiefstallmist-, Flüssigmistwirtschaft ziemlich ähnlich sind. Es muß explizit darauf hingewiesen werden, daß die N_2O-Bildung und -Emission bei keiner dieser Methoden der Gewinnung und Lagerung von Wirtschaftsdünger untersucht ist.

Rottenmistwirtschaft:

Gasförmige N-Verluste bei der Lagerung von Rottemist werden im Durchschnitt mit etwa 15-25 % bei anaerober Aufbereitung und 20-35 % bei aerober Aufbereitung angegeben (Gottschall 1984, Ministerie van Landbouw en Visserij 1985, zitiert bei Isermann 1990b).

Infolge Mineralisierung und Harnstoffabbau wird NH_3 gebildet, das je nach pH-Wert und Temperatur entweicht. Durch Abbau und geringe Zufuhr von Sauerstoff können Nitrifikanten Nitrit als Oxidationsmittel verwenden und N_2O und NO bilden, das emittiert werden kann. Gottschall (1984) hält dies besonders für die heute üblichen, ungeordneten Stapelmiste für möglich, weist aber darauf hin, daß der quantitative Anteil einer N_2O-Entbindung an den Gesamt-N-Verlusten nicht bekannt ist. Die einzige Arbeit, die die Emission von N_2O aus Kompost experimentell untersucht (Cicerone et al. 1978), enthält nur halb-quantitative, nicht verallgemeinerbare Aussagen. Cicerone et al. haben mit auf der Oberfläche von Komposthaufen aufgesetzten Trichtern die N_2O-Emission gemessen. Sie berichten eine N_2O-Emissionsrate, die etwa um den Faktor 50-100 höher liegt wie die mit dem selben Aufbau über Rasen gemessenen Emissionen. Bei Durchlöchern der Kompost-Oberfläche finden sie noch höhere Emissionen. In der Luft einige Zentimeter über der Kompost-Oberfläche finden sie noch ein N_2O-Mischungsverhältnis, das um den Faktor 10 gegenüber dem N_2O-background von 325 ppb erhöht ist.

Tiefstallmistwirtschaft:
Es existieren keine Daten und Veröffentlichungen über die N_2O-Bildung und -Emission. Für das Potential der N_2O-Emission können in erster Näherung ähnliche Verhältnisse wie bei der Rottemistwirtschaft angenommen werden.

Güllewirtschaft:
Lagerungsverluste werden im wesentlichen als Emission von Ammoniak angenommen. Isermann (1990b) beschreibt die Lagerung von Gülle in Erdlagern ("Lagunenwirtschaft, Teichbehandlung") als besonders emissionsreiches Verfahren, bei dem mit dem Ziel der Abwasserentlastung durch Entsorgung von N in die Atmosphäre neben Emissionen von NH_3 auch solche von NO und N_2O in Kauf genommen werden. Als Extrem werden gasförmige N-Verluste von 80 % angegeben (Isermann 1990b). Angaben über spezifische N_2O-Emissionsraten sind nicht bekannt.

Weidewirtschaft:

Die N_2O-Emission aus dem während des Weidegangs abgesetzten Urin kann auf der Basis der Daten von Sherlock and Goh (1983) abgeschätzt werden. Sie finden, daß 0.47 % des im Urin von Schafen beim Weidegang abgesetzten Stickstoff während der ersten 45 Tage als N_2O emittiert werden. Bei einem Urin-N-Anfall von 35 kg / Kuh in 180 Tagen Weidegang (Isermann 1991) und einem Rinderbestand von ca. 2×10^7 für die Bundesrepublik im Jahre 1990 (Statistisches Bundesamt 1991) ergibt dies eine N_2O-Emission von ca. 3300 t N_2O-N/a. Die N_2O-Gesamtemission der Landwirtschaft in den alten Bundesländern in 1990 (allerdings ohne Anwendung von Wirtschaftsdünger) geben Bouwman et al. (1991) mit 14800 t/a an.

II.10.8 Zusammenfassung, Möglichkeiten zur Emissionsminderung

Der Kenntnisstand über die N_2O-Emission bei der Lagerung und Kompostierung organischer Abfälle ist so gering, daß eine Abschätzung der spezifischen N_2O-Emissionen und Möglichkeiten der Emissionsminderung aus diesem Sektor gegenwärtig nicht möglich ist. Eine Minderung der N_2O-Emissionen ist indirekt durch die Reduktion von NH_3-Verlusten bei der Behandlung von Wirtschaftsdüngern (siehe 3.) möglich, wenn dies auch zu einem verminderten Import und Umsatz von N in der Landwirtschaft führt. Diese Schlußfolgerung kann aus Stoff-Flußmodellen (z. B. Stadelmann 1990) abgeleitet werden. Isermann (1990b) hält eine Reduzierung der NH_3-Emission aus dem Bereich der Tierhaltung und Behandlung von Wirtschaftsdüngern um ca. 50 % für erforderlich und erfüllbar.

Insgesamt besteht hinsichtlich der Emission von Treibhausgasen (insbesondere auch für CH_4) durch den Bereich "Behandlung Landwirtschaftlicher Abfälle" ein starker Forschungsbedarf.

Eine quantitative Beschreibung der N_2O- und CH_4-Emissionen der verschiedenen Behandlungsweisen landwirtschaftlicher "Abfälle" bedingt voraussichtlich die Durchführung eines umfangreichen Untersuchungsprogramms. Es erscheint sinnvoll, vor der Planung solcher Arbeiten die Emissionsrelevanz einzelner Bereiche (Stallbereich, Fest- u. Flüssigmist, etc.) durch begrenzte (schnappschußartige) Emissionsmessungen zu beleuchten und dies in die Planung späterer Untersuchungen einfließen zu lassen. Einige der befragten Experten erklärten ihr Interesse an der experimentellen Bearbeitung des Themas und verfügen über Einrichtungen dazu.

Literatur

Andreae, M.O., Beitrag der Landwirtschaft zu direkt und indirekt wirksamen treibhausrelevanten Spurenstoffen in der Troposphäre und Auswirkungen, Deutscher Bundestag, Enquête-Kommission "Schutz der Erdatmosphäre", Kommissionsdrucksache 12/1-a, 14. Nov.1991

Bidlingmaier, W., J. Müsken und J. Tubergen, Biomüllsammlung und Kompostierung - Eine Bestandsaufnahme, in: Striegnitz, M. (Hg.), Kompost und Abfallwirtschaft, Loccumer Protokolle 31/91, 7-58, 1992

Bilitewski, B., G. Härdtle und K. Marek, Abfallwirtschaft, Springer, Berlin, S. 634, 1991

Bremner, J.M., G.A. Breitenbeck, and A.M. Blackmer, Effect of nitrapyrin on emission of nitrous oxide from soil fertilized with anhydrous ammonia, Geophys.Res.Lett., 8(4), 353-356, 1981

Bouwmann, A.F., G.J. Van den Born and R.J. Swart, Land Use Related Sources of CH_4 and N_2O, in: Deutscher Bundestag, Enquête-Kommission "Schutz der Erdatmosphäre", Kommissionsdrucksache 12/1-a, 207-267, 1991

Cicerone, R.J., J.D. Shetter, D.H. Steadman, J.T. Kelly, and S.C. Liu; Atmospheric N_2O: Measurements to determine its sources, sinks, and variations; J.Geophys.Res., 83, C6, 3042-3050, 1978

Conrad, R., W. Seiler, and G. Bunse, Factors influencing the loss of fertilizer nitrogen into the atmosphere as N_2O, J.Geophys.Res., 88, 6709-6718, 1983

Delwiche, C.C., Cycling of elements in the biosphere, in: Läuchli,A. and R.L.Bieleski (Eds.), Encyclopedia of Plant Physiology, 15 A, 212-228, Springer, Berlin, 1983

Gottschall, R., Kompostierung, Verlag C.F.Müller, Karlsruhe, 1984

IPCC, Climate Change, Intergovernmental Panel on Climate Change, Cambridge University Press, S. 365, Cambridge, 1990

Isermann, K., Die Stickstoff- und Phosphor-Einträge in die Oberflächengewässer der Bundesrepublik Deutschland durch verschiedene Wirtschaftsbereiche unter besonderer Berücksichtigung der Stickstoff- und Phosphor-Bilanz der Landwirtschaft und Humanernährung, in: Schriftenreihe der Akademie für Tiergesundheit (Hg.), Band 1,(1990a), S. 368-413, Ferber'sche Universitätsbuchhandlung, Bonn

Isermann, K., Ammoniakemissionen der Landwirtschaft als Bestandteil ihrer Stickstoffbilanz und Lösungsansätze zur hinreichenden Minderung, Gemeinsames KTBL/VDI-Symposium: Ammoniak in der Umwelt - Kreisläufe, Wirkungen, Minderung, KTBL-Schriften-Vertrieb im Landwirtschaftsverlag GmbH/Münster-Hiltrup, Beitrag 1, S 1.1-1.76 1990b

Isermann, K., in: Deutscher Bundestag, Enquête-Kommission "Schutz der Erdatmosphäre", Kommissionsdrucksache 12/1-f, S. 40, 1991

Isermann, K., A) Agriculture's share in the Emission of trace gases affecting the climate and B) Some cause-oriented proposals for sufficiently reducing this share, Global Climate Change Conference, 14-18 June 1992, Bad Dürkheim, Germany, in: Environmental Polution, Elsevier science Publishers, 1992, in press

Koch, T.C., J. Seeberger, H. Petrik, Ökologische Müllverwertung, Verlag C.F.Müller, S. 414, 1992

Krüll, H., Möglichkeiten zur Erstellung einer Stickstoffbilanz in den Kreisen der BRD, Studie der Forschungsgesellschaft für Agrarpolitik und Agrarsoziologie e.V. Bonn, 1987

Ministerie van Landbouw en visserij, Dierlijke Mest. Vlugschrift voor de Landbouw 406, 1-12, 1985

Ottow, J.C.G., G. Benckiser, M. Kapp und G. Schwarz, Denitrifikation - die unbekannte Größe, DLG-Mitteilungen, 1/1990, 8-10, 1990

Ronen, D., M. Magaritz, and E. Alamon, Contaminated aquifiers are a forgotten component of the global N_2O budget, Nature, 335, 57-59, 1988

Sauerbeck, D., Funktionen, Güte und Belastbarkeit des Bodens aus agrikulturchemischer Sicht, Verlag W. Kohlhammer GmbH, Stuttgart und Mainz, S. 1-259, 1985

Sherlock, R. R. and K. M. Goh, Initial emission of nitrous oxide from sheep urine applied to pasture soil, Soil Biol. Biochem., $\underline{15}$, 615-617, 1983

Stadelmann, F. X., N in der Landwirtschaft: Kreislauf, Probleme, Verluste, Synthese, Schlussfolgerungen, in: Eidgenössische Forschungsanstalt für Agrikulturchemie und Umwelthygiene (Hg.): Stickstoff in Landwirtschaft, Luft und Umwelt, Schriftenreihe der FAC, No.7, 141-191, Liebefeld-Bern, 1990

Statistisches Bundesamt (Hg.), Statistisches Jahrbuch 1991, Wiesbaden, 1991

Stegmann, R., Gase aus geordneten Deponien, ISWA J., 26/27, 11-24, 1978

Umweltbundesamt, Daten zur Umwelt, Erich Schmidt Verlag, Berlin, 1992

Warneck, P., Chemistry of the Natural Atmosphere, Academic Press, San Diego, 1988

Neben der o. a. veröffentlichten Literatur liegen dem Arbeitspapier die folgenden weiteren Informationsquellen zugrunde:

Zur Frage des Kenntnisstandes über die spezifischen N_2O-Emissionen bei der Kompostierung von Hausmüll/Klärschlamm und landwirtschaftlichen Abfällen wurden die unten aufgeführten

Fachleute konsultiert. Die Auskuft aller angesprochenen Personen war, daß ihnen - bei gutem Kenntnisstand der gegenwärtigen Literatur - Untersuchungen zu diesem Thema nicht bekannt sind.

Im einzelnen wurden angesprochen:

Dr.G.Benckiser, Institut für Mikrobiologie und Landeskultur, Universität Gießen

Dr.W.Bidlingmeier und Dr.Shin, beide: Institut für Siedlungswasserbau und Abfallwirtschaft, Universität Stuttgart

Prof.Dr.R.Conrad, MPi für Terrestrische Mikrobiologie, Marburg

Herr R.Gottschall, IGW-Kompostverwertung, D-3430 Witzenhausen

Dr.K.Isermann, Landwirtschaftliche Versuchsstation der BASF Aktiengesellschaft, D-6703 Limburgerhof,

Prof.Dr.Köpke, Institut für Organischen Landbau, Universität Bonn

Prof.Dr.D.Sauerbeck, Institut für Pflanzenernährung und Bodenkunde der Bundesforschungsanstalt für Landwirtschaft, Braunschweig

Dr.F.X.Stadelmann, Eidgenössische Forschungsanstalt für Agrikulturchemie und Umwelthygiene, Liebefeld-Bern

In einer computergestützten Literaturrecherche wurden in den Datenbanken AGRICOLA, ULIDAT, SCISEARCH und VADEMECUM unter Überschneidungen der Schlagworte N_2O, Compost, (agricultural) waste keine für das Untersuchungsthema verwertbaren Publikationen ausgewiesen.

II.11 Landwirtschaftliche Bodennutzung und N_2O-Emissionen sowie CH_4-Umsetzungen im Boden

Otto Heinemeyer, Ernst-August Kaiser, Institut für Bodenbiologie, Bundesforschungsanstalt für Landwirtschaft, Braunschweig

II.11.1 Einleitung

Atmosphärische Spurengase bestimmen, trotz ihres mengenmäßig geringen Anteiles an der Atmosphäre, die Energie und Strahlungsbilanz der Erdoberfläche und damit das Klima in entscheidendem Umfange mit. N_2O (Distickstoffmonoxid, Lachgas, nitrous oxide) ist neben CO_2 und CH_4 ein solches Spurengas. Seine mittlere Konzentration in der Erdatmosphäre liegt derzeit bei 310 vppb (Prinn et al., 1990). Zwischen 1750 und 1950 ist seine Konzentration annähernd mit gleicher Rate von 288 auf 295 vppb gestiegen, seitdem betrug der beobachtete jährliche Konzentrationsanstieg annähernd 0,25 % (Hileman, 1989). Die N_2O-Konzentration in der nördlichen Hemisphäre ist tendenziell um ca. 0,75 vppb höher als in der südlichen Hemisphäre. Die relative Konstanz atmosphärischer Spurengaskonzentrationen über erdgeschichtliche Zeiträume (10^4-10^7 Jahre) ist ein entscheidendes Kriterium für die Anpassung biologischer Systeme an die klimatischen Gegebenheiten der Erdoberfläche und damit für das Überleben dieser Systeme. Im Verlauf der Erdentwicklung hat sich in der Erdatmosphäre eine Konzentration eingestellt, die als dynamisches Gleichgewicht zwischen Bildungsprozessen (Quellen) und Abbauprozessen (Senken) zu verstehen ist. Bedingt durch die mit 150 Jahren relativ hohe Verweildauer von N_2O in der Troposphäre, führen jedoch auch geringfügige Verschiebungen dieses Gleichgewichts langfristig zu signifikanten Veränderungen der Gesamtbilanz.

II.11.1.1 Quellen für N_2O-Emissionen

Seit Beginn der industriellen Revolution haben Menschen begonnen, unbeabsichtigt massiv in den Spurengashaushalt der Atmosphäre einzugreifen. Dies betrifft quantitativ überwiegend CO_2, dessen globaler Anstieg, vorwiegend als Folge der 'technischen Revolution', auf Landnutzungsänderungen im 19. Jahrhundert und die seitdem immer massivere Nutzung fossiler Brennstoffe zurückzuführen ist. Weniger bekannt ist hingegen, daß auch die 'grüne Revolution' ihren Anteil an den Veränderungen des Spurengasbestandes der Atmosphäre hat. Etwa 90 % des N_2O wird in Böden bei der mikrobiellen Umsetzung von Nitrat und Ammonium (Denitrifikation und Nitrifikation) gebildet (Bouwman, 1990; Houghton et al., 1992).

Der N-Umsatz bei Nitrifikation und Denitrifikation ist in landwirtschaftlich genutzten Böden infolge der Zufuhr von Ammonium und Nitrat durch Düngung erheblich höher als in landwirtschaftlich nicht genutzten Böden. Demzufolge sind bei landwirtschaftlicher Nutzung von Böden, in Abhängigkeit von N-Zufuhr und vom Überschuß der N-Bilanz, stets auch erhöhte N_2O-

Emissionen zu erwarten. Betrachtet man den Zusammenhang allgemein, so stammte vor der Einführung von N-Mineraldüngern der im Boden in der Regel im Minimum vorliegende umsetzbare Stickstoff aus der biologischen N-Fixierung. Dies ist ein energieaufwendiger Vorgang, zu dessen Durchführung in der Natur nur bestimmte frei oder in Assoziation mit Pflanzen lebende Bodenbakterien, aber keine Pflanzen befähigt sind. Die Leistung der biologischen N-Fixierung bestimmte damit direkt und indirekt den N-Eintrag, die Fruchtbarkeit von Böden und auch die möglichen N_2O-Emissionen. Nachdem durch J. Liebig die Nährstoff- und N-Zufuhr als Schlüssel zur Pflanzenproduktion erkannt worden war, ermöglichte die Entwicklung des Verfahrens der technischen Ammoniaksynthese durch Haber und Bosch eine praktisch beliebige N-Zufuhr durch preiswerte Handelsdünger. Die Folge war eine erhebliche Ertragssteigerung auf den landwirtschaftlichen Nutzflächen. Dieses Potential zur Ertragssteigerung wird weltweit zunehmend genutzt. So steigt der N-Düngerverbrauch z.Zt. mit 1,3 % a^{-1} in entwickelten und mit 4,1 % a^{-1} in sich entwickelnden Ländern an (OECD/OCDE, 1991). Erst in jüngster Zeit wurde erkannt, das auch die N_2O-Emissionen nun nicht mehr allein durch die biologische N-Fixierung, sondern auch durch technische N-Fixierung auf diesem Weg gesteigert wurde. In einer Studie von Haider u. Heinemeyer (1990) sind entsprechende Globalzahlen zusammengestellt. Der in den letzten 10 Jahren nachgewiesene Anstieg der atmosphärischen N_2O-Konzentration von 0,2-0,3 % (Houghton et al., 1992) kann demnach numerisch auf den erhöhten Einsatz von N-Düngemitteln und eine durch anthropogene Einflüsse gesteigerte biologische N-Fixierung zurückgeführt werden.

Obwohl Prozesse der N-Dynamik im Boden als Hauptquelle für N_2O-Emissionen anzusehen sind, treten Differenzen von bis zu 30 % zwischen Quellen und Senken bei der Bilanzierung im Rahmen globaler Betrachtungen auf (Houghton et al., 1992). Daraus ist zu schließen, daß offensichtlich weitere, derzeit noch unbekannte Quellen oder hinsichtlich ihres Beitrages zur Bilanz unterschätzte Quellen, existieren. Zu den bisher nicht verifizierten Quellen, die bedingt durch den verstärkten Einsatz der verursachenden Prozesse im Zuge des technischen Fortschritts zur Progression atmosphärischer N_2O-Konzentrationen beitragen könnten, zählen Abgase aus Verbrennungsmaschinen mit Abgaskatalysatoren sowie Emissionen aus Kläranlagen, insbesondere wenn diese mit einer zusätzlichen Denitrifikationsstufe ausgestattet sind.

Im Gegensatz zur Situation beim Methan tragen physiologische Prozesse im Tierkörper nicht zur N_2O-Bildung bei. Eine bilanzmäßige Relevanz der Tierhaltung insgesamt ist aber herzuleiten aus dem i.d.R. vergrößerten N-Umsatz in Agrarökosystemen mit Tierhaltung. In Folge der notwendigen Futterproduktion kommt es z. B. auf den hierzu zusätzlich zur Primärnahrungserzeugung erforderlichen Landflächen zu höheren N_2O-Emissionen, die bei Verzicht auf landwirtschaftliche Nutzung dieser Flächen nicht auftreten würden.

Global wird die N_2O-Emission für den Zeitraum 1978-1988 auf 13 Tg a^{-1} geschätzt (Prinn et al., 1990), wobei die angegebene Schwankungsbreite von 5,2-16,1 Tg a^{-1} bereits auf die hohe Unsicherheit dieses Wertes hindeutet (Houghton et al., 1992).

II.11.1.2 Senken für N_2O-Emissionen

Die einzig bekannte signifikante Senke für N_2O ist der photolytische Abbau in der Stratosphäre (Watson et al., 1990). Zusätzlich zu dieser Senke, die von Houghton et al. (1992) mit 7-13 Tg N a^{-1} beziffert wird, ist bei Bilanzbetrachtungen der tatsächlich gemessene jährliche Anstieg in der Atmosphäre zu berücksichtigen. Dieser betrug im Mittel der letzten 10 Jahre 3-4,5 Tg N a^{-1} (Houghton et al., 1992). Beim photolytischen Abbau entsteht aus N_2O Stickstoffmonoxid (NO), welches wiederum bei der Reaktion mit Ozon zu Nitrit (NO_2) umgesetzt wird.

Anaerobe Böden haben ein hohes Potential zur Reduzierung von N_2O zu N_2 und tatsächlich ist das Hauptprodukt der Denitrifikation im Boden N_2 und nicht N_2O. Die geringen Lösungsraten von atmosphärischem N_2O in Wasser und der geringe Transport in Feuchtgebiete oder überstaute Böden sorgen allerdings dafür, daß anaerobe Böden keine signifikanten Regulatoren des atmosphärischen N_2O-Gehaltes sind (Ryden, 1981).

II.11.1.3 Ökosystemare Wirkungen des Anstieges atmosphärischer N_2O-Konzentrationen

Atmosphärisches N_2O beeinflußt sowohl die Bilanz als auch die Qualität des Strahlungshaushaltes der Erde. Der katalytische Abbau von Ozon hat dabei eine hohe ökologische Relevanz. Da es sich um stratosphärisches Ozon handelt, bedingen erhöhte N_2O-Emissionen eine Schwächung der Filterwirkung der oberen Schichten der Atmosphäre für kurzwellige (UV) Strahlung und sind daher als negativ zu bewerten.

Durch die Adsorption langwelliger Strahlung tragen steigende N_2O-Konzentrationen in der Atmosphäre zur Erwärmung des Globalklimas bei. Der Anteil von N_2O an den prognostizierten Temperaturanstiegen wird auf ca. 5 % geschätzt (Cicerone and Oremland, 1988).

II.11.1.4 Stand des Wissens

Eine Übersicht zum Kenntnisstand bezüglich gemessener N_2O-Emissionsraten anhand der bis 1988 erschienenen Originalliteratur findet sich bei Bouwman (1989) und Eichner (1990). Die für Feldflächen weltweit gemessenen N_2O-Flüsse lagen im Bereich von 2 bis 1880 g N $m^2 h^{-1}$.

Bei zu Vergleichszwecken sinnvollen Umrechnung auf kg N $ha^{-1} a^{-1}$, ergibt dies unter Annahmen, die dem jeweils ungünstigsten Fall entsprechen, nämlich gleichbleibender Freisetzungsrate über alle Stunden des Jahres, eine Abgabe von 0,17 bis 165 kg. Unter Ausschluß extremer Werte resultiert für gedüngte Flächen noch ein Bereich von 0,9-4,3 kg N_2O ha^{-1} a^{-1}.

Die großen Spannbreiten zwischen den Daten ergeben sich zum einen aus den Unterschieden zwischen den untersuchten Bodentypen und Anbaufrüchten, zum anderen aus den verschiedenen Zeitpunkten, an denen die einzelnen Arbeiten durchgeführt wurden, d.h. aus den unterschiedlichen klimatischen Verhältnissen während der einzelnen Probenahmetermine. Weiterhin sind die verschiedenen Techniken der Probenahme und Analyseverfahren verantwortlich für eine große Streubreite der Untersuchungsergebnisse zu N_2O-Flußraten. Da in vielen Arbeiten Angaben zu den jeweils angewandten Methoden unvollständig sind bzw. gänzlich fehlen, ist eine Beurteilung der bei diesen Untersuchungen ermittelten N_2O-Daten zweifelhaft.

Entscheidend für die Höhe von N_2O-Emissionsraten aus dem Boden sind allerdings die entsprechend der Ackernutzung bzw. der jeweiligen Fragestellung einer wissenschaftlichen Untersuchung aufgebrachten N-Düngermengen.

Bouwman (1989) hat mittels Regressionsanalyse versucht, die Abhängigkeit der N_2O-Emission von der Düngerzufuhr zu beschreiben. Die zugehörigen Regressionsgleichungen weisen darauf hin, das zunächst eine von der Düngerzufuhr unabhängige Grundemission zwischen 1,4 und 1,8 kg ha^{-1} a^{-1} existiert, zu der eine dem Düngeraufwand proportionale Zusatzemission von 0,4-0,7 % Dünger-N hinzukommt. Unter II.11.2.2 wird erläutert, warum es sich bei diesem Ergebnis um einen Scheineffekt handeln könnte.

II.11.2 Zusammenfassung des derzeitigen Kenntnisstandes über die N_2O-Emissionen in der Bundesrepublik Deutschland durch landwirtschaftliche Bodennutzung

II.11.2.1 Allgemeines zur landwirtschaftlichen Bodennutzung in der Bundesrepublik Deutschland

Die Bundesrepublik Deutschland umfaßte 1992 eine Gesamtfläche von 35,695 x 10^6 ha. Hiervon entfielen 19,653 x 10^6 ha auf landwirtschaftliche Nutzflächen (ohne Wälder). 1992 wurden davon 17,137 x 10^6 ha (100 %) auch so genutzt (Stat. Jahrbuch über Ernährung, Landwirtschaft u. Forsten, BML, 1992).

Der überwiegende Anteil 11,559 x 10^6 ha (67,5 %) entfiel auf Ackerland, die nächstgrößeren Anteile sind Viehweiden mit 2,672 x 10^6 ha (15,6 %) und Grünland mit 2,657 x 10^6 ha (15,5 %). Als sonstige landwirtschaftliche Landnutzungen sind Gartenland, Obstplantagen, Rebland und Baumschulen hinzuzufügen, von denen keine mehr als 0,6 % der Gesamtfläche umfaßte.

Bei der Ackerlandnutzung (100 %) entfielen 6,575 x 10^6 ha (56,8 %) auf den Getreide- und Maisanbau, gefolgt vom Futterpflanzenbau mit 1,919 x 10^6 ha (16,6 %) und Handelsgewächsen (im wesentlichen Ölfrüchte) mit 1,232 x 10^6 ha (10,6 %). Für den Hackfruchtanbau wurden 0,951 x 10^6 ha (8,2 %) genutzt; als Brache waren 0,754 x 10^6 ha (6,6 %) der Ackerfläche ausgewiesen (BML, 1992).

Diese Flächen wurden 1991 von insgesamt 654241 Betrieben bewirtschaftet. Aus der Aufgliederung dieser Betriebe nach Größenklassen der landwirtschaftlichen Fläche (Tab. II.11-1) läßt sich entnehmen, daß die Betriebsstrukturen sehr heterogen sind. Entsprechend dürften die Landbewirtschaftungsweisen eine erhebliche Streubreite aufweisen. Unterschiedliche Maschinenausstattungen, Verfügbarkeit von Arbeitskraft, viehlose oder Wirtschaft mit Viehhaltung, regionale Marktgegebenheiten und Standorteigenschaften wirken sich hierbei aus.

Größe [ha LF]	Betriebe [%]	Fläche [%]
1- 2	12,3	0,6
2- 5	17,2	2,1
5-10	16,6	4,3
10-15	11,2	5,0
15-20	8,8	5,5
20-25	6,9	5,6
25-30	5,5	5,5
30-40	7,7	9,6
40-50	4,7	7,5
50-75	5,4	11,7
75-100	1,8	5,7
>100	1,9	36,9

Tab. II.11-1: Landwirtschaftliche Betriebe in Deutschland (ABL und NBL) 1991, aufgegliedert nach bewirtschafteter Landfläche (LF) (Quelle: BML, 1992).

II.11.2.2 Beitrag der Landwirtschaft zu den N_2O-Emissionen

Aufgrund der Tatsache, daß die Höhe der N_2O-Emissionen aus Böden primär vom N-Umsatz abhängt, bedingt eine landwirtschaftliche Nutzung mit N-Zufuhr zwangsläufig eine, relativ zu einer nicht landwirtschaftlichen Nutzung, erhöhte Emission von N_2O. Ein Vergleich landwirtschaftlich genutzter mit landwirtschaftlich nicht genutzten Böden, im Hinblick auf eine Abschätzung und Bewertung der Gefährdung natürlicher Ressourcen durch N_2O-Emissionen, ist daher allenfalls im Rahmen einer generellen gesellschaftlichen Güterabwägung für oder gegen Landwirtschaft möglich.

Derzeit läßt sich unter Verweis auf eine sehr hohe Unsicherheit des Wertes anhand internationaler Ergebnisse (Bouwman, 1989) eine mittlere Verlustrate in Höhe von ca. 1,25 % des jährlich durch Düngung zugeführten Stickstoffs in Form von N_2O annehmen. Dabei ist eine direkte

Abhängigkeit von der Höhe der zugeführten Düngung nur schwach ausgeprägt. Dies mag ein Scheineffekt sein, der seine Ursache in der Wahl des Bezugspunktes (keine N-Düngung) hat. Auf landwirtschaftlichen Flächen wird zugeführter Stickstoff nicht nur im Jahr der Zufuhr wirksam. Eine Fläche, auf der einmalig auf Düngung verzichtet wurde, zeigt daher nicht eine so niedrige N_2O-Abgabe, wie sie von einer niemals gedüngten Fläche zu erwarten wäre. Der Anteil der mit Stickstoff gedüngten landwirtschaftlich genutzten Böden an der gesamten terrestrischen N_2O-Emission ist nach mehreren Autoren (Seiler u. Conrad, 1987; Bouwman, 1989; Houghton et al., 1992) mit etwa 15 % zu veranschlagen. Detailliertere Angaben zu unterschiedlichen Nutzungssystemen oder Produktionsverfahren sind, bedingt durch eine sehr schmale und z. T. qualitativ unbefriedigende Datenbasis, derzeit nur mit großen Einschränkungen und ohne Quantifizierung möglich.

II.11.2.3 N-Frachten in der Landwirtschaft der Bundesrepublik Deutschland

Die ausschlaggebende Größe zur Beurteilung von emissionsmindernden Maßnahmen bezüglich N_2O ist der gesamte Stickstoff-Eintrag in die landwirtschaftliche Nutzfläche. Dieser erfolgt gezielt durch Düngungsmaßnahmen, die man in Zufuhr mineralischen Düngerstickstoffs und Zufuhr von Stickstoff in organischer Bindung durch Wirtschaftsdünger und Klärschlämme aufteilen kann. Hinzu kommt der ungezielte Eintrag von Stickstoff über den Luftpfad, der aus der allgemeinen Luftbelastung durch Stickoxide aus Verkehr und Industrie herrührt.

II.11.2.3.1 Mineralischer Düngerstickstoff

Am leichtesten ist der gezielte Eintrag an mineralischem Stickstoff abzuschätzen, da er anhand von Verkaufsdaten vollständig erfaßt wird. Eine kurze Übersicht zur Verbrauchsentwicklung ist in Tabelle II.11-2 zusammengestellt. Daraus läßt sich ein leichter Rückgang des Eintrages je ha landwirtschaftlicher Nutzfläche von 1988/89 mit 129,2 kg N ha^{-1} auf 113,2 kg N ha-1 für 1991/92 feststellen.

Wirtschafts-jahr	Düngerverbrauch x 10^3 t	ldw. Nutzfläche x 10^3 ha	mittl. Aufwand kg ha^{-1} a^{-1}
1988/89	1539,9	11915	129,2
1989/90	1487,2	11885	125,1
1990/91	1366,4	11867	115,1
1991/92	1340,1	11845	113,1

Tab. II.11-2: N-Mineraldüngerverbrauch und landwirtschaftliche Nutzfläche in der früheren Bundesrepublik Deutschland (Quelle: BML, 1992)

II.11.2.3.2 Organisch gebundener Düngerstickstoff

Ungleich schwieriger ist es, die Einträge an organisch gebundenem Stickstoff abzuschätzen, da sowohl die N-Gehalte in Wirtschaftsdüngern wie Stallmist und Gülle stark schwanken können, als auch keine offiziellen Aufzeichnungen über in der Landwirtschaft ausgebrachten Mengen geführt werden. Aus den Tierbestandszahlen (BML, 1992) und den relativ gut bekannten Mengen an Dung- und Gülleanfall verschiedener Tierarten (Vetter et al., 1989; Steffens & Vetter, 1990) kann aber eine Abschätzung versucht werden. Eine Zusammenstellung der Zahlen aus den o.g. Quellen zeigt Tabelle II.11-3.

Tiere Art	Bestand 1991 Anz. x 10^3	Gülle	Mist/Jauche	Gülle	Mist/Jauche
		kg N Tier^{-1}		x 10^3 t N a^{-1}	
Pferde	491	42	40	20,6	19,6
Rindvieh	17.134	57	54	976,6	925,2
Schweine	26.063	17,5	16	456,1	417,0
Schafe	2.488	14	13	34,8	32,3
Geflügel	108.850	1	1	108,8	119,7
			Summen:	1.597,0	1.513,9

Tab. II.11-3: Abschätzung des N-Anfalls in Abgängen aus der Tierhaltung in Deutschland (ABL und NBL) für das Jahr 1991 (nach Vetter et al., 1989; Steffens u. Vetter, 1990; BML 1992))

Legt man den gesamten N-Anfall in Abgängen aus der Tierhaltung auf die gesamte landwirtschaftliche Nutzfläche Deutschlands um, so resultiert daraus eine mittlere N-Zufuhr von 88-93 kg ha^{-1} a^{-1}. Bekannt ist jedoch, daß gerade bei der organischen N-Düngung erhebliche Abweichungen von diesem "Mittelwert" auftreten. Ursache ist der regional stark unterschiedliche Anfall an Wirtschaftsdünger. Viehlose Betriebe düngen z. T. überhaupt keinen organischen N. In Regionen mit hoher Tierbesatzdichte, wie z. B. dem Landkreis Vechta in Niedersachsen, ist die Ausbringung von Güllen eher als "Abfallbeseitigungsmaßnahme", denn als Düngung anzusprechen, da hier z. T. verbotswidrig bis zu 500 kg N ha^{-1} a^{-1} ausgebracht werden (Vetter, pers. Mittlg.).

II.11.2.3.3 Klärschlamm

Etwas einfacher ist die Abschätzung beim Klärschlamm. Hiervon fallen in Deutschland jährlich ca. 55 x 10^6 t an (Schenkel u. Butzkamm-Erker, 1990; Bergs, 1991). Dies entspricht ca. 2,75 x 10^6 t Trockensubstanz. Bei einem mittleren N-Gehalt von 3,84 % (Poletschny, 1992) sind dies 0,11 x 10^6 t, von denen derzeit maximal 25 % (Kassner, 1990; Butzkamm-Erker, 1990) in der Landwirtschaft verwertet werden. Dies entspricht einer mittleren N-Zufuhr von 1,6 kg N ha^{-1} a^{-1}.

II.11.2.3.4   N-Einträge aus der Atmosphäre

Bei diesem durch nassen (Niederschläge) und trockenen (Gase, Stäube) in landwirtschaftliche Nutzflächen eingetragenen Stickstoff handelt es sich um eine Größenordnung, die schwer abschätzbar ist, da flächendeckende Erfassungen für Deutschland fehlen. Für den Standort "Jülich" führt Soeder (1991) eine Größenordnung von 50 kg N ha^{-1} a^{-1} an.

Addiert man alle entsprechenden N-Eintragsformen, so ergibt sich derzeit ein mittlerer N-Eintrag von 264 kg ha^{-1} a^{-1} für Ackerflächen in der Bundesrepublik Deutschland.

Sensu strictu müßte diesem jetzt der mittlere N-Eintrag in diese Flächen vor Aufnahme der mineralischen N-Düngung gegenübergestellt werden. Die Ermittlung dieser Größe wird sicher nur für Teilbereiche möglich sein. Ihre Erwähnung soll aber die Bedeutung eines Bezugspunktes für die Beurteilung der Problematik hervorheben.

II.11.2.4   Ergebnisse wissenschaftlicher Untersuchungen der N$_2$O-Emissionsraten aus landwirtschaftlichen Flächen

II.11.2.4.1   Vorgehensweise zur systematischen Erfassung relevanter Publikationen

Die Grundlage zur Ermittlung des derzeitigen wissenschaftlichen Kenntnisstandes über N$_2$O-Emissionen aus Ackerböden im Bereich der Bundesrepublik Deutschland sowie im europäischen Ausland und den USA, im Zusammenhang mit landwirtschaftlicher Bodennutzung und Identifikation bestehender Wissenslücken, bildete eine Literaturrecherche.

Die Recherche erfolgte bei der Zentralen Informations- und Dokumentationsstelle der FAL/Völkenrode in den Datenbanken CAB und AGRIS unter den Stichworten (keywords): "soil" bzw. "Boden" und "nitrous oxide" bzw. "N$_2$O". Erfaßt wurden Publikationen in englischer und deutscher Sprache im Zeitraum 1980 bis 1992/93.

Aus den o.g. Datenbanken wurde die zum Thema relevante Literatur ausgewählt und bestellt bzw. aus direkt zugänglichen Zeitschriften und Büchern kopiert. Es folgte die Auswertung der relevanten Literaturzitate speziell zum Thema: "N$_2$O-Emissionen aus landwirtschaftlich genutzten Böden in Freilandversuchen" nach einem eigens konzipierten Fragenkatalog und die Erstellung einer diesbezüglich eigenen Literatur-Datenbank in ALLEGRO.

Nach der Erstellung eines Gesamt-Literaturverzeichnisses und einer tabellarischen Auflistung der bei der Literaturrecherche erfaßten Zeitschriften und Bücher wurden relevante N$_2$O-Emissions-Daten aus Freilandarbeiten sowie die Bedingungen, unter denen sie erzielt worden sind, für den Zeitraum 1988-1992/93 zusammengestellt (Tab. II.11-4).

AUTOR	LAND/ORT	BODEN	VEGETATION	N-MENGE[0)]	N-TYP	N_2O FLUX[1)]	METHODE[2)]	NUTZUNG[3)]	MESSPERIODE	BEMERKUNG
Colbourn (1988)	UK/Oxfordshire	Palo-Stagnogley	Weizen	323	NH4NO3	18,40	2,3	1	Okt.-Jul.	
Parton et al. (1988)	USA/Col./Ft. Col.	Arid. Argiustoll	Kurzgras-Steppe	450	Urea	6,57	-	3	Mai-Nov.	Steppe Kolluvium
Parton et al. (1988)	USA/Col./Ft. Col.	Arid. Argiustoll	Kurzgras-Steppe	0	-	0,40	-	3	Mai-Nov.	Steppe Kolluvium
Parton et al. (1988)	USA/Col./Ft. Col.	Haplargids	Kurzgras-Steppe	450	Urea	1,43	-	3	Jul.-Sept.	Steppe Mittelhang
Parton et al. (1988)	USA/Col./Ft. Col.	Haplargids	Kurzgras-Steppe	0	-	0,18	-	3	Jul.-Sept.	Steppe Mittelhang
Anderson & Poth (1989)	USA/San Gab.Mts	Typic Xerodent	Chaparral	0	-	9,64	-	5	Juli	abgebr. Wald, Gebirge
Mosier et al. (1989)	USA/Griffith	grauer Tonboden	Reis	80	Urea	5,15	2,4	1	März-Mai	Überflutetes Reisfeld
Luizao et al. (1989)	Brasilien/Manaus	Oxisol	Reis	36	Urea	5,70	-	4		
Luizao et al. (1989)	Brasilien/Manaus	Oxisol	Gras	0	-	1,90	-	4		abgebr. trop. Regenw.
Luizao et al. (1989)	Brasilien/Manaus	Oxisol	trop. Regenwald	0	-	1,90	-	5		
Weier&Meinemeyer (1989)	BRD/Timmerlah	Löß-Parabraunerde	Zuckerrüben		Ca(15NO3)2	0,3-3,45	4	1		unterarch. Bodendichte
Christensen et al. (1990a)	Dänemark	sL	Brache	0	org. Substanz	2,12	2	4		N-Appl. tote E. coli
Christensen et al. (1990b)	Dänemark	sL	Brache	340	(NH4)2SO4,KNO3	4,57	2	4		N-Appl. tote E. coli
Mosier et al. (1991)	USA/Michigan	Hapludalf (tL)	Brache	0	-	18,44	2,3	4	Mai-Jun.	
Mosier et al. (1991)	USA/Colorado	Haplargids (sL)	Weizen	450	Urea	0,95	2	1	Apr.-Okt.	
Mosier et al. (1991)	USA/Colorado	Argiustoll	Gras	0	-	2,26	2	3	Apr.-Okt.	
Mosier et al. (1991)	USA/Colorado	Haplargids (sL)	Brache	0	-	1,28	2	4	Apr.-Okt.	
Mosier et al. (1991)	USA/Colorado	Haplargids (sL)	Gras	286	NH4NO3	1,64	2	4	Apr.-Okt.	
Mosier et al. (1991)	USA/Colorado	Haplargids (sL)	Gras	0	-	2,22	2	2	Apr.-Okt.	
Mosier et al. (1991)	USA/Colorado	Argiustoll	Gras	0	-	0,91	2	3	Apr.-Okt.	
Mosier et al. (1991)	USA/Colorado	Haplargids (sL)	Gras	0	-	1,09	2	3	Apr.-Okt.	
Mosier et al. (1991)	USA/Colorado	Haplargids (sL)	Gras	0	-	0,66	2	3	Apr.-Okt.	
Mosier et al. (1991)	USA/Colorado	Haplaquoll	Riepengras	450	Urea	1,13	2	1	Jul.-Jul.	
Parsons et al. (1991)	USA/Kentucky	Hapludalf	Riepengras	300	NH4NO3	11,10	3,5	1	Apr.-Sept.	
Parsons et al. (1991)	USA/Kentucky	Paludalf	Bohnen	0	-	12,50	3,5	1	Apr.-Sept.	
Shephard et al. (1991)	Kanada/Ontario	sL	Bohnen	300	NH4NO3	8,4	2	1	Apr.-Sept.	
Shephard et al. (1991)	Kanada/Ontario	sL	Bohnen	100	NH4NO3	5,5	2	1	Apr.-Sept.	
Shephard et al. (1991)	Kanada/Ontario	sL	Bohnen	200	NH4NO3	4,6	2	1	Apr.-Sept.	
Shephard et al. (1991)	Kanada/Ontario	sL	Bohnen	0	-	1,7	2	1	Apr.-Sept.	
Reutzberg et al. (1992)	Schweiz/Liebefeld	saurer Boden	Gerste			2,70	3,5	1	Apr.-März	Methode?
Vinther (1992)	Dänemark/Jyderud	saurer Boden	Buche	0	-	6,83	3,5	5	Juni	Methode?
Lotfield et al. (1992)	BRD/Göttingen	sL	Weizen,Z.rüben	210	Mineraldünger	9,00	1,3,6	1	Apr.-Sept.	Enzymaktivität
Schneider & Haider (1992)	BRD/Schladen	sL	Weizen,Z.rüben	210	Mineraldünger	9,00	1,4,6	1	Apr.-Sept.	Soil cores + Denitrif.
Schneider & Haider (1992)	BRD/Schladen	gley. Luvisol (uL)	Mais	218	Urea	10,98	1,4	1		
Bronson et.al. (1992)	USA/Col./Ft. Col.	Argiustoll (tL)	Mais	0	-	0,44	1,4	1		
Bronson et.al. (1992)	USA/Col./Ft. Col.	Argiustoll (tL)	Weizen	200	-	2,19	2	1	Jan.-Aug.	betriebsübliche Düngung
Köbrich et al. (1993)	BRD/Neuenkirchen	Löß-Parabraunerde				0,44	2	1	Mai-Sept.	
Köbrich et al. (1993)	BRD/Völkenrode	Sandboden								

0) in kg N/ha⁻¹ 1) in kg N_2O-N ha⁻¹ a⁻¹ linear aus den jew Daten auf einen Zeitraum von 1 Jahr = 365 Tage hochgerechnet
2) 1=open box, 2= closed box, 3= C2H2, 4= 15N-Techn, 5=soil samples, 6=soil cores, 7=monatige 3) 1=Acker, 2=Weide, 3=Grünland, 4=Brache, 5=Wald

Tab. II.11-4: Zusammenstellung von relevanten N₂O-Flußratenbestimmungen aus landwirtschaftlichen Böden im Zeitraum 1988-1992/93

II.11.2.4.2 Aktueller Kenntnisstand zu N_2O-Emissionsraten aus landwirtschaftlich genutzten Flächen sowie Grünlandböden in Freilandversuchen im Zeitraum 1988 bis 1992/93

Trotz der intensiven Suche ist die Anzahl aktueller Publikationen (Zeitraum 1988-1992/93) mit Angaben zu N_2O-Emissionsraten aus landwirtschaftlich genutzen Flächen in Freilandversuchen gering. Die überwiegende Anzahl an diesbezüglichen Publikationen fand zudem unter Laborbedingungen statt. Daher wurden auch weitere Untersuchungen aus Grünland, Steppe und Brachflächen sowie, als Einzelbeispiele zu N_2O-Flußraten aus andersartigen Standorten, jeweils eine Arbeit aus dem tropischen Regenwald in der südlichen Hemisphäre und überfluteten Reisfeldern bzw. aus einem Waldboden der nördlichen Hemisphäre der Tabelle II.11-4 hinzugefügt. Betrachtet man die geographische Lage der Untersuchungsorte, so fällt auf, daß von den publizierten Flußraten 24 Arbeiten für Nordamerika vorliegen. Für den westeuropäischen Bereich konnten noch 12 Angaben ermittelt werden, von denen sich immerhin 6 auf die Bundesrepublik Deutschland beziehen. Letztere entstammen fast ausschließlich Versuchen aus dem niedersächsischen Raum (Walenzik & Heinemeyer, 1989; Loftfield et al., 1992; Schneider & Haider, 1992).

Die Priorität vieler Untersuchungen innerhalb der ausgewerteten Literatur lag in der Abschätzung des Einflusses verschieden hoher N-Düngergaben auf die N_2O-Emission aus unterschiedlich wirtschaftlich genutzten Böden. Andere Untersuchungen erfolgten ohne zusätzliche Düngung und ohne Berücksichtigung des N-Gehaltes in den jeweiligen Versuchsböden. Die Darstellung und Auflistung der verfügbaren Daten erfolgte unabhängig vom Bodentyp, der Bodenart (sL bis lT) sowie den jeweiligen Boden- und Standorteigenschaften (z. B. trockene bis gleyige Böden). N_2O-Flußratenbestimmungen wurden in den aufgelisteten Untersuchungen zu allen Jahreszeiten und damit verbunden zu den jeweils herrschenden klimatischen Bedingungen durchgeführt; Versuche innerhalb der Vegetationsperiode (April bis Oktober) überwogen jedoch (Tab. II.11-4).

Die aus diesen Zeiträumen linear auf ein Jahr hochgerechneten, und damit eher über- als unterschätzten, mittleren N_2O-Abgaben (jew. in kg N_2O-N ha^{-1} a^{-1}) schwanken, unabhängig von den jeweils zugeführten N-Düngermengen (im Durchschnitt 200-450 kg N ha^{-1} a^{-1}) und -art (Harnstoff oder NH_4NO_3), zwischen 0,95 und 18,4 aus Ackerflächen bzw. 0,91 und 12,5 aus Grünlandböden. Für Brachflächen nach landwirtschaftlicher Nutzung wurden Flußraten von 1,64 bis 18,44 (Christensen et al., 1990a; Mosier et al., 1991) berichtet.

Die höchsten N_2O-Emissionsraten in den landwirtschaftlichen Nutzflächen wurden dabei in Weizenflächen gemessen (max. 18,4; Colbourn, 1988), gefolgt von Maisstandorten (max. 10,98 kg; Bronson et al., 1992). Die im Jahresdurchschnitt geringsten N_2O-Daten entstammen Untersuchungen in Zuckerrüben- (max. 3,6; Walenzik & Heinemeyer, 1989) bzw. Gersteflächen (max. 5,83; Vinther, 1992).

In Anbetracht der geringen Basisdaten konnten signifikante Unterschiede der N_2O-Emissionsraten bezüglich der jeweils eingesetzten N-Düngermenge, wie von Eichner (1990) und Köbrich et al. (1993) ermittelt, nur in Einzelfällen bestätigt werden.

Bedingt durch die sehr unterschiedlichen Methoden mit denen die berichteten N_2O-Flußraten bestimmt wurden, und z. T. auch fehlender Angaben hierzu, läßt sich keine sichere Aussage zur Gesamtqualität und Vergleichbarkeit der Angaben machen. Ähnliches stellen bereits Bouwman (1989) und Eichner (1990) in ihren jeweiligen Zusammenstellungen fest.

Verglichen mit in den o.g. Reviews genannten N_2O-Daten liegen die in Tabelle II.11-4 zusammengestellten N_2O-Flußraten in der gleichen Größenordnung. Die für die vorliegende Fragestellung weniger relevanten N_2O-Flußraten im tropischen Regenwald (1,9; Luizao et al., 1989) bzw. im Buchenstandort (6,83; Loftfield et al., 1992) und in überfluteten Reisfeldern in den USA (5,15; Mosier et al., 1989) entsprechen annähernd den Werten, die für die Zuckerrüben- bzw. Gerste-Standorte ermittelt wurden.

II.11.2.4.3 Beschreibung der Meßverfahren zur Bestimmung der N_2O-Emission aus Freilandflächen

Die Bestimmung der zeit- und flächenbezogenen Abgabemenge von N_2O aus dem Boden in die Atmosphäre kann prinzipiell auf verschiedenen Wegen versucht werden. Da für die Beurteilung der Richtigkeit publizierter Daten die kritische Betrachtung des jeweils zur Anwendung gelangten Meßverfahrens wichtig ist, soll kurz auf die Meßverfahren eingegangen werden.

II.11.2.4.3.1 N-Bilanzen

Als indirektes Verfahren muß zunächst die N-Bilanzierung angeführt werden. Treten zwischen zwei zu verschiedenen Zeitpunkten durchgeführten Bestimmungen des N-Gehalts in allen Kompartimenten (Untereinheiten) des betrachteten Systems Differenzen auf, kann daraus auf eine Zu- oder Abfuhr von N in einer nicht erfaßten Form geschlossen werden. Häufig wurden auf diese Weise in der Vergangenheit erhebliche "gasförmige N-Verluste" aus Landbewirtschaftungssystemen ermittelt. Allerdings geht dabei auch die Summe aller Analysenfehler in diese Verlustberechnungen ein. Bei den ungleich großen N-Mengen in verschiedenen Systemkompartimenten kann ein relativ kleiner Fehler in einem mengenmäßig überwiegenden Kompartiment (z. B. Boden-Gesamtstickstoff) verheerende Fehler verursachen. Durch den Einsatz von "markiertem" ^{15}N-Stickstoff läßt sich die Empfindlichkeit des Bilanzverfahrens stark verbessern. Dennoch ist ein Bilanzverfahren zur N_2O-Emissionsermittlung kaum geeignet, da der Anteil der N_2-Verluste nur mit erheblichem Aufwand bestimmt werden kann.

Von Bilanzverfahren sind die direkten Verfahren zu unterscheiden. Der allen Verfahren gemeinsame gedankliche Ansatz ist, daß am Ort der Bildung von N_2O im Boden eine höhere Konzentration als in der Atmosphäre vorliegt, und der Unterschied der N_2O-Konzentration zwischen Boden und Atmosphäre die treibende Kraft für den diffusiven Transport des N_2O in die Atmosphäre ist. Kennt man den Konzentrationsunterschied zwischen zwei Punkten, läßt sich die resultierende Diffusionsrate berechnen, wenn man die Diffusionskonstante für den betreffenden Stoff, in dem die Diffusion stattfindet, kennt.

II.11.2.4.3.2 Bestimmungen des N_2O-Flusses durch Messungen im Boden

Erste Versuche zur direkten Quantifizierung der N_2O-Emission aus Böden beruhten nach Hahn & Junge (1977) auf der Bestimmung der N_2O-Konzentration in verschiedenen Bodentiefen und der Ermittlung einer Diffusionskonstanten für den jeweiligen Boden im Labor. Leider ist der Begriff "Diffusionskonstante" für Verhältnisse in belebten, natürlich gegliederten Böden mehr als mißverständlich. Bei dieser Maßzahl handelt es sich eher um eine räumlich und zeitlich hochvariable Größe, deren jeweilige Bestimmung einen höheren Aufwand erfordert, als z. B. konkurrierende Meßverfahren. Es konnte zudem gezeigt werden (Seiler u. Conrad, 1981), daß N_2O, solange es sich noch im Boden befindet, auch mikrobiologisch umgesetzt werden kann. Daten, die auf diesem Meßverfahren beruhen, sind daher als nicht zuverlässig einzustufen.

II.11.2.4.3.3 Bestimmungen des N_2O-Flusses an der Grenzschicht Boden/Atmosphäre

Hier sind die Verfahren mit sogenannten geschlossenen (closed) oder offenen (open) Auffangglocken (soil cover boxes) gebräuchlich. Dabei wird für die Meßzeit ein zum Boden hin offenes gasdichtes Gefäß bekannten Volumens über eine ebenfalls bekannte Fläche gestellt. Beim "closed cover"-Verfahren wird durch Verfolgung des Konzentrationsanstieges im Auffangkasten über die Zeit die Flußrate des N_2O aus dem Boden in die Atmosphäre bestimmt. Solange der Konzentrationsanstieg zeitlinear erfolgt, kann eine Rückwirkung des Meßverfahrens auf die Flußrate ausgeschlossen werden. Auf diese Art und Weise kann auch die zulässige Anreicherungszeit für eine Flußratenbestimmung festgelegt werden.

Beim "open cover"-Verfahren wird eine bekannte Luftströmung durch den Auffangkasten über den Boden geleitet. Die N_2O-Flußrate aus dem Boden in die Atmosphäre wird aus dem Konzentrationsunterschied zwischen der ein- und ausströmenden Luft ermittelt. Die Konzentrationsmessung kann direkt oder indirekt z. B. nach Anreicherung des N_2O auf einem Adsorbens erfolgen. Beide Verfahren sind Direktmessungen und liefern verläßliche Ergebnisse, betrachten aber nur die jeweiligen Abdeckflächen. Schwierigkeiten macht die Einbeziehung von Pflanzen und die Automatisation des Verfahrens, da eine permanente Installation der Auffanggefäße auf Ackerflächen zu Konflikten bei Bearbeitungsmaßnahmen führt.

Besondere Berücksichtigung verdient das sogenannte "Acetylen-Blockierungsverfahren (C_2H_2-blockage)". Es basiert auf dem Umstand, daß in Anwesenheit von mehr als 1 % C_2H_2 die Umwandlung von N_2O zu N_2 bei der mikrobiellen Denitrifikation unterbunden wird. Das Verfahren dient also zur Bestimmung der Denitrifikationsverluste und damit der Ermittlung der Summe des Verlustes an N_2 plus N_2O. Es ist also kein Verfahren zur Bestimmung von N_2O-Abgaben aus Böden. Da Meßergebnisse solcher Untersuchungen häufig als N_2O-Abgaben aus Böden dargestellt werden, denn N_2O wird dabei ja auch gemessen, kommt es leicht zu Verwechselungen mit echten N_2O-Abgaberaten. Leider lassen die Autoren solcher Arbeiten gelegentlich die erforderliche Sorgfalt bei der Darstellung ihrer Ergebnisse außer acht.

II.11.2.4.3.4 Bestimmungen des N_2O-Flusses durch Messungen in der Atmosphäre

Derartige Meßverfahren werden häufig als mikrometereologische Meßverfahren bezeichnet. Hierbei wird versucht, durch Verfolgung des vertikalen Nettotransportes von N_2O in der Atmosphäre die Quellenstärke des N_2O zu bestimmen. Solche Verfahren arbeiten mit Meßmasten, an denen in unterschiedlicher Höhe die N_2O-Konzentration der Luft bestimmt und die Bewegung der Luftmasse berücksichtigt wird. Bedingt durch das turbulente Verhalten von Luftbewegung und die kleinen Konzentrationsunterschiede, die zu erfassen sind, setzen diese Verfahren einen erheblichen meßtechnischen Aufwand und ausgefeilte Rechenverfahren zur Datenbehandlung voraus. Zudem ist die Anwendbarkeit letzterer häufig an Voraussetzungen gebunden, die auf realen Flächen und bei verschiedener Witterung nur selten gegeben sind. Gegenwärtig spielen N_2O-Flußratenbestimmungen nach diesen Verfahren bei publizierten Daten noch nahezu keine Rolle. Die Verfahren werden jedoch weiter vorangetrieben und verbessert. Ihre Potenz liegt in der prinzipiellen Automatisierbarkeit und dem Umstand, daß sie über größere Flächenareale integrierte Ergebnisse liefern.

II.11.2.5 Fazit und Forschungsbedarf

Nach einer in Angriff genommenen Lösung des FCKW-Problems könnte der Anstieg atmosphärischer N_2O-Konzentrationen die nächste große Bedrohung für den Strahlungshaushalt und das Klima der Erde werden. Im Zuge des Zwanges, eine weltweit rapide wachsende Bevölkerungszahl ernähren zu müssen, wird in Zukunft der Verbrauch an N-Düngern weiter ansteigen. Hieraus folgt aber auch ein Anstieg des landwirtschaftlichen Beitrages zur Erhöhung atmosphärischer N_2O-Emissionen, so daß eine spürbare Intensivierung der wissenschaftlichen Bearbeitung dieses Problemfeldes dringend geboten ist.

Insbesondere der Zusammenhang zwischen N-Abgabemengen und landwirtschaftlichen Produktionssystemen bedarf dringend der Aufklärung, da hierzu zur Zeit keine systematischen Untersuchungen vorliegen. Bisher können lediglich aus Einzelbeobachtungen, an mehr oder weniger willkürlich und kurzfristig untersuchten landwirtschaftlichen Flächen, grobe Schätzungen vorgenommen werden.

Hinsichtlich der N_2O-Emission unterschiedlicher Nutzungssysteme können als Führungsgrößen die Parameter N-Bedarf, N-Umsatz und Beeinflussung der biotischen Aktivität des Bodens als vorrangig angesehen werden. Neben produktionstechnisch nicht oder nur schwer zu beeinflussenden bodenphysikalischen und -chemischen Parametern wird die Höhe der N_2O-Freisetzung primär durch die im Boden umgesetzten N-Mengen bestimmt. Demzufolge haben alle produktionstechnischen Faktoren und Maßnahmen, die Einfluß auf die N-Ausnutzung durch die Pflanzen nehmen, auch eine Relevanz für die Höhe der N_2O-Emissionen. Die hohe kleinräumige Variabilität physikochemischer und biotischer Bodenmerkmale bedingt dabei letztlich auch die große räumliche Variabilität der N_2O-Emissionen. Ansätze zur Verbesserung der N-Ausnutzung, mit dem Ziel einer Verringerung des N-Aufwandes, sind daher als positiv in bezug auf die Verringerung der Belastung der Atmosphäre mit N_2O zu bewerten.

Ein wesentlicher Ansatz kann dabei in der gezielten Nutzung der organischen Düngung gesehen werden. Bei Gülle und Festmist handelt es sich um bereits fixierten Stickstoff, dessen Nutzung N-Mineraldünger ersetzen muß. Die wiederholte Nutzung bereits fixierten Stickstoffs, bevor er durch Denitrifikation wieder in den Atmosphärenpool zurückgelangt, vermindert die notwendige Neugewinnung durch technische Fixierung und so die Gesamtbelastung des Ökosystems. Für die Landwirtschaft kann dies unter dem Begriff "Innerbetriebliches Schließen des N-Kreislauf" verkürzt zusammengefaßt werden.

II.11.2.6 Ableitung von Handlungsempfehlungen

- Möglichkeiten zur Emissionsminderung
- Erzielbare Ergebnisse im Rahmen eines Meßprogrammes
- Konzeption zu einem Meßprogramm

Vor der Darlegung von Handlungsempfehlungen ist eine klare Formulierung des angestrebten Zieles erforderlich. Dies wird für den Bereich der landwirtschaftlichen Bodennutzung definiert als:

Erreichen einer Landbewirtschaftungsweise, die unter den gegebenen natürlichen Standortbedingungen maximale Ertragsleistungen ohne Beeinträchtigung der langfristigen Stabilität der Biosphäre ermöglicht.

Für den Wirkungszusammenhang N-Umsatz und Auswirkungen auf N_2O-Abgaben bedeutet dies: N_2O-Abgaben auf die Höhe zu begrenzen, die vor Aufnahme der landwirtschaftlichen Nutzung auftraten.

Dies ist ein Idealziel. Es wird sicher nur näherungsweise erreichbar sein, gibt aber die Richtung und einen Maßstab an. In Anbetracht der realen Verhältnisse scheint es wahrscheinlicher, daß sich die N_2O-Quellenstärke der Böden bei Erhöhung des N-Umsatzes in diesen erhöht, und falls keine proportionale Steigerung der Senkenstärke für N_2O erfolgt, die von N_2O beeinflußten Systeme, wie z. B. der stratosphärische Ozonschild, auf einen neuen Zustand hin verändert werden.

Gegenwärtig kann nicht sicher entschieden werden, ob solche Veränderungen tolerabel oder für menschliches Leben letal ausfallen werden. Damit fehlt ein allgemein akzeptierter Handlungsmaßstab und Handeln wird auf der Basis allgemeiner Güterabwägungen zu begründen sein.

Die Forderung zu bestimmtem Handeln wird nicht allein aufgrund naturwissenschaftlicher Argumente durchsetzbar sein, sondern wird auch auf ethische Maßstäbe (Verantwortung für gemeinsames Erbe der Menschheit, Verantwortung für menschliches (technisches) Handeln) zurückgreifen müssen.

Dessen ungeachtet sind allein die naturwissenschaftlichen Erkenntnisse groß genug, um Risiken bei der gegenwärtigen Praxis im Umgang mit Stickstoffdüngung zu vermindern und klare Vorgaben für notwendige Arbeiten zur Verbesserung unserer Kenntnisse und damit Handlungsmaßstäbe zu benennen.

Eine N_2O-Emissionsminderung wird erreicht durch:

- Verminderung des N-Eintrages in die Fläche,
- Orientierung der Höhe des N-Eintrages am gemessenen Pflanzenentzug,
- Produktionsbegrenzung in Gebieten mit nicht nutzbaren Überschüssen,

Zur Verbesserung der Kenntnisse und Handlungsmaßstäbe ist erforderlich:

- Quantifizierung des Umfangs der N_2O-Emission aus der landwirtschaftlichen Bodennutzung in der Bundesrepublik Deutschland,
- Arbeiten zur Ermittlung der N_2O-Emissionshöhe aus Flächen vor Aufnahme der landwirtschaftlichen Bodennutzung,
- Erarbeiten eines Verfahrens zum flächendeckenden Monitoring der N_2O-Emissionen aus Böden.

Obwohl zahlreiche Informationen über die N$_2$O-Abgabe aus Böden, beeinflussende Parameter und beteiligte Prozesse vorliegen, konnte bereits nach erster Sichtung der Literatur zweifelsfrei erkannt werden, daß eine wissenschaftlich fundierte Aussage über den **Umfang der N$_2$O-Emission aus der landwirtschaftlichen Bodennutzung in der Bundesrepublik Deutschland** gegenwärtig nicht getroffen werden kann, da eine geeignete Datenbasis hierzu nicht existiert. Zur Beantwortung müßten Ansätze zur Berücksichtigung der flächenhaften Verbreitung der Bodenquellen und deren zeitlicher und kleinräumiger Variation verfolgt werden. Es konnte keine Untersuchung aufgefunden werden, die auch die einfachsten Anforderungen, die an eine systematische Bearbeitung **dieser** Fragestellung zu stellen wäre, erfüllt. Es liegt daher nahe anzunehmen, daß ein entsprechender Ansatz mit dieser Fragestellung bisher nicht in Angriff genommen wurde. Dies erscheint, angesichts der zahlreichen Teilaspekte der Problematik und des relativ kurzfristig aufgetretenen Interesses an dieser, wenig verwunderlich. Hinzu kommt, daß für eine auch nur einigermaßen befriedigende Bearbeitung, es des koordinierten Zusammenwirkens zahlreicher Bearbeiter über einen Zeitraum von zumindest einer Dekade bedürfte. Die Organisation und Finanzierung eines derartigen Vorhabens liegt nach Kenntnis des Autors dieser Studie jenseits der derzeitigen Möglichkeiten der Wissenschaftler, die sich mit der Problematik befassen.

Ob ein derartiger nationaler Ansatz der Problematik angemessen ist, kann natürlich auch in Frage gestellt werden. Versteht man das Bemühen allerdings als Aktivität an deren Ende das Ableiten von Handlungsanweisungen für z. B. den Landwirt stehen soll, muß wohl anerkannt werden, daß dessen Handlungen z.Zt. nur durch nationale Autorität direkt beeinflußt werden können. Gesetze als Rahmenbedingungen haben nur nationale Geltungsbereiche. Ein weiteres Argument für eine zunächst nationale Bearbeitung dürfte sein, daß der politische Verantwortungs- und Entscheidungsbereich weltweit immer noch nur national legitimiert ist. Wie das Beispiel internationaler Klimakonferenzen und dort im politischen Bereich beschlossener Vorgaben, zum Beispiel zur CO$_2$-Emissionsminderung, erkennbar wird, ist die Wahrscheinlichkeit übernationalen konkreten und wünschenswerten Handelns geringer, als bei akzeptierten nationalen Ansätzen.

II.11.2.7 CH$_4$-Umsetzungen im Boden (Exkurs)

Methan (CH$_4$) ist ein IR-Strahlung absorbierendes atmosphärisches Spurengas mit einer mittleren atmosphärischen Verweilzeit von 10 Jahren (Houghton et al., 1992). Es absorbiert Strahlung 32 mal so effektiv wie N$_2$O. N$_2$O und CH$_4$ verzeichnen in der Troposphäre einen auffallend ähnlichen Verlauf ihrer Konzentrationsanstiege (bei unterschiedlichen Konzentrationen). Dies ist für den Zeitraum ab 1750 anhand von Messungen an Atmosphäreneinschlüssen in Gletschereis belegt (IPCC 1990, 1992). Daraus wird abgeleitet, daß beide Gase anthropogen beeinflußt sind.

Die mittlere CH_4-Konzentration in der Atmosphäre beträgt 1,74 vppm und steigt gegenwärtig um 0,5 - 0,8 % a^{-1}. Die Erdatmosphäre enthält etwa 4.800 Tg CH_4 (Cicerone u. Oremland, 1988). Dieses entstammt zu 21 % fossilen Quellen. Die restlichen Quellen werden mit 25 % aus Feuchtgebieten, 24 % aus Reisproduktion, 25 % aus Wiederkäuern und 10 % aus der Verbrennung von Biomasse angegeben (Ahlgrimm und Gaedeken, 1990).

Die landwirtschaftliche Bodennutzung ist in diesem Zusammenhang als CH_4-Emittent im Bereich des Naßfeld Reisanbaus bekannt. Da dieser in der Bundesrepublik Deutschland nicht möglich ist, wurde hier der Bodennutzung im Zusammenhang mit dem Methanhaushalt der Atmosphäre bisher keine Bedeutung beigemessen. Eine Betrachtung des Bodens als Methansenke könnte dies ändern.

Als bedeutendste troposphärische Senke, der ca. 70 - 80 % des Abbaus zugeordnet wird, ist die Oxidation zu CO_2 durch Hydroxylradikale anzusehen. Ca. 10 - 15 % werden biologisch in aeroben Böden oxidiert, weitere 10 % gelangen in die Stratosphäre und werden dort abgebaut (Houghton et al., 1992; Born et al. 1990). Die Bodensenke für Methan wird erst gegenwärtig näher untersucht (Mosier, 1993), nach Ojima et al. (1993) kann vermutet werden, daß bei Ausfall dieser Senke sich der Konzentrationsanstieg in der Atmosphäre verdoppeln könnte.

Nach N-Düngung wiesen Steudler et al., (1989) in Waldboden und Mosier et al. (1991) in Steppenboden eine reduzierte CH_4-Oxidation nach. An langfristig (140 a) mit unterschiedlichen N-Mengen (0 - 288 kg N $ha^{-1}a^{-1}$) versorgten Böden Südenglands konnten Hütsch und Webster (1993) zeigen, daß das Potential von Böden zur Oxidation von Methan mit steigender N-Zufuhr abnahm.

Aufgrund der dargestellten Zusammenhänge und Beobachtungen kann vermutet werden, daß in der Beeinflussung der biologischen Methanoxidation in aeroben landwirtschaftichen Böden durch N-Düngung ein weiteres bisher nicht sicher abzuschätzendes Gefahrenpotential für Klimaänderungen liegt, so daß es angezeigt scheint, den Zusammenhang zwischen N-Versorgung und CH_4-Oxidationsleistung von landwirtschaftlich genutzten Böden in Deutschland systematisch zu untersuchen.

Literatur

Ahlgrimm, H.-J.; Gaedeken, D. (1990): Methan (CH_4). In: Klimaveränderungen und Landbewirtschaftung, Landbauforschung Völkenrode; 117 (1), 28-46 S.

Anderson, I.C.; Poth, M. A: (1989): Semiannual losses of nitrogen as NO and N_2O from unburned and burned chaparral. Global Biogeochemical Cycles , 3(2), 121-135 S.

Bergs, C. (1991): Novelle der Klärschlammverordnung - neuer Rahmen für die landwirtschaftliche Klärschlammverwertung. Korrespondenz Abwasser, 38(6), 738-742 S.

BML (1988-1992): (Bundesministerium f. Ernährung, Landwirtschaft u. Forsten): Statistische Jahrbücher über Ernährung, Landwirtschaft und Forsten der Bundesrepublik Deutschland. Landwirtschaftsverlag GmbH, Münster-Hiltrup

Born, M., H. Dorr, I. Levin (1990): Methane concentration in aerated soils in West Germany. Tellus 42, 2-8

Bouwman, A. F. (1989): The present status and future trends concerning the effect of soils and their cover on the fluxes of greenhouse gases, the surface energy balance and the water balance. Background paper: International Conference on "Soils and the Greenhouse Effect", (eds.) Wageningen 14-18. August 1989, 154 S.

Bouwman, A. F. (1990): Analysis of global nitrous oxide emissions from terrestrial natural and agro-ecosystems. (eds.) Transactions 14th International Congress Soil Science, Kyoto, Japan, August 1990 (Rev)

Bronson, K. F.; Mosier, A. R.; Bishnoi, S. R. (1992): Nitrous oxide emissions in irrigated corn as affected by nitrification inhibitors. Soil Science Society America Journal, 56(1), 161-165 S.

Christensen, S.; Simkins, S.; Tiedje, J. M. (1990a): Spatial variation in denitrification: dependency of activity centers on the soil environment. Soil Science Society of America Journal, 54(6), 1608-1613 S.

Christensen, S.; Simkins, S.; Tiedje, J. M. (1990b): Temporal patterns of soil denitrification: their stability and causes. Soil Science Society of America Journal, 54(6), 1614-1618 S.

Cicerone, R. J.; Oremland, R. S. (1988): Biogeochemical aspects of atmospheric methane. Global Biogeochemical Cycles, 2, 299-327 S.

Colbourn, P. (1988): Denitrification losses from a clay soil measured by acetylene blocking. Agriculture, Ecosystems & Environment, 24(4), 417-429 S.

Eichner, M. J. (1990): Nitrous oxide emissions from fertilized soils: summary of available data. Journal of Environmental Quality, 19(2), 272-280 S. (Rev)

Hahn, J., Junge, C. (1977): Atmospheric nitrous oxide: A critical review. Z. Naturforsch. 32(a): 190 S.

Haider, K.; Heinemeyer, O. (1990): Distickstoffoxid (N_2O) in Klimaveränderungen und Landbewirtschaftung, Landbauforschung Völkenrode; 117(1), 47-56 S.

Hesterberg, R.; Siegenthaler, U. (1991): Production and stable isotopic composition of CO_2 in a soil near Bern, Switzerland. Tellus Series B, Chemical & Physical Meteorology, 43(2), 197-205 S.

Hileman, B. (1989): Global Warming, Special Report. Chem. Eng. News, March 13, 1989, 25-44 S.

Houghton, J. T.; Callander, B, A,; Varney, S, K, (1992): Climate Change 1992. The Supplementary Report to the IPCC Scientific Assessment. Intergovernmental Panel on Climate Change. Cambridge University Press, 200 S.

Hutsch, B.; Webster, C. P. (1993): Effect of nitrogen fertilization on Methane oxidation in the Broadbalk Wheat Experiment; Mitt. Dtsch. Bodenkdl. Ges., 69, 227-230 S.

IPPC-Intergovernmental Panel on Climate Change (1990, 1992): Climate Change: 1990 IPCC First Assessment Report, Overview and Policy Maker Summary; 1992 IPCC Supplement. Working Group I: Scientific assessment of climate change; Working Group II: Potential impacts of climate change; Working Group III: Formulation of response strategies. WMO/UNEP, Genf

Kassner, W. (1990): Künftige Entwicklung der Klärschlammentsorgung, Scenario 2000. Korrespondenz Abwasser, 37(9), 1011-1020 S.

Köbrich, D.; Heinemeyer, O.; Haider, K. (1993): Abgabe von N_2O aus einer intensiv gedüngten Löß-Parabraunerde in Ackernutzung. Mitteilungen der Deutschen Bodenkundlichen Gesellschaft, 69, 209-212 S.

Loftfield, N. S.; Brumme, R.; Beese, F. (1992): Automated monitoring of nitrous oxide and carbon dioxide flux from forest soils. Soil Science Society America Journal, 56, 1147-1150 S.

Luizao, F.; Matson, P.; Livingston, G.; Luizao, R.; Vitousek, P. (1989): Nitrous oxide flux following tropical land clearing. Global Biogeochemical Cycles, 3(3), 281-285 S.

Mosier, A. R.; Schimel, D.; Valentine, D.; Bronson, K.; Parton, W. (1991): Methane and nitrous oxide fluxes in native, fertilized and cultivated grasslands. Nature (London), 350(6316), 330-332 S.

Mosier, A. R.; Chapman, S. L.; Freney, J. R. (1989): Determination of dinitrogen emission and retention in floodwater and porewater of a lowland rice field fertilized with 15N-urea. Fertilizer Research, 19(3), 127-136 S.

Mosier, A. R.; Valentine, D. W.; Schimel, D. S.; Parton, W. J.; Ojima, D. S. (1993) Methane consumption in the Colorado short grass steppe. Mitteilungen der Deutschen Bodenkundlichen Gesellschaft, 69, 219-227 S.

OECD/OCDE (1991): Estimation of Greenhouse Gas Emissions and Sinks. Final report from the OECD Experts Meeting, 18-21 Feb.,1991. Prepared for Intergovernmental Panel on Climate Change. Revised August, 1991.

Ojima, D. S.; Valentine, D. W.; Mosier, A. R.; Parton, W. J.; Schimel, D. S. (1993): Effect of land use change on methane oxidation in temperate forest and grassland soils Chemosphere (in press)

Parsons, L. L.; Murray, R. E.; Smith, M. S. (1991): Soil denitrification dynamics: spatial and temporal variations of enzyme activity, populations and nitrogen gas loss. Soil Science Society of America Journal, 55(1), 90-95 S.

Parton, W. J.; Mosier, A. R.; Schimel, D. S. (1988): Rates and pathways of nitrous oxide production in a shortgrass steppe. Biogeochemistry, 6(1), 45-58 S.

Poletschny, H. (1992): Möglichkeiten und Grenzen der landwirtschaftlichen Klärschlammverwertung. ATV-Fortbildungskurs G/3 in Fulda und Magdeburg (März 1992).

Prinn, R. D. C; Rasmussen, R.; Simmonds, P.; Alyea, F.; Crawford, A.; Fraser, P.; Rosen, R. (1990): Atmospheric emissions and trends of nitrous oxide deduced from 10 years of ALE-GAGE-data. J. Geophys. Res., 95, 18369-18385 S.

Ryden, J. C. (1981): N_2O-exchange between a grassland soil and the atmosphere. Nature, London, 292, 235-237 S.

Schenkel, W.; Butzkamm-Erker, R. (1990): Klärschlammentsorgung, die neuen Rahmenbedingungen und künftige Entsorgungswege. Korrespondenz Abwasser, 37(9), 1021-1029 S.

Schneider U; Haider, K. (1992): Denitrification- and nitrate leaching-losses in an intensively cropped watershed. Z. f. Pflanzenernährung und Bodenkunde, 155, 135-141 S.

Seiler, W.; Conrad, R. (1981): Field measurements of natural and fertilizer-induced N_2O release rates from soils. Journal of the Air Pollution Control Association, 31(7), 767-772 S.

Seiler, W.; Conrad, R. (1987): Contribution of tropical ecosystems to the global budgets of trace gases, especially CH_4, H_2, CO and N_2. In R. E. Dickinson ed. Geophysiology of Amazonia, Wiley and Sons, N.Y., 133-160 S.

Shepherd, M. F.; Barzetti, S.; Hastie, D. R. (1991): The production of atmospheric NO_x and N_2O from a fertilized agricultural soil. Atmospheric Environment Part A, General Topics, 25(9), 1961-1969 S.

Soeder, J. C. (1991): Beitrag der Landwirtschaft zu direkt und indirekt wirksamen treibhausrelevanten Spurenstoffen (CO_2, CH_4, N_2O, Nichtmethan Kohlenwasserstoffe, Stickoxide, Aerosole u.a. in der Troposhäre und Auswirkungen. Enquete Kommission "Schutz der Erdatmosphäre" Drucksache 12/1c, 2-40 S.

Steffens, G.; Vetter, H, (1990): Neue Faustzahlen über Nährstoffgehalte und Nährstoffanfall. Landwirtschaftsblatt Weser-Ems, Heft 3.

Steudler, P. A.; Bopwden, R. D.; Melillo, J. M.; Aber, J. D. (1989): Influence of nitrogen fertilization on methane uptake in temperate forest soils. Nature (London), 341 (6240), S. 314-316

Vetter, H.; Steffens, G. (1989): Ableitung einer zweckmäßigen Dungeinheitengrenze und eines zweckmäßigen Dungeinheitenschlüssels. In: Vetter H; Klasink A; Steffens G (eds.) Mist- und Gülledüngung nach Maß. VDLUFA-Schriftenreihe 19, 41-66 S.

Vinther, F. P. (1992): Measured and simulated denitrification activity in a cropped sandey and loamy soil. Biology & Fertility of Soils, 14, 43-48 S.

Walenzik, G.; Heinemeyer, O. (1989): Direkte Messung der N_2- und N_2O-Abgabe aus mechanisch belastetem Boden im Freiland. Direct field measurements of the N_2- and N_2O-evolution from mechanically compacted soil. Mitteilungen der Deutschen Bodenkundlichen Gesellschaft, 59(1), 629-634 S.

Watson, R. T.; Rhode, H.; Oeschger, H.; Siegenthaler, U. (1990): Greenhouse gases and aerosols. In: Houghton JT; Jenkins GJ; Ephramus JJ (eds.): Climate Change: The IPCC Scientific Assessment. Cambridge University Press, 7-40 S.

II.12 CH_4-Emissionen bei der Viehhaltung

Die Viehhaltung ist in zweierlei Hinsicht eine relevante Emissionsquelle von CH_4: Einerseits fällt es als direktes Stoffwechselprodukt von Pflanzenfressern und andererseits als Abbauprodukt organischer Bestandteile tierischer Exkremente an.

II.12.1 CH_4-Emissionen beim tierischen Stoffwechsel

II.12.1.1 Bildungsprozesse

Die Verwertung von Rohfasern oder Gerüstkohlenhydraten, wie vor allem von Cellulose oder von Pektinen und Hemicellulosen, erfolgt im Verdauungstrakt von Pflanzenfressern unter Mitwirkung von Mikroorganismen. Insbesondere im Pansen von Wiederkäuern (Rinder, Schafe, Ziegen) werden bei dieser Fermentation, bei der auch Stärke und Zucker umgesetzt werden, erhebliche Mengen von CH_4, CO_2 und geringe Mengen Wasserstoff freigesetzt, die als Stoffwechselverluste betrachtet werden können. Mit dem Methan gehen nach Ahlgrimm und Gädeken (1990) bei Wiederkäuern bis zu 12 % der Futterenergie verloren, andere hier ausgewertete Literaturangaben (s. u.) liegen ebenfalls im Bereich von bis zu 10 %.

Der tierische Stoffwechsel bzw. die angemessene Fütterung von Nutztieren waren allein aus ökonomischen Gründen bereits seit langem Gegenstand zahlreicher Untersuchungen, aus denen Angaben zu den anfallenden Methanmengen direkt hervorgehen oder sich ableiten lassen. Frühe Angaben stammen bereits aus den Dreißiger-, eine Fülle von Zitaten aus den Sechziger- und Siebziger-Jahren. Diese - und selbstverständlich auch neuere - Ergebnisse einer Vielzahl von Autoren wurden zum Beispiel von Crutzen, Aselmann und Seiler (1986), Ahlgrimm und Gädeken (1990) oder im Rahmen eines Experten-Meetings der OECD (1991) für das Intergovernmental Panel on Climate Change (IPCC) zusammengefaßt, wobei der Vergleichbarkeit gemessener Ergebnisse durch Berücksichtigung der relevanten Randbedingungen (z. B. Art und Menge der Fütterung) angemessen Rechnung getragen wurde.

Die nachfolgenden Aussagen basieren schwerpunktmäßig auf der genannten *sekundären Literatur*. Eine aufwendige - abermalige - Auswertung von Primärdaten wäre allein aus Gründen eines beschränkten Studienbudgets nicht möglich gewesen. Angesichts von in der Regel nur geringen Abweichungen der Angaben aus diesen sowie aus einer Reihe weiterer, nicht im Detail verwerteter Literaturquellen wäre dies auch nicht gerechtfertigt erschienen.

Als wichtigster Methanbildungsprozeß im Pansen von Wiederkäuern ist die Reduktion von CO_2 unter Wasserstoffaufnahme zu CH_4 unter anaeroben Bedingungen anzusehen (vgl. Ahlgrimm/ Gädeken, 1990; Grassl u. a., 1991). Die Methanbildung ist abhängig von der Rasse, der Art und

Menge des Futters mit dessen verdaulichen Anteilen und unterliegt außerdem Tier-individuellen Schwankungen.

Häufig werden Methan-Produktionsmengen auf die Futtermenge bzw. deren Energieinhalt bezogen. Dieser Wert wird in Vielfachen der "Maintenance" ausgedrückt, jener Futtermenge, bei der keine Gewichtsverluste auftreten. Das Maintenance-Niveau ist abhängig von Haltungs- und Nutzungsart des Tieres und kann in der Regel nur näherungsweise bestimmt werden. Es liegt oberhalb des Grundumsatzes, welcher der Energiezufuhr entspricht, die bei völliger Ruhe zur Erhaltung der Körpertemperatur notwendig und in guter Näherung proportional zum Körpergewicht ist.

Umfangreiche exprimentelle Untersuchungen, z. B. von Blaxter und Clapperton (1965; zitiert in Crutzen/ Aselmann/ Seiler, 1986; vgl. auch OECD, 1991) an Kühen und Schafen ergaben Verluste durch Methanbildung bis knapp 10 % der Brutto-Energiezufuhr (welche die nicht-verdaulichen Anteile mit beinhaltet). Bei Fütterung auf (einfachem) Maintenance-Niveau ergab sich dabei eine höhere Methanbildung bei Zunahme der verdaulichen Anteile, während bei zweifachem Maintenance-Niveau die Verdaulichkeit bei um ein bis zwei Prozentpunkte niedrigeren Verlusten ohne Einfluß blieb. Bei hoher Futtergabe auf dreifachem Maintenance-Niveau nahm die Methanbildung bei zunehmender Verdaulichkeit gar ab. Die von verschiedenen anderen Autoren zitierten Werte für Schafe sind von ähnlicher Größe, schwanken aber in etwas weiteren Grenzen.

Weniger stark ausgeprägt, aber nicht vernachlässigbar, ist die Methanbildung bei einer Reihe sonstiger, nicht-wiederkauender Nutztiere. Bei Pferden ("Pseudo-Wiederkäuer") finden die Fermentationsprozesse im vergrößerten Coecum, dem ersten Bereich des Dickdarms, statt. Bei ihnen liegt die spezifische Methanbildung immerhin noch bei 2 - 3 % der Brutto-Energiezufuhr. Im Vergleich hierzu ist sie bei Schweinen mit unter 1 % (Ausnahme: niedrige Futterqualität, dann bis zu 2 %) deutlich niedriger (Kirchgessner, 1985; Schneider/ Menke, 1982; persönliche Angabe von Steingass, o. J.; alle zitiert in Crutzen/ Aselmann/ Seiler, 1986).

Neben Nutztieren, deren Haltung eine menschliche Aktivität darstellt und deren Methanabgabe somit als anthropogen zu betrachten ist, tragen wildlebende Tiere - verschiedene Großwildarten, aber auch Termiten etc. - zu den weltweiten Methanemissionen bei (vgl. z. B. Crutzen/ Aselmann/ Seiler, 1986; OECD, 1991). Diese Emissionsquelle wurde in der vorliegenden Studie nicht berücksichtigt.

Der Mensch selbst ist durch seine direkte Stoffwechselfreisetzung wohl nur in vernachlässigbarem Umfang an der Gesamt-Methanemission beteiligt; Crutzen, Aselmann und Seiler (1986) schätzen diesen Anteil für das Jahr 1983 bei einer Weltbevölkerung von knapp 4,7 Mrd. Menschen auf einen Bruchteil von lediglich gut 0,4 % des Emissionswertes der weltweiten Nutztierhaltung.

II.12.1.2 Quantifizierung der Emission

Für das IPCC wurde eine Methode zur Quantifizierung der Methanemissionen der Tierhaltung empfohlen, die von

- einer Abschätzung des Anteils der Futterenergie, die in Methan umgewandelt wird und
- einer Abschätzung der Aufnahme von Energie mit dem Futter

ausgeht. Hierfür sind eine Reihe von detaillierten Angaben, etwa zu den Anteilen von Stall- und Weidehaltung, zum Energiebedarf der Tiere in Abhängigkeit von der zu erbringenden Arbeit oder zu den verdaulichen Futteranteilen erforderlich. Für Fälle nicht vollständiger Datenverfügbarkeit werden vereinfachende Faustregeln zur Ermittlung der benötigten Werte genannt (OECD, 1991).

Der detaillierte Ansatz bildet die grundlegenden Zusammenhänge der Methanbildung ab und ist somit als allgemein gültig anzusehen. Jedoch sind selbst für den Bereich der Bundesrepublik eine Reihe von Daten nur schwer zu ermitteln, zumindest sind die vom Statistischen Bundesamt erfaßten Viehbestandsdaten kaum kompatibel. Der vereinfachte Ansatz pauschalisiert hingegen stark. Somit dürften beide Ansätze in erster Linie für globale Emissionsschätzungen geeignet sein - wofür sie schließlich auch entwickelt wurden.

Eine Abschätzung für die Bundesrepublik sollte eher auf der Verknüpfung von verfügbaren statistischen Angaben zum Viehbestand und von vorliegenden, für die hiesigen Bedingungen repräsentativen spezifischen Freisetzungswerten basieren. Letztere liegen aufgrund abweichender Fütterungsbedingungen für den Bereich der Bundesrepublik in einer Reihe von Fällen über den von verschiedenen Autoren für die entwickelte Welt verwendeten Durchschnittswerten (vgl. z. B. Bouwman et al., 1992). Hier wurden vor allem die Angaben von Ahlgrimm/ Gädeken (1990) und Crutzen/ Aselmann/ Seiler (1986) herangezogen und, sofern erforderlich, auf die deutschen Verhältnisse übertragen.

Geordnet in Anlehnung an die Kategorien der Viehbestandsstatistik werden nachfolgend die aus der (Sekundär-)Literatur verfügbaren und die für die vorliegende Schätzung verwendeten Emissionsfaktoren in kg Methan pro Tier und Jahr aufgelistet:

Rinder:

- **Kälber bis unter 1/2 Jahr:** Ahlgrimm und Gädeken nennen einen Wert von 20,9 kg / Tier · a, während Crutzen, Aselmann und Seiler ausgehend von der Annahme überwiegender Milchernährung der Kälber deren Methanfreisetzung zu Null setzen. Um bei der hier vorgenommenen Abschätzung auf der "sicheren Seite" zu bleiben, wurde vom oberen Wert ausgegangen.

- **Jungrinder:** Die neuere Statistik weist die Anzahl der Tiere zwischen 1/2 und 1 Jahr, die ältere, nur für die alten Bundesländer gültige Statistik die Anzahl der Tiere zwischen 1/2 und 2 Jahren aus. Ahlgrimm und Gädeken gehen von 52,3 bzw. 60,1 kg / Tier · a für die Altersklassen von 1/2 bis 1 bzw. von 1 bis 2 Jahren aus, im arithmetischen Mittel (ohne Gewichtung mit Bestandszahlen) sind dies gut 56 kg / Tier · a. Crutzen, Aselmann und Seiler nennen (für Abschätzungen auf Basis der älteren Statistik) für die gesamte Altersgruppe zwischen 1/2 und 2 Jahren einen Durchschnittswert von 51 kg / Tier · a. Hierbei wurde von einem Durchschnittsgewicht der Tiere von 340 kg und einem Übergang von zunächst hochverdaulicher auf später höhere Rohfaseranteile enthaltende Ernährung ausgegangen, die zu einer Methanbildung von 6,5 % führt. Überträgt man die relativen Unterschiede zum Mittelwert nach Ahlgrimm/ Gädeken auf den genannten Durchschnittswert, ergibt sich eine spezifische jährliche Methanfreisetzung pro Tier von knapp 48 bzw. 55 kg für die beiden Altersklassen. Für die hier vorgenommene Abschätzung wurde der sich aus den Angaben beider Autorenteams ergebende Mittelwert für Jungrinder unter 1 Jahr von knapp 50 kg / Tier · a angesetzt.

- **Schlachtkälber:** Deren Anzahl wird statistisch nicht ausgewiesen; Crutzen, Aselmann und Seiler nennen einen Anteil von etwa 10 % der Jungrinder unter 2 Jahren. Sie gehen von einer überwiegend flüssigen Ernährung auf Milchbasis und entsprechend nicht auftretender Methanproduktion aus. Im Sinne einer "sicheren" Abschätzung nach oben wurde hier rechnerisch von einer Freisetzung von gut 37 kg / Tier · a ausgegangen. Dies ist das Mittel aus zwei angenommenen Extremwerten, nämlich demjenigen für Kälber unter 1/2 Jahr und demjenigen für die bis zu 2-jährigen, nicht zur Kalbfleischproduktion gehaltenen und daher "normal" ernährten Artgenossen.

- **Färsen** (weibliche Rinder, die noch nicht gekalbt haben), **Stiere** und **übrige Kühe:** Ahlgrimm und Gädeken machen lediglich eine pauschale Angabe von 65,3 kg Methan pro Jahr für Rinder von 2 Jahren und mehr (der Wert für Milchkühe wird gesondert ausgewiesen). Die Angaben von Crutzen, Aselmann und Seiler stimmen hiermit überein. Sie geben für Färsen und Stiere einen gewichteten Mittelwert von 65 kg Methan / Tier · a an, weisen aber zusätzlich die jeweilige Brutto-Energieaufnahme aus. Hieraus und aus den Bestandszahlen läßt sich für Färsen eine spezifische Methanfreisetzung in Höhe von gut 61 kg / Tier · a und für Stiere in Höhe von 81 kg / Tier · a ableiten. Für die Kategorie "übrige Kühe" wurde der Wert für Färsen angesetzt.

- **Milchkühe:** Aufgrund der hohen Nahrungsaufnahme und wegen ihrer großen Anzahl - sie stellen rund ein Drittel der deutschen Rinderpopulation - setzen diese die größten Methanmengen frei. Ahlgrimm und Gädeken nennen eine spezifische Freisetzung von 104,5 kg / Tier · a, wobei eine Milchmenge von 5.600 kg /a und eine Trockenzeit von 60 Tagen unterstellt wurde. Diese Angaben basieren auf vielfältigen Literaturangaben, überwiegend aus den Siebziger-Jahren. Crutzen, Aselmann und Seiler gehen für ihre Abschätzung von einem Wert von 95 kg / Tier · a aus, der sich nach Blaxter/ Clapperton (1965) aus einer hohen Energiezufuhr auf 3 bis 3 1/2-fachem Maintenance-Niveau ergibt. Dies entspricht einer Freisetzung von 5,5 % der Brutto-Energiezufuhr. Hier wurde der Mittelwert der zitierten Angaben von knapp 100 kg / Tier · a angesetzt.

Sonstige Nutztiere:

- **Schafe:** Ahlgrimm und Gädeken nennen auf Basis eigener, unveröffentlichter Ergebnisse und anderer Zitate eine spezifische Freisetzung von 10,5 kg Methan / Tier · a. Crutzen, Aselmann und Seiler nennen für die entwickelten Länder bei einer mittleren täglichen Energieaufnahme von 20 MJ und einer Methanproduktion von 6 % einen Wert von 8 kg / Tier · a. Aufgrund des hohen Anteils von Jungtieren in der Bundesrepublik setzen sie hier eine höhere Energieaufnahme von im Mittel 25 MJ pro Tag an. Damit läßt sich ein spezifischer Wert von 10 kg / Tier · a herleiten. Hier wurde der Mittelwert der gut übereinstimmenden zitierten Angaben in Höhe von gut 10 kg / Tier · a zugrunde gelegt.

- **Ziegen:** Ahlgrimm und Gädeken leiten aus Daten für Schafe eine jährliche Methanabgabe von Ziegen in Höhe von 6,5 kg / Tier · a ab, der auch für die hier durchgeführten Abschätzungen zugrunde gelegt wurde. Crutzen, Aselmann und Seiler nennen lediglich Werte, die für indische Ziegen Gültigkeit haben (5 kg / Tier · a).

- **Schweine:** Christensen et al. (1987) nennen Freisetzungswerte, die von Grassl u. a. (1991) verwendet wurden und sich zu 1,15 kg / Tier · a umrechnen lassen. Crutzen, Aselmann und Seiler nennen unter Bezug auf Schneider und Menke (1982) einen Wert von 1,5 kg / Tier · a. Hier wurde der Mittelwert der zitierten Angaben in Höhe von rund 1,3 kg / Tier · a verwendet.

- **Pferde:** Crutzen, Aselmann und Seiler nennen unter Bezug auf Kirchgessner (1985) eine auch hier angesetzte Methanfreisetzung von 18 kg / Tier · a, entsprechend 2,5 % der Bruttoenergieaufnahme.

- **Geflügel:** In Anlehnung an Grassl u. a. (1991) wurde für die hier durchgeführten Abschätzungen ein spezifischer Wert von 0,09 kg / Tier · a angenommen.

Mit diesen spezifischen Werten und den statistisch ausgewiesenen Viehbestandszahlen wurde die jährliche direkte Methanfreisetzung durch den Stoffwechsel von Nutztieren errechnet. Im Statistischen Jahrbuch für 1991 (StBA, 1992) wird der hier betrachtete Viehbestand (mit Ausnahme des Ziegenbestandes) erstmals gemeinsam für den Bereich der alten und neuen Bundesländer in denselben Kategorien ausgewiesen. Zeitreihen sind für die Jahre 1988 bis 1990 verfügbar, weswegen die unten dargelegten Emissionsschätzungen für die beiden Stützjahre 1988 und 1990 durchgeführt wurden. Näherungsweise dürften die für 1988 ermittelten Werte aber auch auf das Jahr 1987 übertragbar sein.

Die zugrundegelegten Populationszahlen für Rinder, Schafe und Schweine entsprechen den für das jeweilige Stützjahr gebildeten Mittelwerten aus den mehrmals jährlich stattfindenden Zählungen (2 Zählungen bei Rindern und Schafen, 3 Zählungen bei Schweinen).

Die Populationszahlen für Ziegen für den Bereich der früheren Bundesrepublik entstammen dem FAO Yearbook 1988 (zitiert in Ahlgrimm/ Gädeken, 1990) bzw. dem Statistischen Jahrbuch der DDR (StA, 1991).

Die Tabellen II.12-1 und II.12-2 fassen die Ergebnisse für Gesamtdeutschland sowie für das Gebiet den alten Bundesländern zusammen. Diese sind in zwei Fällen als eher vorsichtig, im oberen Bereich der Bandbreite geschätzt, anzusehen. Zum einen wurden für Kälber die höheren literaturverfügbaren Freisetzungsangaben verwendet, zum anderen ergab sich eine geringfügige Inkompatibilität der Basisdaten im Bereich der Schlachtkälber: Da deren Anzahl statistisch nicht ausgewiesen wird, wurde von 10 % der Jungrinder zwischen 1/2 und 1 Jahr ausgegangen, ein Prozentsatz, der eigentlich für die Altersklasse bis 2 Jahre anzusetzen ist (Crutzen/ Aselmann/ Seiler, 1986). Hierdurch wurde rechnerisch die Menge der 1 bis 2-jährigen Schlachtkälber anderen Kategorien zugeordnet, bei denen durchweg höhere spezifische Freisetzungsraten anzusetzen sind. Die resultierenden Fehler bewegen sich indes innerhalb der überhaupt erzielbaren Genauigkeit.

Art	spezifische Emission kg/Tier*a	Population 1988 1000 Tiere	Population 1990 1000 Tiere	Emission 1988 kt/a	Emission 1990 kt/a
Rinder gesamt	1988: 67,2 1990: 66,9	20.576	19.768	1.393	1.333
Kälber < 6 mon	20,9	3.374	3.180	71	66
Jungrinder 6 - 12 mon	49,9	3.311	3.189	165	159
Jungrinder 1 - 2 a	57,4	keine Angabe	keine Angabe	nicht berechnet	nicht berechnet
Schlachtkälber 1)	37,3	368	354	14	13
Färsen	61,3	3.991	3.893	245	239
Stiere	81,0	2.322	2.303	188	187
Milchkühe	99,8	6.979	6.477	696	646
übrige Kühe	61,3	231	372	14	23
Schafe	10,3	4.456	3.713	46	38
Ziegen 2)	6,5	65	65	0,4	0,4
Schweine	1,3	35.724	31.908	47	42
Pferde	18,0	477	491	9	9
Geflügel	0,09	117.309	106.054	11	10
Summe				1.505	1.432

1) rechnerische Annahme: 10 % der Jungrinder unter 1 Jahr
2) berechnet mit Population von 1988

Tab. II.12-1: Direkte, stoffwechselbedingte CH_4-Emissionen der Nutztierhaltung 1988 und 1990; Gesamtgebiet der früheren Bundesrepublik und der ehemaligen DDR

Art	spezifische Emission kg/Tier*a	Population 1988 1000 Tiere	Population 1990 1000 Tiere	Emission 1988 kt/a	Emission 1990 kt/a
Rinder gesamt	1988: 67,1 1990: 66,7	14.841	14.602	1.005	982
Kälber < 6 mon	20,9	2.379	2.346	50	49
Jungrinder 6 - 12 mon	49,9	2.471	2.463	123	123
Jungrinder 1 - 2 a	57,4	keine Angabe	keine Angabe	nicht berechnet	nicht berechnet
Schlachtkälber 1)	37,3	275	274	10	10
Färsen	61,3	2.822	2.802	173	172
Stiere	81,0	1.698	1.670	138	135
Milchkühe	99,8	5.005	4.773	499	476
übrige Kühe	61,3	192	275	12	17
Schafe	10,3	1.680	1.938	17	20
Ziegen 2)	6,5	46	46	0,3	0,3
Schweine	1,3	23.399	22.266	31	30
Pferde	18,0	375	406	7	7
Geflügel	0,09	72.035	74.971	6	7
Summe				1.067	1.046

1) rechnerische Annahme: 10 % der Jungrinder unter 1 Jahr
2) berechnet mit Population von 1988

Tab. II.12-2: Direkte, stoffwechselbedingte CH_4-Emissionen der Nutztierhaltung 1988 und 1990; Gebiet der alten Bundesländer

Die stoffwechselbedingten Methanemissionen der Nutztierhaltung lagen in Deutschland im Jahr 1988 bei rund 1,5 Mio. t und verringerten sich bestandsbedingt auf gut 1,4 Mio. t im Jahr 1990. Die entsprechenden Werte für das Gebiet der alten Bundesländer lagen, ebenfalls mit leicht abnehmender Tendenz, zwischen 1,1 und 1 Mio. t. Der weitaus überwiegende Teil dieser Emissionen ist auf die Rinderhaltung zurückzuführen, knapp die Hälfte davon entfällt auf Milchkühe.

II.12.2 CH$_4$-Emissionen aus tierischen Exkrementen

II.12.2.1 Bildungsprozesse

Methan entsteht durch Mikroorganismen beim anaeroben Abbau organischer Substanz in tierischen Exkrementen. Ob und wieviel Methan gebildet wird, hängt von einer Vielzahl von Faktoren wie Herkunft der Exkremente (Tierart, Ernährung, Stall- oder Weidehaltung), Zustand der Exkremente (flüssig oder fest), Temperatur, vor allem bei Flüssigmist auch Art und Dauer der Lagerung (z. B. in abgedeckten oder offenen Güllebehältern oder in Erdbecken (Lagunen), mit oder ohne Rühren, etc.) ab. Weltweit scheint die Flüssigmistwirtschaft (Lagerung in Güllebehältern oder Lagunen) den überwiegenden Anteil der Emissionen aus tierischen Exkrementen auszumachen, während bei der Weidehaltung ohne Mistbehandlung dieser austrocknet und nur minimale anaerobe Aktivitäten auftreten. Ähnliches gilt für die Lagerung von festem Mist (vgl. z. B. Ahlgrimm, 1992; OECD, 1991).

Im Gegensatz zu den Methanemissionen aus der tierischen Verdauung sind belastbare quantitative Angaben zur Methanemission aus Exkrementen kaum verfügbar, allenfalls werden - teilweise um den Faktor 2 bis 3 differierende - Aussagen zum Methanbildungs*potential* gemacht und Grobschätzungen der davon tatsächlich emittierten Anteile (Methan-Konversionsfaktor) versucht.

Insgesamt besteht in diesem Bereich erheblicher Forschungsbedarf [1]. Die nachfolgenden Abschätzungen können daher nur sehr grob sein.

II.12.2.2 Quantifizierung der Emission - Grobschätzung

Wie im Teilbereich der direkten, stoffwechselbedingten Methanemissionen wurde im Bereich der Emissionen aus tierischen Exkrementen im wesentlichen ebenfalls auf *sekundäre Literatur* zurückgegriffen. In dieser werden jedoch die originären Informationen ausreichend detailliert wiedergegeben, um eine - ohnehin nur mögliche - Grobabschätzung vornehmen zu können.

- Grassl u. a. (1991) nennen unter Bezug auf "Biogas-Informationen" (1989) Werte für Methanbildungspotentiale und gehen in Anlehnung an Gibbs et al. (1989) von einem mittleren Prozentsatz der tatsächlichen Methanbildung (Methan-Konversionsfaktor) von 10 % aus.

---

[1] In diesem Zusammenhang sei auf einen dem Umweltbundesamt vorliegenden Projektvorschlag von Dr. H.-J. Ahlgrimm (1992), Institut für Technologie der Bundesforschungsanstalt für Landwirtschaft, hingewiesen. Ahlgrimm skizziert ein mehrjähriges Meßprogramm mit dem Ziel, bei bekannter Substratzusammensetzung Aussagen über die Höhe der Emissionen bei unterschiedlicher Lagerung von Rinder- und Schweinegülle machen zu können.

- Bouwman et al. (1992) nennen unter Verweis auf eine von der United States Environmental Protection Agency (ebenfalls Gibbs et. al, 1989; EPA, 1990) beschriebene Methodik Methanbildungspotentiale und gehen dementsprechend ebenso von einem mittleren Prozentsatz der tatsächlichen Methanbildung von 10 % aus.

- Casada und Safley (1990; zitiert z. B. in OECD, 1991) machen für entwickelte und für Entwicklungsländer Angaben zum Methanbildungspotential für eine Reihe von Nutztieren in Abhängigkeit von spezifischer Abfallproduktion und Anteilen abbaubarer organischer Substanz ("volatile solids"). Sie nennen ferner Prozentsätze für die tatsächliche Methanproduktion in Abhängigkeit vom Abfallbehandlungssystem. Dieser Methan-Konversionsfaktor liegt zwischen 5 %, z. B. für Weidehaltung in ariden/semi-ariden Regionen, und 90 % bei anaerober Lagunenlagerung. Die Angaben häufen sich im Bereich um 10 %.

- van den Born et al. (1991) nennen in einer Abschätzung für die Niederlande "potentielle Emissionswerte" für Rinder- und Schweineabfälle, die aber deutlich niedriger als die übrigen verfügbaren Angaben sind. Sie entsprechen offensichtlich nicht dem Methanbildungspotential in der hier üblichen Definition, sondern stellen eher bereits eine Emissionsschätzung dar.

In Tabelle II.12-3 sind die Angaben zum Methanbildungspotential nach den drei erstgenannten Quellen angegeben. Zum Zwecke der Vergleichbarkeit wurden die Angaben auf Liter CH_4 pro Großvieheinheit und Tag umgerechnet, wie sie von Grassl u. a. ausgewiesen werden. Dort werden pro Großvieheinheit (GV) à 500 kg 1,3 Rinder, 4 Kälber, 10 Schafe, 9 Schweine, 1,3 Pferde bzw. 150 Stück Geflügel angesetzt.

Art	Grassl u. a., 1991 (Biogas-Information, 1989)	Bouwman et al., 1992 (Gibbs et al., 1989, EPA, 1990)	OECD, 1991 (Casada/ Safley, 1990)
Rinder	900	690	1.650 ("feed cattle") 610 (Weidevieh) 1.200 (Milchvieh)
Kälber	900	keine explizite Angabe	keine explizite Angabe
Schafe	900	310	870
Schweine	1.100	800	1.910
Pferde	1.100	keine Angabe	1.650
Geflügel	1.400	1:910	2.640 (Hühner, Enten) 1.370 (Truthähne)

Tab. II.12-3: Vergleich der Angaben verschiedener Autoren zum CH_4-Bildungspotential aus tierischen Exkrementen in l / GV * d; Zahlenwerte gerundet

Die Tabellen II.12-4 und II.12-5 fassen die Ergebnisse für Gesamtdeutschland sowie für das Gebiet der alten Bundesländer unter Annahme spezifischer Methanbildungspotentiale gemäß Grassl u. a. (1991) und einer tatsächlichen Methanbildung in Höhe von 10 % auf Basis des Viehbestandes der Jahre 1988 und 1990 zusammen. Es ergibt sich rechnerisch ein Emissionswert von rund 500 kt im Jahr 1988 bzw. 470 kt im Jahr 1990 für das Gesamtgebiet der früheren Bundesrepublik und der ehemaligen DDR. Für die alten Bundesländer alleine ergeben sich rechnerisch Emissionen in Höhe von stark bzw. um die 340 kt.

Art	spezifisches Potential kg/Tier*a	Population 1988 1000 Tiere	Population 1990 1000 Tiere	Potential/ Emission 1988 kt/a	Potential/ Emission 1990 kt/a
POTENTIAL Rinder gesamt	1988: 161,3 1990: 161,7	20.576	19.768	3.320	3.197
Kälber	59,0	3.374	3.180	199	188
übrige Rinder	181,4	17.202	16.588	3.121	3.010
Schafe	23,6	4.456	3.713	105	88
Schweine	32,0	35.724	31.908	1.144	1.022
Pferde	221,8	477	491	106	109
Geflügel	2,4	117.309	106.054	287	259
Summe Potential				4.962	4.675
			EMISSION 1)	496	468
1) Grobschätzung mit Methan-Konversionsfaktor von 10 %					

Tab. II.12-4: Methanbildungspotential und -emissionen aus Exkrementen von Nutztieren - Grobschätzung für 1988 und 1990; Gesamtgebiet der früheren Bundesrepublik und der ehemaligen DDR

Unter Zugrundelegung von Annahmen zu den - auch jahreszeitlich variierenden - Anteilen von Stall- und Weidehaltung von Rindern, die für den Bereich der Bundesrepublik vom Statistischen Bundesamt nicht ausgewiesen werden, oder, was den wohl praktikableren Weg darstellt, ausgehend vom Mistaufkommen, ließen sich mit den Annahmen nach Casada/ Safley (1990) vermutlich etwas höhere Emissionswerte errechnen. Ahlgrimm (persönliche Mitteilung 1993) errechnet einen Wert von ca. 800 kt/a. Er verweist jedoch ausdrücklich auf die großen Unsicherheiten, mit denen derartige Abschätzungen verbunden sind und erachtet die hier errechneten Werte somit als wohl im unteren Bereich der Bandbreite, aber doch ebenfalls plausibel. Im Vergleich zu den hier vorgelegten wären mit spezifischen Werten gemäß Bouwman et al. (1992) indes eher noch niedrigere Abschätzungen zu erwarten.

Art	spezifisches Potential kg/Tier·a	Population 1988 1000 Tiere	Population 1990 1000 Tiere	Potential/ Emission 1988 kt/a	Potential/ Emission 1990 kt/a
POTENTIAL					
Rinder gesamt	1988: 161,8 1990: 161,8	14.841	14.602	2.401	2.362
Kälber	59,0	2.379	2.346	140	138
übrige Rinder	181,4	12.462	12.257	2.261	2.224
Schafe	23,6	1.680	1.938	40	46
Schweine	32,0	23.399	22.266	749	713
Pferde	221,8	375	406	83	90
Geflügel	2,4	72.035	74.971	176	183
Summe Potential				3.450	3.394
EMISSION 1)				345	339

1) Grobschätzung mit Methan-Konversionsfaktor von 10 %

Tab. II.12-5: Methanbildungspotential und -emissionen aus Exkrementen von Nutztieren - Grobschätzung für 1988 und 1990; Gebiet der alten Bundesländer

II.12.3 Zusammenfassung der Emissionsschätzungen

Damit ergibt sich für Deutschland eine der Nutztierhaltung zuzurechnende Gesamt-CH_4-Emission in Höhe von rund 1,9 bis 2 Mio. t/a, wovon gut 70 % auf die alten Bundesländer entfallen. Etwa ein Viertel dieser Emissionen entsteht in Zusammenhang mit Lagerung und Behandlung tierischer Exkremente, wobei nochmals hervorzuheben ist, daß für diesen Teilbereich nur Grobschätzungen möglich sind. Nach anderen vorliegenden Schätzungen könnte der entsprechende Anteil auch rund ein Drittel der Gesamtemission betragen. Die Emissionsentwicklung war zwischen 1988 und 1990 aufgrund zurückgehender Viehbestände leicht rückläufig. Tabelle II.12.6 faßt die Ergebnisse zusammen.

Emissionsquelle	Deutschland		alte Bundesländer	
	1988	1990	1988	1990
Stoffwechsel	1.500	1.430	1.070	1.050
Exkremente 1)	500	470	340	340
Summe	2.000	1.900	1.410	1.390
1) Grobschätzung				

Tab. II.12-6: CH_4-Emissionen in kt/a bei der Viehhaltung in Deutschland 1988 und 1990; Zahlenwerte gerundet

II.12.4 Überlegungen zur Emissionsminderung

Ahlgrimm, Gädeken und Rath (1990) diskutieren eine Reihe von Vorschlägen, die zur Verminderung der Methanemissionen in Zusammenhang mit der Nutztierhaltung gemacht wurden. Einige wesentliche Vorschläge seien abschließend aufgelistet:

Stoffwechselbedingte Emissionen:

- Versuche, durch Einsatz verschiedener Substanzen die Methanbildung zu reduzieren, sind in verschiedener Hinsicht problematisch: entweder wegen der Toxizität der Substanzen, ihrer schwierigen Handhabbarkeit, mit der Zeit nachlassender Wirkung, des ungewünschten Effektes einer verringerten Futteraufnahme oder der Senkung des Milchfettgehaltes (im Falle von den Tieren zugeführten Antibiotika, die die Methanbildung im Pansen um bis zu 30 % vermindern, z. B. Rumensin),

- züchterische Aktivitäten mit dem Ziel einer besseren Futterausnutzung je Einheit Milchproduktion (führten bereits in der Vergangenheit zu rückläufigen spezifischen Freisetzungen) bzw. je Einheit produzierter Fleischmenge (erscheint weniger erfolgversprechend),

- Verringerung der Anzahl nicht-produzierender und männlicher Tiere,

- Verkürzung der Zwischenkalbzeiten und Verbesserung der Fruchtbarkeit,

- ...

Emissionen aus Exkrementen:

- allgemein: Verminderung der Tierzahl,

- energetische Nutzung des freigesetzten Methans (Abdeckung und Erfassung bzw. Nutzung in Biogasanlagen).

Gerade der letzgenannte Weg erscheint verheißungsvoll, läßt sich doch rund ein Viertel oder mehr der tierhaltungsbedingten Emissionen als theoretisches Minderungspotential betrachten.

Die rein technischen Probleme erscheinen von untergeordneter Bedeutung. Überdies sind zusätzliche, indirekte Emissionsminderungseffekte bei verschiedenen Schadstoffen und Spurengasen durch die mögliche Substitution fossiler Energieträger zu erwarten.

Literatur

Ahlgrimm H.-J., Institut für Technologie der Bundesforschungsanstalt für Landwirtschaft Braunschweig-Völkenrode (FAL): Persönliche Mitteilungen 1993

Ahlgrimm, H.-J., Institut für Technologie der Bundesforschungsanstalt für Landwirtschaft Braunschweig-Völkenrode (FAL): Methanemissionen aus tierischen Exkrementen bei Lagerung in Güllebehältern und Erdbecken (Lagunen). Nicht veröffentlicher Projektvorschlag 1990

Ahlgrimm, H.-J.; Gädeken, D: Methan. In: Sauerbeck/ Brunnert 1990

Ahlgrimm, H.-J.; Gädeken, D; Rath, D.: Möglichkeiten der Verminderung der CH_4-Freisetzung. In: Sauerbeck/ Brunnert 1990

Bouwman, A.F.; Van den Born, G.J.; Swart, A.J.: Land-Use Related Sources of CO_2, CH_4 and N_2O. Current global emissions and projections for the period 1990-2100. National Institute Of Public Health And Environmental Protection, Bilthoven The Netherlands, Report 222901004, 1992

Crutzen, P. J.; Aselmann, I.; Seiler, W.: Methane production by domestic animals, wild ruminants, other herbivorous fauna, and humans. Tellus (1986) 38B, S. 271-284

Grassl, H.; Hinrichsen, K.; Jahnen, W.; Englisch, G., Hendel, S.: Methanquellen in der industrialisierten Gesellschaft. Beispiel Bundesrepublik Deutschland. Max-Planck-Institut für Meteorologie Hamburg und Meteorologisches Institut der Universität Hamburg, 1991

OECD: Estimation Of Greenhouse Gas Emissions And Sinks. Final Report From OECD Experts Meeting, 18-21 February 1991. Prepared For Intergovernmental Panel On Climate Change, Revised August 1991

Sauerbeck, D.; Brunnert, H. (Hrsg): Klimaveränderungen und Landbewirtschaftung, Teil I. Landbauforschung Völkenrode, Wissenschaftliche Mitteilungen der Bundesforschungsanstalt für Landwirtschaft Braunschweig-Völkenrode (FAL). Sonderheft 117, Braunschweig 1990

StA (Statistisches Amt der DDR, Hrsg.): Statistisches Jahrbuch 90 der Deutschen Demokratischen Republik. Rudolf Haufe Verlag, Berlin 1990

StBA (Statistisches Bundesamt): Statistisches Jahrbuch 1991. Wiesbaden 1992

Van den Born, G.J.; Bouwman, A.F.; Olivier, J.G.J.; Swart, A.J.: The Emissions of Greenhouse Gases in the Netherlands. National Institute Of Public Health And Environmental Protection, Bilthoven The Netherlands, Report 222901003, 1991

Auswahl wichtiger Primärliteratur (hier indirekt zitiert)

Biogas-Informationen Nr. 1, 1989, S. 14 - 203

Blaxter, K. L.; Clapperton, J. L.: Prediction of the amount of methane produced by ruminants. British Journal of Nutrition, 19 (1965) S. 511 - 522

Casada, M. E.; Safley, L. M.: Global Methane Emissions from Livestock and Poultry Manure. Report to the Global Change Division, US Environmental Protection Agency, Washington D.C. 1990

Christensen, K.; Thorbek, G.: Methane excretion in the growing pig. British Journal of Nutrition, 57 (1987) S. 355 - 361

EPA (US Environmental Protection Agency): Greenhouse Gas Emissions from Agricultural Systems. Vol. I and II. Proceeding of the Workshop on Greenhouse Gas Emissions from Agricultural Systems. Report prepared for IPCC-RSWG-AFOS. Washington D.C. 1990

FAO (Food and Agriculture Organization of the United Nations): Vol. 42, Yearbook 1988

Gibbs, M. J.; Lewis, L.; Hoffman, J. S.: Reducing methane emissions from livestock: opportunities and issues. US Environmental Protection Agency, Washington D.C. 1989

Kirchgessner, M.: Tierernährung. 6. Auflage, DLG-Verlag, Frankfurt 1895

Schneider, W.; Menke, K. H.: Untersuchungen über den energetischen Futterwert von Melasse-Schnitzeln in Rationen für Schweine. Z. Tierphysiologie, Tierernährung und Futtermittelkunde 48 (1982), S. 233 - 240

III Zusammenfassung der Ergebnisse und Ausblick

Das Fraunhofer-Institut für Systemtechnik und Innovationsforschung führte mit finanzieller Förderung durch das Umweltbundesamt im Rahmen des Umweltforschungsplans des Bundesministers für Umwelt, Naturschutz und Reaktorsicherheit zusammen mit Kooperationspartnern die erste Phase eines Forschungsvorhabens durch. In dem Vorhaben wurden

- der Stand des Wissens über die anthropogenen Emissionen der klimarelevanten Spurengase N_2O und CH_4 ermittelt,
- die Gesamtemissionen dieser Gase in Deutschland und die Beiträge der einbezogenen 12 Emissionsbereiche dazu grob abgeschätzt und
- erste Hinweise auf vorhandene Minderungsmöglichkeiten gegeben.

In der vorliegenden Phase I des Forschungsvorhabens ist es erstmals gelungen, eine repräsentative Emissionsdatenbasis für bisher bekannte Quellbereiche für N_2O und CH_4 zu erarbeiten. Aufgrund des limitierten Zeit- und Kostenrahmens der Phase I können die ermittelten Emissionsmengen aber nur als vorläufige und grobe Schätzwerte angesehen werden. Es ist eine wesentliche Aufgabe der Untersuchungsphase II, die vorliegenden Schätzwerte zu erhärten, durch ihre Aktualisierung eine zeitlich konsistente Emissionsdatenbasis zu erstellen, und diese um bisher noch wenig bekannte Emissionsbereiche zu ergänzen. Zusätzlich sollen die Minderungsmöglichkeiten für die einzelnen Emissionsbereiche detailliert zusammengestellt, auf ihre Einsetzbarkeit unter technischen und ökonomischen Gesichtspunkten geprüft und erzielbare Emissions-Minderungspotentiale abgeschätzt werden. Es ist Ziel dieser Arbeiten, die Datenlage so weit abzusichern, daß daraus konkrete Handlungsstrategien abgeleitet werden können. Im folgenden werden die wesentlichsten Ergebnisse der Phase I zusammengefaßt.

III.1 N_2O-Emissionen

Bei der **Abwasserreinigung** entstehen N_2O-Emissionen durch den biologischen Abbau von Stickstoffverbindungen. Die Abbauvorgänge sind noch wenig bekannt. N_2O entsteht vermutlich als Zwischenprodukt bei der Reduktion des Nitrits während der Nitrifikation und Denitrifikation. Eine Quantifizierung der N_2O-Emission ist mit erheblichen Unsicherheiten verbunden. Eine erste Abschätzung ergab, daß in den alten Bundesländer ca. 0,4-0,5 kt/a an N_2O in kommunalen Kläranlagen entstehen, welches im wesentlichen direkt in die Atmosphäre entweicht. Hinzu kommt eine N_2O-Bildung von 0,03 kt/a aus dem Bereich der industriellen Kläranlagen der alten Bundesländer. Bedingt durch die zunehmende Ausstattung der Kläranlagen mit Vorrichtungen zur biologischen Stickstoffelimination - vor allem in den neuen Bundesländern - dürften in Zukunft die Emissionen auf 0,8-1,0 kt/a ansteigen.

Ebenfalls durch Nitrifikations- und Denitrifikationsprozesse kann N_2O in **Oberflächengewässern** und **Grundwasserleitern** gebildet werden, vor allem aufgrund der zunehmend in die Gewässer eingetragenen Stickstoffverbindungen anthropogenen Ursprungs. Entsprechend den in der Literatur angegebenen spezifischen Emissionsfaktoren ergibt sich für die Oberflächengewässer eine N_2O-Emission von 6 - 22 kt/a, die zugleich die geringen Mengen enthält, die mit Abwasser aus Kläranlagen eingetragen werden. Analog wird für die Porengrundwasserleiter eine N_2O-Jahresproduktion von 18 - 42 kt errechnet. Unter der Annahme, daß diese Jahresproduktion vollständig in die Atmosphäre emittiert wird, ergibt sich damit eine N_2O-Gesamtemission der Gewässer von 24 - 64 kt/a.

Bei der **Verbrennung fossiler Energieträger** wird N_2O überwiegend durch Umsetzung des im Brennstoff enthaltenen Stickstoffs (und nicht des Luftstickstoffs) mit Zwischenprodukten der Verbrennung gebildet. Aus diesem Grund kommen vor allem Kohle- und Schwerölfeuerungen als Emissionsquellen in Betracht. Dabei ist ein gewisser Einfluß von Maßnahmen zur Rauchgasentstickung auf die N_2O-Emission zu vermuten. Aufgrund feuerungstechnischer Gesetzmäßigkeiten und möglicherweise auch durch das von konventionellen Feuerungen abweichende Brennstoffspektrum kann es bei Wirbelschichtfeuerungen zu deutlich höheren Emissionswerten kommen. Die Frage nach der Repräsentativität der verfügbaren Meßwerte ist beim gegenwärtigen Kenntnisstand kaum zu beantworten. Es konnte daher lediglich eine Grobschätzung der Emissionen aus Großfeuerungsanlagen vorgenommen werden. Diese tragen danach mit jährlich rund 17 kt N_2O zu den Emissionen in der Bundesrepublik bei.

Bei der motorischen Verbrennung in **Kraftfahrzeugen** entsteht N_2O in geringem Umfang durch die Reaktion von NO mit Verbrennungszwischenprodukten. Vor allem aber entsteht es als teilweise emittiertes Zwischenprodukt der katalytischen Reduktion von NO durch CO bei niedrigen Temperaturen. Deshalb sind vor allem Katalysatorfahrzeuge in noch nicht betriebswarmem Zustand nicht zu vernachlässigende Emissionsquellen von N_2O. Die grob abgeschätzen jährlichen N_2O-Emissionsmengen von rund 4 kt/a (1990) dürften bei zunehmender Katalysator-Ausstattung der deutschen Kfz-Flotte noch steigen. Die Angaben beruhen auf US-amerikanischen Meßwerten, die auf deutsche Verhältnisse übertragen wurden.

N_2O-Emissionen aus **industriellen Prozessen** sind in der Literatur bisher wenig dokumentiert. Als N_2O-Quellen kommen vor allem die Adipinsäureherstellung, N_2O-Produktion und -Verbrauch (z. B. für Narkosemittel), die Salpetersäureherstellung sowie eventuell großtechnische Umsetzungen von Salpetersäure und anderen Stickstoffverbindungen in Frage. Unter Annahme eines spezifischen Emissionsfaktors von 333 kg N_2O/t Adipinsäure ergeben sich die Gesamtemissionen aus dem Prozeß der Adipinsäureherstellung für die alten und neuen Bundesländer zu ca. 85 - 86 kt/a. Damit stellt die Adipinsäureherstellung eine der bedeutendsten anthropogenen Quellen der N_2O-Emissionen in Deutschland dar. Unter der Annahme, daß auch die gesamten, als Narkosemittel eingesetzten N_2O-Mengen bei ihrem Gebrauch als Emission freigesetzt werden, können die N_2O-Emissionen aus N_2O-Produktion und Verbrauch mit jährlich ca. 5 kt abgeschätzt werden. Berechnungen auf der Grundlage von Literaturangaben und Angaben der Industrie kommen zu dem Ergebnis, daß jährlich bei der Salpetersäureproduktion 5,5-11 kt N_2O emittiert werden. Insgesamt wird die jährliche N_2O-Emissionsmenge aus den untersuchten industriellen Prozessen damit auf 96 - 101 kt geschätzt. Zur Verringerung dieser erheblichen N_2O-Emissionen ist der Einsatz katalytischer Verfahren bei der Adipinsäureherstellung geplant, ohne daß allerdings die damit erreichbare Emissionsminderung zum gegenwärtigen Zeitpunkt angegeben werden kann. Zusätzlich zur Analyse der Minderungsmöglichkeiten müssen in weiterführenden Arbeiten auch noch eine Reihe weiterer industrieller Prozesse untersucht werden, die potentielle N_2O-Emissionsquellen darstellen.

Zur Abschätzung der N_2O-Emissionen aus der **Biomasseverbrennung** in der Bundesrepublik wurden die Emissionen aus Waldbränden sowie aus der Verbrennung von Stroh, Rebholzschnitt, Brennholz und Holzkohle abgeschätzt. In der Summe ergeben sich hierbei N_2O-Emissionen von ca. 0,1 kt/a. Verglichen mit den weltweiten N_2O-Emissionen aus der Biomasseverbrennung ist dieser Bereich in der Bundesrepublik Deutschland von geringer Emissionsrelevanz.

Ebenfalls untersucht wurden die N_2O-Emissionen bei der **Kompostierung organischer Abfälle**. Eine Abschätzung ist hierbei besonders schwierig, da keine Daten zu spezifischen N_2O-Emissionen bei der Kompostierung vorliegen. Eine Plausibilitätsrechnung mit Hilfe der gesamten Stickstoffverluste bei der Kompostierung kommt zum Ergebnis, daß die direkten N_2O-Emissionen aus diesem Bereich unbedeutend sein dürften. Allerdings ist auf einen indirekten Effekt hinzuweisen, der bei der Gewinnung und Behandlung landwirtschaftlicher Abfälle auftreten kann: Hierbei in die Atmosphäre emittiertes NH_3 kann dort zu partikelgebundenem NH_4^+ reagieren. Es wird im Niederschlag zur Erdoberfläche zurückgeführt, erhöht dort den Stickstoffeintrag in die Böden und kann durch Denitrifikation in Form von N_2O wieder in die Atmosphäre gelangen. Eine genaue Quantifizierung dieser indirekten Emissionseffekte ist derzeit nicht möglich. Sie wurden in der Bilanzierung der Gesamtemissionen bei der Berechnung der N_2O-Emissionen aus dem Bereich der Landwirtschaft teilweise erfaßt.

Entscheidend für die absolute Höhe von N_2O-Emissionsraten aus dem **Boden** sind die aufgebrachten Stickstoffdüngermengen. Bei der Abschätzung der N_2O-Emissionen ergeben sich für gedüngte Flächen spezifische Emissionsfaktoren von 0,9 - 4,3 kg N_2O pro Hektar und Jahr. Sie hängen von den untersuchen Bodentypen, den Anbaufrüchten und den unterschiedlichen klimatischen Verhältnissen während der einzelnen Probenahmetermine ab. Rechnet man mit spezifischen Emissionen von 2 kg N_2O-N pro Hektar und Jahr für den Getreidefeldanbau und 3 - 4 kg N_2O-N pro Hektar und Jahr für die Gründlandfläche, ergeben sich N_2O-Emissionen in Höhe von 60 - 70 kt/a für die gesamte Bundesrepublik. Hinzu kommen 7 kt/a N_2O, die durch den Stickstoffeintrag bei der Weidehaltung von Rindern hervorgerufen werden. Wie oben ausgeführt, verursacht die Gewinnung und Lagerung landwirtschaftlicher Abfälle durch die Emission von NH_3 indirekt einen weiteren Stickstoffeintrag in die Böden. Die dadurch entstehenden indirekten N_2O-Emissionen werden auf insgesamt 11 kt/a geschätzt. Damit ergibt eine erste Grobabschätzung für den Bereich der gesamten Landwirtschaft und Viehhaltung eine N_2O-Emission von 71 - 88 kt/a. Hinzu kämen weitere direkt emittierte N_2O-Mengen aus der Tierhaltung, z. B. existieren erste Hinweise auf mögliche Emissionen aus der Tiefstreuhaltung von Schweinen, die noch nicht in die Gesamtbilanzierung der N_2O-Emissionen aufgenommen werden konnten.

Tabelle III-1 zeigt das Ergebnis der Grobabschätzung der anthropogen verursachten N_2O-Emissionen in Deutschland im Überblick. Hierbei wurde bereits versucht, Doppelzählungen zwischen den einzelnen Bereichen zu bereinigen. So sind die N_2O-Emissionen im Abwasser der Kläranlagen in denjenigen der Gewässer enthalten und wurden folglich bei der Abwasserreinigung nicht ausgewiesen. Entsprechendes gilt für die indirekt verursachten N_2O-Emissionen durch die Kompostierung landwirtschaftlicher Abfälle, die - soweit sie abschätzbar waren - bei der Landwirtschaft ausgewiesen werden. Ebenso ist darauf hinzuweisen, daß es sich bei den Bereichen industrielle Prozesse, Verkehr und Feuerungsanlagen jeweils nur um die direkten Emissionen der Prozesse handelt. Indirekt Effekte, z. B. die Produktion der Mineralölzeugnisse für den Verkehrsbereich, sind hingegen nicht enthalten.

Die Grobabschätzung kommt zum Ergebnis, daß in Deutschland etwa **200-280 kt N_2O** anthropogenen Ursprungs jährlich emittiert werden. Bezogen auf die weltweiten anthropogenen N_2O-Emissionen, die die Enquête-Kommission 1990 mit 6.000-9.000 kt angibt, entspricht dies einem Anteil von ca. 3 - 4 %.

Innerhalb der Bundesrepublik sind die industriellen Prozesse mit einem Anteil an den Emissionen von ca. 35 - 40 % der größte Emittent, gefolgt von der Landwirtschaft (31 - 38 %) und den Gewässern (12 - 22 %). Demgegenüber spielen die Feuerungsanlagen und die Abwasserreinigungsanlagen eine geringere Rolle, allerdings mit steigender Tendenz bei den Kläranlagen. Als relativ unbedeutend können beim gegenwärtigen Kenntnisstand der Verkehrsbereich sowie die Kompostierung und Biomasseverbrennung eingeschätzt werden.

Bereich	N2O-Emission in kt/a		Anteil an Gesamtemission in %	
Abwasserreinigung*	0.4	– 0.5		0.2
(prognost. Wert mit NBL	0.8	– 1.0)		
Gewässer**	24	– 64	12	– 23
– Oberflächengewässer	6	– 22		
– Grundwasser	18	– 42		
Landwirtschaft	78	– 88	32	– 38
– Bodennutzung	60	– 70		
– Weidewirtschaft	7			
– landw. Abfälle***	11			
Kompostierung****	unbedeutend			
Ind. Prozesse (nur Teilsegment)	83	– 102	37	– 40
– N2O-Produktion	0	– 5		
– Salpetersäureprod.	5	– 11		
– Adipinsäureprod.	78	– 86		
Verkehr	4		1	– 2
Feuerungsanlagen	17		6	– 8
Biomasseverbrennung	unbedeutend			
Summe untersuchter Bereiche	206	– 276		
Zum Vergleich: globale anthropogene N2O-Emissionen nach EK 1990	1400	– 6500		

* ohne N2O im Abwasser der Kläranlage
** einschl. N2O aus dem Abwasser der Kläranlage
*** indirekte Effekte durch NH3-Emissionen
**** ohne indirekte Effekte durch NH3-Emissionen

Tab. III-1: Grobabschätzung der N_2O-Emissionen in der Bundesrepublik Deutschland

Zu den hier vorgestellten Zahlen ist nochmals anzumerken, daß es sich lediglich um eine erste Grobabschätzung handelt. Die zum Teil erheblichen Bandbreiten der Abschätzungen weisen auf große Datenunsicherheiten hin, z. B. im Gewässerbereich. Dies gilt auch für die Landwirtschaft, bei der bisher nur wenige Meßergebnisse vorliegen. Im Bereich der industriellen Prozesse stellt sich zudem das Problem der mangelnden Vollständigkeit, da bisher erst drei Prozesse - darunter allerdings auch die besonders bedeutende Emissionsquelle Adipinsäureherstellung - untersucht werden konnten. In diesem Bereich wurde eher eine Untergrenze der Emissionen abgeschätzt. Hinzu kommt, daß die angegebenen Zahlen in gewisser Hinsicht zeitliche Inkonsistenzen aufweisen, da sie aufgrund der schwierigen Datenlage mit Daten für unterschiedliche Jahre - i. d. R. zwischen 1987 und 1991 - errechnet wurden. Die angegebene Grobabschätzung der Emissionen ist daher keine in sich geschlossene Emissionsbilanz, wie sie in Phase II erarbeitet werden soll.

Bereits in Phase I konnten einige Ansatzpunkte für Minderungsmöglichkeiten der N_2O-Emissionen erkannt werden. So ist bei der Adipinsäureherstellung der Einsatz von katalytischen Prozessen geplant. Er sollte möglichst forciert werden. Ebenfalls ist erkennbar, daß die Emissionen aus der Landwirtschaft und den Gewässern durch reduzierte Stickstoffeinträge vermindert werden könnten. Dies unterstützt die Forderung nach Einführung einer Stickstoffabgabe auf Mineraldünger, wie sie bereits aus anderen umweltpolitischen Zusammenhängen heraus begründet wird.

III.2 CH_4-Emissionen

Methan-Quellen im Bereich der **Abwasserreinigung** sind die anaerobe Schlammstabilisierung, die Rückführung des Schlammwassers in den Klärprozeß sowie die aus abgelagerten Klärschlämmen entstehenden CH_4-Mengen. Da in den alten Bundesländern die Schlammstabilisierung in geschlossenen Faultürmen Stand der Technik ist, entstehen nur geringe Methan-Emissionen in Höhe von schätzungsweise 0,4 kt/a. In den neuen Bundesländern hingegen werden die Methanemissionen der dort praktizierten Schlammstabilisierung in offenen Behältern auf 49 - 58 kt/a geschätzt. Die Rückführung des Schlammwassers verursacht in Deutschland ca. 0,6 - 0,7 kt/a an CH_4, vor allem in den alten Bundesländern. Wesentlichste Emissionsquelle in den alten Bundesländern ist die Klärschlammdeponierung, auf die CH_4-Emissionen in Höhe von 54 - 93 kt/a zurückzuführen sind. Hinzu kommen ca. 10 - 12 kt/a aus der Deponierung von Klärschlamm in den neuen Bundesländern. Insgesamt ist die Abwasserreinigung damit für CH_4-Emissionen in Höhe von 114 - 169 kt/a verantwortlich, wovon 64 - 105 kt aus abgelagerten Klärschlämmen anfallen, die in der Gesamtbilanz im Bereich der Abfalldeponierung ausgewiesen werden.

Die für die Methanproduktion im **Gewässerbereich** erforderlichen anaeroben Bedingungen finden sich in Sümpfen, Marschen und Mooren sowie in wassergesättigten Sedimenten von Binnengewässern, Kanälen und Estuarien. Aber auch in Grundwasserleitern können Methanbildungsprozesse stattfinden, wenn es z. B. infolge eines Eintrags durch organisches Material zu anaeroben Verhältnissen kommt. Damit wird deutlich, daß es sich bei der Methanemission von Gewässern sowohl um natürliche als auch anthropogen verursachte Emissionen handelt. Die Abschätzung der Methanemissionen aus Gewässern ist mit erheblichen Unsicherheiten verbunden. Im Bereich der Feuchtgebiete werden sie mit 55 - 170 kt/a abgeschätzt. Aus Sedimenten stehender Oberflächengewässer werden ca. 2 - 18 kt/a emittiert, aus den fließenden Oberflächengewässern ca. 7 kt/a. Die geschätzte Emission aus Porengrundwasserleitern beträgt ca. 180 kt CH_4/a, hinzu kommen 8 kt/a, die bei der Förderung des Grundwassers anfallen. Insgesamt werden die CH_4-Emissionen aus den deutschen Gewässern damit auf 252 - 383 kt/a geschätzt.

Bei der Bildung von Kohlen aus abgestorbenem pflanzlichen Material bildete sich Methan, das bei der **Förderung und Verarbeitung der Kohle** freigesetzt wird. Wegen der Sicherheitsvorkehrungen im Steinkohlebergbau (Schlagwetterexplosion von Grubengas) liegen gut abgesicherte Daten für diesen Bereich vor. Unter Berücksichtigung der Abfackelung und der energetischen Verwertung von Grubengas ergeben sich für den Steinkohlebergbau Methanemissionen von 962 - 1.400 kt/a. Hingegen ist die Datenlage im Braunkohletagebau wesentlich schlechter, hier lassen sich die Emissionen auf 8 - 360 kt/a eingrenzen, wobei derzeit von einem eher am unteren Ende der Schwankungsbreite liegenden Richtwert von 25 kt/a ausgegangen wird. Neben der Absicherung der Daten im Braunkohlebergbau sollten sich die Fortsetzungsarbeiten in Phase II vor allem auf die Einsatzmöglichkeiten von Minderungstechnologien im Steinkohlebergbau konzentrieren.

Bei der **Gewinnung und Verteilung von Erdgas** werden die Methanemissionen in den alten Bundesländern auf jährlich ca. 266 kt geschätzt, wobei ca. 2/3 der Gasverluste im Bereich der Ortsnetze anfallen. Eine Abschätzung der Emissionen für die neuen Bundesländer ist mit großen Unsicherheiten verbunden; unter Berücksichtigung der unterschiedlichen Anteile für Stadt- und Erdgas ergeben sich Emissionen in Höhe von 68 kt/a. Zusammen mit den jährlichen CH_4-Emissionen von ca. 4 kt bei der Mineralölgewinnung und -verteilung in Deutschland ergeben sich damit Gesamtemissionen in Höhe von 338 kt/a. Allerdings bedarf diese Grobabschätzung der weiteren Absicherung, die sich vor allem auf die Abschätzung der Fehlergrenzen konzentrieren sollte.

Methan entsteht bei unvollständiger motorischer Verbrennung in **Kraftfahrzeugen** und wird durch eine Reihe technischer und Lastzustandsparameter beeinflußt. Katalysatorfahrzeuge weisen niedrigere spezifische Emissionswerte auf, so daß in den letzten Jahren der fahrleistungsbedingte Anstieg der Emission durch die steigende Zahl von abgasarmen Fahrzeugen kompensiert wurde. Das auf Basis von verbrauchsbereinigten amerikanischen Emissionsfaktoren grob abgeschätzte deutsche Emissionsniveau liegt derzeit bei rund 40 kt/a.

Methanemissionen aus **industriellen Prozessen** sind kaum ausgewiesen, zumal diese Emissionen bisher nicht gesetzlich geregelt wurden. Als Emissionsquellen kommen hauptsächlich Prozesse auf Basis von Synthesegas, petrochemische Anlagen sowie sämtliche Prozesse, an denen C1-C4 Kohlenwasserstoffe beteiligt sind, in Frage. Die Untersuchung von 4 großtechnischen Verfahren, die Synthesegas nutzen, kommt zu dem Ergebnis, daß CH_4-Restmengen in der Größenordnung von 30 kt/a anfallen. Diese sollen nach Angaben der Industrie größtenteils energetisch verwertet werden, so daß die CH_4-Emissionen in die Atmosphäre zu vernachlässigen sein dürften. Quantitative Literaturangaben zu den Methanemissionen der Mineralölverarbeitung fanden sich nur für den Eigenverbrauch an Energie; die Abschätzung der produktionsbedingten Methanemissionen ist - zusammen mit der Analyse weiterer Prozesse - Gegenstand von Phase II des Vorhabens.

Bei der **Ablagerung von Abfällen** mit abbaubaren organischen Kohlenstoffverbindungen entsteht Methan. Die Abschätzung des CH_4-Gaspotentials ist mit Unsicherheiten verbunden. Abzusichern sind noch die Einflüsse des Abbaus schwer abbaubarer Kohlenstoffverbindungen, des Kohlenstoffaustrags durch Sickerwässer und der Oxidation von CH_4 zu CO_2 im Deponiekörper. Der jährliche Methananfall in Abfalldeponien wird auf ca. 2.340 - 4.090 kt geschätzt. Nach Abzug der erfaßten abgefackelten und energetisch genutzten Mengen kommt es zu einer jährlichen CH_4-Emission von 1.800 - 3.150 kt. Neben der Reduktion der Datenunsicherheiten bei der Abschätzung des Gaspotentials sollten sich die weiteren Arbeiten in Phase II vorrangig mit den Möglichkeiten der Emissionsminderung beschäftigen.

Methan entsteht bei der **Verbrennung von Biomasse**. In Deutschland sind neben den Waldbränden die Verbrennung von Stroh, Brennholz, Holzkohle und Rebschnitt zu beachten. Insgesamt können hier die CH_4-Emissionen auf 4-7 kt/a beziffert werden, einem im Verhältnis zur weltweiten Emission aus der Biomasseverbrennung geringen Anteil.

Der Bereich der **Landwirtschaft** trägt insbesondere durch die **Viehwirtschaft** ganz erheblich zu den Methanemissionen bei. So betragen die stoffwechselbedingten Methanemissionen der Nutztierhaltung in Deutschland ca. 1.400 kt/a, wobei der weitaus überwiegende Teil dieser Emissionen auf die Haltung von Wiederkäuern, insbesondere von Rindern zurückzuführen ist. Allein aus wirtschaftlichen Gründen wurden Fragen der Stoffwechselverluste - als solche sind die CH_4-Freisetzungen bei der Fermentation von Rohfasern im Pansen der Wiederkäuer zu betrachten - bereits in der Vergangenheit intensiv untersucht, so daß dieser Wert als relativ sicher einzustufen ist. Hinzuzuzählen sind die Methanemissionen, die durch den anaeroben Abbau organischer Substanzen in tierischen Exkrementen entstehen. Sie variieren sehr stark in Abhängigkeit von Art und Dauer der Lagerung sowie der Behandlung der Exkremente. Für diesen Bereich stehen - im Gegensatz zu den stoffwechselbedingten Methanemissionen - kaum belastbare quantitative Angaben zur Verfügung. Allenfalls läßt sich das Methanbildungspotential mit hinreichender Genauigkeit errechnen. Der für diesen Bereich angegebene Wert von ca. 500 kt/a für die tatsächlich emittierten CH_4-Mengen kann daher nur eine Größenordnung der Emission vermitteln. Schließlich ist auch darauf hinzuweisen, daß die landwirtschaftliche Bodennutzung indirekt die CH_4-Konzentration in der Atmosphäre erhöhen kann, da erste Forschungsergebnisse vermuten lassen, daß die Stickstoffdüngung die Kapazität des Bodens als Methansenke vermindert.

Einen Überblick über die CH_4-Emissionen in Deutschland vermittelt Tabelle III-2. Zur Vermeidung von Doppelzählungen wurden die Methanemissionen bei der Deponierung von Klärschlamm aus den Angaben der Abwasserreinigung herausgerechnet. Sie sind in den Emissionswerten der Abfalldeponien enthalten und dort extra ausgewiesen. In den Gesamtemissionen nicht enthalten sind die CH_4-Emissionen aus landwirtschaftlichen Abfällen, für die nur ungenügende Datenquellen zur Verfügung stehen. Ebenso ist darauf hinzuweisen, daß bisher erst 4 industrielle Prozesse detailliert untersucht wurden. Um ein möglichst ganzheitliches Bild der Emissionssituation wiederzugeben, wurden die CH_4-Emissionen aus Feuerungsanlagen - die nicht Untersuchungsgegenstand dieser Studie waren - in die Gesamtbilanzierung aufgenommen. Hierzu wurde eine vorläufige Abschätzung des Umweltbundesamtes herangezogen. Schließlich ist darauf hinzuweisen, daß es sich bei der Summe der ausgewiesenen Emissionen zwar überwiegend, aber nicht ausschließlich um anthropogen verursachte Emissionen handelt, da in Teilbereichen (z. B. Feuchtgebiete) keine Unterscheidung zu den natürlich bedingten Emissionen möglich war.

Aus Tabelle III-2 ist ersichtlich, daß die gesamten, größtenteils anthropogenen CH_4-Emissionen in Deutschland ca. **5.400 - 7.700 kt/a** betragen. Nach Angaben der Enquête-Kommission "Vorsorge zum Schutz der Erdatmosphäre" sind die globalen anthropogenen CH_4-Emissionen mit ca. 350 Mio t/a anzusetzen; die Bundesrepublik Deutschland hätte folglich einen Anteil um 2 %.

Die größten Emissionsquellen innerhalb der Bundesrepublik sind die Abfalldeponien, die Viehhaltung und der Kohlebergbau, die zusammen mehr als drei Viertel der erfaßten Emissionen verursachen. Eine weniger bedeutende Rolle spielen die Gas- und Mineralölwirtschaft, Gewässer, Abwasserreinigung, Feuerungsanlagen und Verkehrsbereich, als eher unbedeutend kann die Biomasseverbrennung eingestuft werden.

Einmal mehr muß der vorläufige Charakter dieser Zahlen betont werden, da z. T. erhebliche Datenunsicherheiten bestehen, die vor der Aufstellung einer verläßlichen Emissionsbilanz ausgeräumt werden müssen. Dies gilt sowohl hinsichtlich der Einengung der vorhandenen Bandbreiten - sie machen allein beim Kohlebergbau und den Abfalldeponien bereits mehr als 2.000 kt aus - als auch hinsichtlich der Angabe von Fehlergrenzen, die für einige der analysierten Bereiche noch nicht möglich war. Hinzu kommt, daß im Bereich der industriellen Prozesse erst ein Teil der potentiellen Emissionsquellen analysiert wurde.

Bereich	CH4–Emission in kt/a			Anteil an Gesamtemission in %		
Gas- und Mineralölwirtschaft	338			4	–	6
– Gaswirt. alte Bundesländer	266					
– Gaswirt. neue Bundesländer	68					
– Mineralölwirtschaft	4					
Kohlebergbau	970	–	1760	18	–	23
– Steinkohle	962	–	1400			
– Braunkohle	8	–	360			
Abfalldeponien*	1800	–	3150	33	–	41
– davon Klärschlammdeponierung	64	–	105			
Abwasserreinigung**	50	–	64	1		
Gewässer	252	–	383	5		
– Oberflächengewässer	9	–	25			
– Grundwasser	188					
– Feuchtgebiete	55	–	170			
Viehhaltung	1900			25	–	35
– Viehhaltung direkt	1400					
– tierische Exkremente	500					
Ind. Prozesse (nur Teilsegment)						
– NH3-Synthese	unbedeutend					
– Methanolsynthese	unbedeutend					
– Oxosynthese	unbedeutend					
– Essigsäuresynthese	unbedeutend					
Verkehr	35			1		
Feuerungsanlagen**	60			1		
Biomasseverbrennung	4	–	7	1		
Summe untersuchter Bereiche	5409	–	7697			
Zum Vergleich: globale anthropogene Emissionen nach EK 1990 in Mio. t	350					

* einschließlich Klärschlammdeponierung
** ohne Klärschlammdeponierung
*** vorläufige Abschätzung des UBA

Tab. III-2: Grobabschätzung der CH_4-Emissionen in der Bundesrepublik Deutschland

Trotz dieser Einschränkungen ist es bereits zum jetzigen Zeitpunkt möglich, erste Aussagen über vorhandene Reduktionsmöglichkeiten zu treffen. So besteht ein erhebliches Minderungspotential bei den Abfalldeponien und im Kohlebergbau durch eine verstärkte Erfassung und energetische Nutzung des Gruben- bzw. Deponiegases. Auch ist der Erneuerung des Gasnetzes in den neuen Bundesländern eine hohe Priorität einzuräumen, zumal dort die Umstellung auf Erdgas im Gange ist. Schließlich könnte ein erheblicher Teil der Methanemissionen aus den Kläranlagen durch den Übergang von der psychrophilen zur mesophilen Schlammstabilisierung in geschlossenen Behältern vermieden werden. Eine Abschätzung des Emissionsminderungspotentials und der damit verbundenen Kosten sollten weitere Schwerpunkte zukünftiger Arbeiten bilden.

III.3 Ausblick auf weiterführende Arbeiten in Phase II des Forschungsvorhabens

Der Phase II des Forschungsvorhabens wird es vorbehalten sein, sich die eingangs formulierten Aufgaben

- Erstellung belastbarer Emissionsbilanzen für jene Emissionsbereiche, in denen nach heutigem Wissensstand Klarheit über die Bildungsmechanismen von N_2O- und CH_4-, die jeweils anzusetzenden Emissionsfaktoren und die determinierenden Aktivitätsgrößen besteht, und

- Analyse der bestehenden und künftigen Emissionsminderungsmöglichkeiten sowie Abschätzung des Minderungspotentials

soweit zu lösen, daß es möglich wird,

- daraus konkrete Handlungsstrategien abzuleiten und

- den weiter bestehenden Forschungsbedarf aufzuzeigen.

Die im vorliegenden Bericht dokumentierten Arbeiten von Phase I ergaben praktisch in allen Untersuchungsbereichen eine Fülle von offenen Fragen. Auf der anderen Seite erwarten die Bearbeiter in einer Reihe von Fällen durch Einbezug der Ergebnisse aktueller, z. T. gerade abgeschlossener bzw. kurz vor Abschluß stehender Meßvorhaben oder durch entsprechende Erhebungen deutliche Erkenntnisfortschritte.

Nachfolgend wird für die einzelnen Untersuchungsbereiche zusammenfassend der Bedarf an weiterführenden Arbeiten in der zweiten Phase skizziert:

- **Abwasserreinigung:** Schwerpunkt der Arbeiten in Phase II bzgl. der N_2O-Emissionen wird sein, die vorliegenden spezifischen Emissionswerte zu erhärten. Hierzu sollen auch die Ergebnisse eines bis Ende 1993 laufenden Forschungsvorhabens unter Leitung der Universität Stuttgart verwertet werden. Von diesem Vorhaben werden neue Erkenntnisse zu den eigentlichen Ursachen für die N_2O-Emissionen, zu den spezifischen Emissionswerten sowie zu den Möglichkeiten der Emissionsminderung erwartet. Bezüglich der CH_4-Emissionen gilt es, das Gaspotential von Klärschlamm bei der Stabilisierung bzw. bei der Deponierung abzusichern. Dazu sind insbesondere eine Reihe von Expertengesprächen durchzuführen.

- **Oberflächengewässer und Grundwasser:** Durch weitere Literaturrecherchen und Expertenbefragungen ist die Datenlage bei den Methanemissionen zu verbessern. Im einzelnen geht es dabei um Abschätzungen der Emissionsraten aus Feuchtgebieten und Seesedimenten, der Produktions- und Freisetzungsrate von CH_4 aus Porengrundwasserleitern mit reduzierenden Bedingungen ebenso wie um eine Eingrenzung des in der aeroben Bodenzone oxidierten grundwasserbürtigen CH_4-Anteils und der Flächenanteile der einzelnen Feuchtgebietstypen. Speziell hinsichtlich N_2O ist die Übertragung der amerikanischen Meßergebnisse auf die deutsche Situation abzusichern.

- **Kohlebergbau:** Es stehen folgende Aufgaben an: Aktualisierung der CH_4-Emissionsfaktoren für den Steinkohlenbergbau, Verbesserung der Datenlage über die Methanemissionen aus dem rheinischen Revier und den Revieren in den neuen Bundesländern, Ermittlung des Entwicklungsstandes und der Einsatzmöglichkeiten innovativer Minderungstechniken, wie katalytischer Verbrennung von Methan oder Aufkonzentration mit Molekularsieben, Abschätzung des erreichbaren Minderungspotentials.

- **Gewinnung von Erdöl und Erdgas sowie Erdgasverteilung:** Ein Schwerpunkt der weiterführenden Arbeiten wird die Beurteilung des Zustandes der Gasnetze und die Abschätzung der Methanemissionen aus der Gasverteilung in den neuen Bundesländern sein, die derzeit nur auf Basis grober Vermutungen möglich ist. Die Ergebnisse jüngster Messungen in den neuen Bundesländern sind zum gegenwärtigen Zeitpunkt noch nicht verfügbar, können aber in absehbarer Zukunft verwertet werden, womit sich die bestehenden Unsicherheiten (Bandbreiten im Bereich von +/- 50 %) deutlich reduzieren dürften. Gegebenenfalls sind die zeitlichen Veränderungen der Emissionsrelevanz, z. B. durch Mängelbeseitigung in den Gasnetzen, quantitativ zu erörtern.

- **Verbrennung fossiler Energieträger:** In Phase II soll aufbauend auf den vorliegenden Ergebnissen durch weitere Recherchen und Expertenbefragungen ein wesentlich differenzierteres Set von N_2O-Emissionsfaktoren für die wichtigsten Feuerungstypen unter Berücksichtigung u. a. des Einflusses von Rauchgasreinigungsmaßnahmen und von Brennstoffspezifikationen hergeleitet werden. Die bestehenden Unsicherheiten (z. T. erhebliche Bandbreiten der Emissionsmeßwerte) sind einzugrenzen. Auf der anderen Seite sind für eine belastbare Emissionsabschätzung detaillierte technische und quantitative Daten zum Feuerungsanlagenbestand heranzuziehen, wofür u. a. auch auf Sonderauswertungen des TÜV Bayern zurückgegriffen werden kann, die in einer aktuellen Studie des FhG-ISI im Rahmen des "IKARUS-Projektes" verwendet wurden. Des weiteren ist der Frage nach (technischen) Emissionsminderungsmöglichkeiten genauer nachzugehen. Schließlich ist zu prüfen, ob die im wesentlichen nur für Großfeuerungsanlagen verfügbaren Emissionsfaktoren auch auf kleinere Feuerungen übertragbar sind, um die Repräsentativität der vorliegenden Emissionsschätzungen zu steigern.

- **KfZ-Verkehr:** Es wird angestrebt, anhand weiterer Recherchen die vorliegenden Ergebnisse zu erhärten. Insbesondere gilt es, die Übertragbarkeit der fast ausschließlich verfügbaren US-amerikanischen Emissionsfaktoren auf deutsche Verhältnisse zu überprüfen (besonders problematisch für den Bereich der neuen Bundesländer). Die Temperaturabhängigkeit der N_2O-Bildung im Abgaskatalysator ist, abhängig von der Art des Abgasreinigungssystems, angemessen zu berücksichtigen. Hierzu sind fundierte Abschätzungen des Anteils von Kaltlaufphasen und eine Gewichtung mit den Katalysator-Austattungsgraden innerhalb der Fahrzeugflotte erforderlich. Der Auswahl repräsentativer Fahrzyklen kommt damit, wie auch im Falle der CH_4-Emissionen, größte Bedeutung zu.

- **Industrielle Prozesse:** Dieser Bereich konnte in Phase I nur an Hand von Fallbeispielen bearbeitet werden. Eine ganze Reihe weiterer Prozesse ist in Phase II auf ihre Emissionsrelevanz hinsichtlich N_2O und CH_4 zu überprüfen. Im Bereich der N_2O-Emissionen stellen sich folgende Aufgaben:

-- Klärung, ob die von einzelnen Autoren genannten Prozesse Acrylnitrilsäureherstellung, petrochemische Prozesse, Blausäureherstellung, Harnstoffsynthese, Aluminiumherstellung und Trocknungsprozesse in der Papierindustrie tatsächlich relevante Emissionsquellen darstellen und Abschätzung der Emissionen.

-- Ermittlung der Emissionsmengen aus der Eisen- und Stahlindustrie. So bestehen - allerdings relativ wenig konkrete - Hinweise aus der Literatur auf mögliche N_2O-Emissionen aus Kokereien, Walzwerksöfen, Stahlkonvertern und aus Elektrolichtbogenöfen.

-- Abschätzung der vermuteten Emissionen aus der Herstellung von Ammoniumnitrat und von Hydroxylamin.

-- Beschreibung der Emissionsminderungstechniken, z. B. bei der besonders relevanten Adipinsäureherstellung.

Bezüglich der CH_4-Emissionen ist unter anderem die Eisen- und Stahlindustrie zu untersuchen: Abschätzung der Emissionen aus der Direktreduktion von Eisenerz, aus Kokereien und aus diversen anderen potentiellen Emissionsquellen.

- **Mülldeponien:** Es stellen sich folgende Aufgaben für die zweite Phase: Absicherung des Gaspotentials für Siedlungsabfälle, Abschätzung des Kohlenstoffaustrags mit dem Deponiesickerwasser und des nicht zu Methan umgesetzten Rests an organischem Kohlenstoff, Einengung der bestehenden Unsicherheiten über die Höhe des Gaspotentials, Berücksichtigung der im Deponiekörper stattfindenden Oxidation von Methan, Verbesserung der Datenlage über den gegenwärtigen Stand der Entgasung bestehender Deponien (Anteil mit Gaserfassung, erreichte Erfassungsgrade, Deponien mit Abdeckung etc.), Ermittlung des Potentials für den Ausbau der Deponiegaserfassung und -nutzung, Abschätzung des Minderungspotentials.

- **Landwirtschaftliche Bodennutzung:** Wesentliche, über den gegenwärtigen Wissensstand hinausgehende Erkenntnisse wären durch ein mehrjähriges Meßprogramm zu erwarten, das von Heinemeyer, Institut für Bodenbiologie der Bundesforschungsanstalt für Landwirtschaft (FAL), in einem dem Umweltbundesamt vorliegenden Angebot skizziert wurde. Das Meßprogramm wäre geeignet, bei Erfolg erweitert zu werden und könnte in ein ausgedehnteres Vorhaben integriert werden. Grundgedanke ist die Errichtung eines Meßnetzes zur Erfassung des Spurengasaustausches (N_2O und CH_4) zwischen landwirtschaftlichen Nutzflächen und der Atmosphäre, wobei im Rahmen der Phase II für einen Modellstandort ein solches Meßnetz aufgebaut werden könnte.

- **Viehhaltung, Emissionen durch tierische Exkremente:** Einen Schwerpunkt der Phase II werden vor allem Abschätzungen der Anteile verschiedener Lagerungs- und Behandlungsmethoden von Gülle darstellen, die entscheidend für die Methanemissionen in die Atmosphäre sind. Möglicherweise sind hierfür Erhebungen, ggf. in Zusammenarbeit mit der Bundesforschungsanstalt für Landwirtschaft (FAL), erforderlich. Deutliche Erkenntnisfortschritte wären durch ein entsprechendes Meßprogramm zu erwarten, welches zum Ziel hat, bei bekannter Substratzusammensetzung Aussagen über die Höhe der Emissionen bei unterschiedlicher Lagerung von Rinder- und Schweinegülle abzuleiten. Die Grobkonzeption zu diesem Meßprogramm wurde in einem dem Umweltbundesamt vorliegenden Angebot von Ahlgrimm, Institut für Technologie der FAL, skizziert.